高等职业教育信息技术类规划教材

计算机应用基础教程 Windows 7+Office 2016

Basics of Computer Application

吴兆明 ◎ 主编

人 民 邮 电 出 版 社

北 京

图书在版编目（CIP）数据

计算机应用基础教程 : Windows 7+Office 2016 / 吴兆明主编. -- 北京 : 人民邮电出版社, 2022.3
高等职业教育信息技术类规划教材
ISBN 978-7-115-58702-2

Ⅰ. ①计… Ⅱ. ①吴… Ⅲ. ①Windows操作系统－高等职业教育－教材②办公自动化－应用软件－高等职业教育－教材 Ⅳ. ①TP316.7②TP317.1

中国版本图书馆CIP数据核字(2022)第027614号

内 容 提 要

本书主要讲解计算机的基础知识和应用。项目 1 为 Windows 7 管理与操作，包括使用与管理桌面、Windows 7 个性化定制、管理文件和文件夹、磁盘维护与管理、软件和硬件管理、显示设备的设置、管理与运行应用程序等内容；项目 2 为 Word 2016 应用，包括文档的创建与编辑、文档的格式化与排版、文档的图文混排、文档的表格制作、文档的页面设置与打印等内容；项目 3 为 Excel 2016 应用，包括数据表的创建与编辑、数据表的公式与函数、数据表的数据管理、数据表图表的创建、数据表的页面设置与打印等内容；项目 4 为 PowerPoint 2016 应用，包括创建演示文稿、对象的插入、幻灯片外观修饰、放映幻灯片、演示文稿的打印与输出等内容；项目 5 为计算机网络的应用，包括网络配置及常见网络连接、网络应用软件的使用、搜索引擎的使用、电子邮箱的使用与管理等内容。

本书内容丰富，图文结合，步骤详细，适合作为高等职业学校计算机应用基础课程配套教材，也可作为广大读者的自学参考书。

◆ 主　　编　吴兆明
　责任编辑　马　媛
　责任印制　焦志炜
◆ 人民邮电出版社出版发行　　北京市丰台区成寿寺路 11 号
　邮编　100164　　电子邮件　315@ptpress.com.cn
　网址　https://www.ptpress.com.cn
　北京市艺辉印刷有限公司印刷
◆ 开本：787×1092　1/16
　印张：14　　　　2022 年 3 月第 1 版
　字数：359 千字　　　　2024 年 8 月北京第 7 次印刷

定价：49.80 元

读者服务热线：(010)81055256　印装质量热线：(010)81055316
反盗版热线：(010)81055315
广告经营许可证：京东市监广登字 20170147 号

前 言

随着计算机技术及应用的快速发展，熟练使用计算机和现代化办公软件及设备已成为职场人士必备的能力。因此，提高学生的计算机综合应用能力，已成为高等职业教育的重要任务。为此，我们对教学内容和方法做了较大幅度的调整，从现代办公应用中遇到的实际问题出发，以文字编辑排版、数据分析处理和演示文稿的综合应用为主线，通过“任务描述→任务资讯→任务实施”的项目化教学方式来组织编写本书。

本书内容简明扼要、结构清晰、讲解细致，突出可操作性和实用性，内容主要包括 Windows 7 管理与操作、Word 2016 应用、Excel 2016 应用、PowerPoint 2016 应用及计算机网络的应用等，其主要特点如下。

1．结合实际精选案例，注重应用能力培养

本书在编写过程中精心挑选了学生在校期间和步入职场以后可能涉及的典型案例，例如毕业前用 Word 进行毕业论文的编辑排版，用 Excel 进行班级成绩的统计分析，用 PowerPoint 进行毕业论文答辩演示文稿的准备等。学生每完成一个任务的学习，就可以立即将其应用到实际中，并掌握解决工作中实际问题的方法与技巧。

2．以完整案例贯穿任务始终，注重软件主要功能的学习

本书以典型案例贯穿整个任务，将软件主要知识点融入其中，并通过说明、小技巧等方式扩展知识面，注重突出案例的趣味性、实用性和完整性。本书在引导学生完成每个任务的学习后，给出相关的综合训练，便于学生进一步巩固所学的内容，为其掌握办公软件的主要功能打下坚实的基础。

3．全面覆盖考点，兼顾考试需要

本书以《全国计算机等级考试》的考试大纲为指导原则来组织内容，覆盖了考试大纲中所有考点，其中的每个任务都紧扣各项目的核心内容，为学生掌握计算机应用技能提供良好的训练平台。

本书由南京交通职业技术学院电子信息工程学院部分老师共同编写，由吴兆明主编。项目 1 由石杨编写，项目 2 由张鸽编写，项目 3 由高水娟编写，项目 4 由杜宁编写，项目 5 由吴兆明编写，张超参与校对工作，全书由吴兆明负责统稿并修改。

由于作者水平有限，书中的疏漏和不妥之处在所难免，恳请各位读者和专家批评指正。

编者

2021 年 12 月

目　录

项目 1

Windows 7 管理与操作 1

任务 1　使用与管理桌面 1
任务 2　Windows 7 个性化定制 9
任务 3　管理文件和文件夹 19
任务 4　磁盘维护与管理 30
任务 5　软件和硬件管理 36
任务 6　显示设备的设置 42
任务 7　管理与运行应用程序 47
综合训练　................................ 50

项目 2

Word 2016 应用 52

任务 1　文档的创建与编辑 52
任务 2　文档的格式化与排版 66
任务 3　文档的图文混排 74
任务 4　文档的表格制作 82
任务 5　文档的页面设置与打印 97
综合训练　.............................. 113

项目 3

Excel 2016 应用 116

任务 1　数据表的创建与编辑 116
任务 2　数据表的公式与函数 130
任务 3　数据表的数据管理 135
任务 4　数据表图表的创建 144
任务 5　数据表的页面设置与打印 ... 149
综合训练　.............................. 154

项目 4

PowerPoint 2016 应用... 155

任务 1　创建演示文稿 155
任务 2　对象的插入 166
任务 3　幻灯片外观修饰 173
任务 4　放映幻灯片 179
任务 5　演示文稿的打印与输出 189
综合训练　.............................. 193

项目 5

计算机网络的应用 195

任务 1　网络配置及常见网络连接 195
任务 2　网络应用软件的使用 205
任务 3　搜索引擎的使用 209
任务 4　电子邮箱的使用与管理 213
综合训练　.............................. 219

项目1 Windows 7管理与操作

Windows 7 是继 Windows Vista 后 Microsoft（微软）公司开发的又一经典操作系统，它可供笔记本电脑、平板电脑、多媒体中心等使用。Windows 7 继承了之前版本即插即用、用户界面简洁、管理方便等优点，在安全性、可靠性和管理功能上比之前版本更胜一筹。本项目以某毕业生在实习期间遇到的各种问题为例，通过 7 个具体任务，全面讲解 Windows 7 的应用。通过本项目的学习，读者能系统掌握 Windows 7 的基本操作和系统资源管理方法，满足日常办公、学习的需要。

项目学习目标

- 掌握“开始”菜单的使用、任务栏的属性设置及窗口的基本操作。
- 掌握桌面外观的设置。
- 掌握控制面板中显示属性、键盘、鼠标、输入法的相关设置及新字体的安装。
- 掌握文件、磁盘、显示属性的查看与设置等操作。
- 掌握检索文件、查询程序的方法。
- 掌握计算机磁盘分区的建立、格式化及磁盘碎片整理的方法。
- 掌握打印机驱动程序的安装及相应设置。
- 掌握计算机显示设备的设置及应用。
- 掌握任务管理器的使用及应用程序的安装与删除。

任务 1　使用与管理桌面

任务描述

在实习阶段，钱彬同学在工作的同时需完成毕业设计及相关文档的整理工作。由于要收集相关的资料，他经常在网络上下载文档，进行各种软件的安装。经过一段时间，钱彬发现自己计算机桌面上各种各样的图标越来越多，非常混乱。这时，他意识到养成良好的计算机操作习惯非常重要。

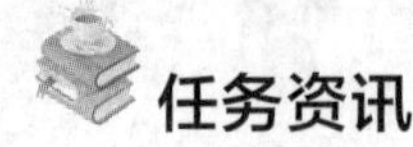

任务资讯

1. Windows 7 的优点

Windows 7 比 Windows Vista 的性能更好、启动速度更快、兼容性更强，具有很多新特性和优点，例如增加了屏幕触控支持和手写识别，支持虚拟硬盘，改善了多内核处理器，加快了开机速度等。

（1）更易用

Windows 7 增加了许多方便用户的设计，如快速最大化、窗口半屏显示、跳转列表、系统故障快速修复等，这些新功能令 Windows 7 成为非常易用的操作系统。

（2）更快速

Windows 7 大幅缩短了系统的启动时间，据实测，Windows 7 在 2016 年的中低端配置设备中运行，系统加载时间一般不超过 20 秒（若配置了固态硬盘，系统加载时间可以进一步缩短），这与 Windows Vista 的 40 多秒相比是一个很大的进步。

（3）更简单

Windows 7 让信息的搜索和使用变得更加简单，包括本地、局域网和互联网搜索功能，直观地提升了用户体验。

（4）更安全

Windows 7 提高了系统的安全性和功能的合法性，还把数据保护和管理扩展到计算机外围设备。Windows 7 改进了基于角色的计算方案和用户账户管理功能，同时开启了企业级的数据保护和权限许可功能。

（5）节约成本

Windows 7 可以帮助企业优化计算机的桌面基础设施，具有无缝对接操作系统、应用程序，以及数据移植功能，并简化了的供应和升级需求。

2. Windows 7 桌面

Windows 7 启动后，计算机屏幕上显示的整个区域就是 Windows 7 桌面，桌面是用户操作计算机的最基本的界面，Windows 7 中几乎所有的操作都是基于桌面的，Windows 7 桌面如图 1-1 所示。

图 1-1　Windows 7 桌面

（1）图标

图标是一个小图形，用来代表应用程序、文档、磁盘驱动器等。将鼠标指针放在图标上，将显示名称、类型、大小、修改日期等信息。如需打开该文件或程序，双击相应图标即可。计算机桌面常用图标如下。

① 计算机：显示当前计算机中的所有资源，通过“计算机”图标可以查看并管理其中的资源。

② Internet Explorer：俗称 IE 浏览器，它是浏览网络信息资源的工具，用户通过它可以浏览遍布世界各地的信息资源。

③ 网络：若计算机已联网，则可查看及操作整个网络中的可用资源。

④ 回收站：存储被删除的文件或文件夹，需要时可予以恢复。

⑤ 快捷方式：用户自己设置的图标，方便用户快速打开程序或文档，快捷方式图标左下角显示一个箭头标志。

（2）任务栏

任务栏在默认情况下位于桌面最下方。它包含“开始”按钮、快速启动工具栏、任务按钮区和通知区域，如图 1-2 所示。

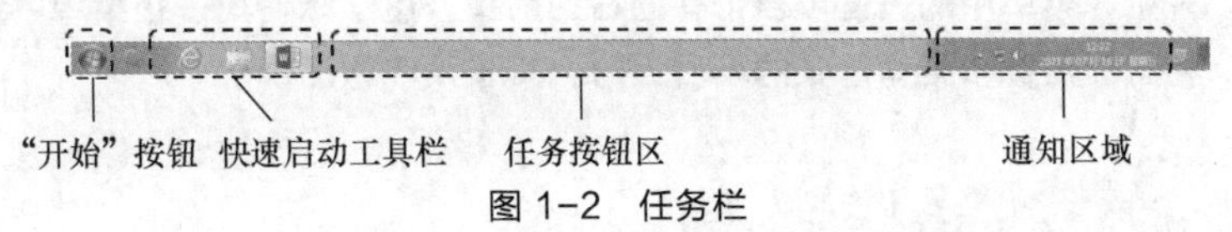

图 1-2 任务栏

① “开始”按钮：用于打开“开始”菜单，通过“开始”菜单可以打开大部分安装好的程序。

② 快速启动工具栏：存放常用程序的快捷方式，单击快捷方式图标即可启动程序。

③ 任务按钮区：显示已打开的程序和文档窗口的缩略图，并且可以在它们之间进行快速切换；单击任务按钮可以快速地在这些程序或文档中进行切换，也可在任务按钮上右键单击，通过弹出的快捷菜单对程序或文档进行控制。

④ 通知区域：包括时钟、输入法、音量及一些告知特定程序和计算机设置状态的图标。

（3）Windows 边栏

Windows 边栏是用来管理要快速访问的信息的工作区，它包括一些小工具。这些小工具是可自定义的程序，能显示连续更新的信息。通过这些小工具，用户无须打开窗口即可执行常见任务。例如，可以显示定期更新的天气预报、新闻标题和图片等。

（4）“开始”菜单

单击“开始”按钮可以打开“开始”菜单，如图 1-3 所示，用户可通过“开始”菜单轻松地访问计算机中的程序。单击“所有程序”可以打开程序列表，列出当前计算机上安装的所有程序。

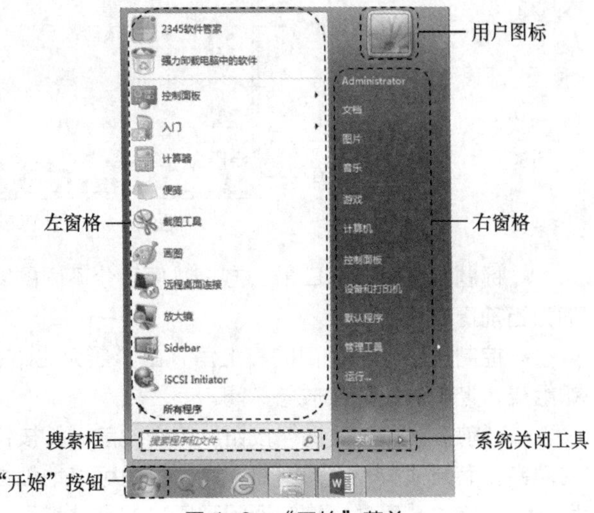

图 1-3 “开始”菜单

① 左窗格：左窗格用于显示最常使用的程序列表，当经常使用某个程序时，系统会将其添加到最常使用的程序列表中；Windows 7 有一个默认的程序数量，最常使用的程序列表中只能显示不超过这一数量的程序；程序数达到默认值后，最近未打开的程序便会被最近使用过的程序替换；用户可以

对最常使用的程序列表中所显示的程序数量进行更改。

② 右窗格：右窗格提供了对常用文档、图片和其他功能进行访问的固定链接，用户始终可单击启动；右窗格中可添加程序，如音乐、控制面板等。

③ 用户图标：用户图标代表当前登录系统的用户；单击该图标，将打开“用户账户”窗口，以便进行用户类别、用户密码、用户图片等设置。

④ 搜索框：搜索框主要用来搜索计算机上的资源，是快速查找资源的有力工具；在搜索框中输入搜索关键词，即可在系统中查找相应的程序或文件。

⑤ 系统关闭工具：该列表中包括一组工具，可以注销 Windows、关闭或重新启动计算机，也可以锁定系统或切换用户，还可以使系统进入休眠或睡眠模式。

小技巧 **“开始”菜单中的一些项目带有向右的箭头，这意味着其子级菜单中还有更多的选项。将鼠标指针移至有箭头的项目上时，其子菜单将出现。**

（5）窗口

窗口是 Windows 7 的重要工具，所有应用程序都可以在窗口中打开。窗口一般是大小可以调节的矩形框架，可以是一组图标、一个可以运行的程序或者一个文本。

① “计算机”窗口如图 1-4 所示，下面以“计算机”窗口为例介绍标准窗口的组成。

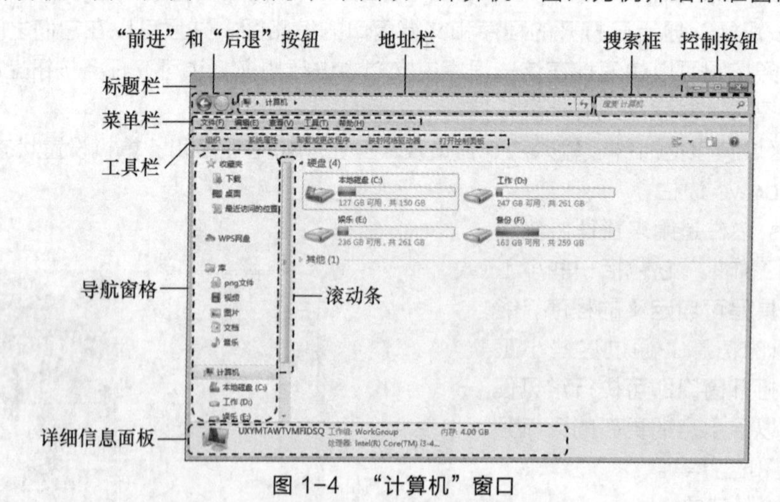

图 1-4 “计算机”窗口

• 标题栏：位于窗口最上方，以便区分不同的窗口，当打开多个窗口时，标题栏高亮显示的为当前窗口。

• 控制按钮：在窗口的右上角，由“最大化（还原）”按钮、“最小化”按钮、“关闭”按钮组成，控制窗口的缩放与关闭。

• “前进”和“后退”按钮：单击“前进”按钮和“后退”按钮可导航到曾经打开的其他文件夹，而无须关闭当前窗口。这些按钮可与地址栏配合使用，例如，使用地址栏更改文件夹后，可以单击“后退”按钮返回到原来的文件夹。

• 地址栏：在地址栏中可以看到当前打开的窗口在计算机或网络上的位置，在地址栏中输入文件路径后按“Enter”键，即可打开相应的文件。

• 搜索框：在搜索框中输入关键词，可以筛选出基于文件名和文件自身的文本、标记及其他文件属性，可以在当前文件夹及其所有子文件夹中进行文件或文件夹的查找，搜索的结果将显示在文件列表中。

- 菜单栏：在地址栏的下方，提供文件或应用程序的操作命令，比较常见的菜单包括“文件”“编辑”“查看”“工具”“帮助”。根据要完成的任务不同，每个菜单的内容不同。
- 工具栏：位于菜单栏下面，提供与菜单命令相同的各种常用工具按钮的快速操作，工具栏中的工具按钮一般可以由用户选择添加。
- 导航窗格：用于显示所选对象中包含的可展开的文件夹列表，以及收藏夹链接和保存的搜索。通过导航窗格，用户可以直接导航到所需文件所在的文件夹。
- 滚动条：滚动条有两种，即水平滚动条与垂直滚动条，它们分别位于对应窗口的下边与右边，由左右（上下）滚动箭头与滚动块组成，当工作区超过屏幕大小时，拖曳滚动条或滚动鼠标滚轮可快速移动工作区中的显示内容。
- 详细信息面板：用于显示与所选对象关联的最常见的属性。

② 窗口是各种应用程序工作的区域，它的操作也是至关重要的。

- 打开窗口：用户可以双击窗口图标，或右键单击选定的图标，在弹出的快捷菜单中选择“打开”命令打开窗口。
- 移动窗口：用户在打开窗口后，将鼠标指针移至标题栏，按住鼠标左键拖曳，到达目标位置后松开鼠标左键，则窗口就被移到新的位置。
- 改变窗口大小：将鼠标指针移至窗口的边框或 4 个顶角，鼠标指针变成双箭头时，按住鼠标左键进行拖曳，可改变窗口的宽度与高度，如在顶角处拖曳鼠标指针，则窗口的宽度与高度同时缩放。
- 窗口的最大化：单击标题栏右侧的“最大化”按钮，可以将当前窗口最大化，使窗口占满整个屏幕，同时“最大化”按钮变成“还原”按钮。
- 窗口的关闭与最小化：可以将当前未工作的窗口关闭或最小化，操作方法与最大化类似；最小化窗口与关闭窗口的不同之处是窗口最小化后缩小成一个图标显示在屏幕下方的任务栏中，转换成非当前窗口，需要使用时单击该窗口图标即可。
- 窗口的排列：同时打开的窗口可按照一定的顺序排列，有层叠窗口、堆叠显示窗口和并排显示窗口 3 种排序方式，排列窗口时，在任务栏的空白处右键单击，从弹出的快捷菜单中选择窗口排列方式即可。

（6）常用组合键

- 单独按 Windows 徽标键：显示或隐藏“开始”菜单。
- Windows 徽标键+Pause Break：打开“系统属性”窗口。
- Windows 徽标键+D：显示桌面。
- Windows 徽标键+Tab：使用 Aero Flip 3D 效果并循环切换任务栏中的程序。
- Windows 徽标键+M：最小化所有窗口。
- Windows 徽标键+Shift + M：还原最小化的窗口。
- Windows 徽标键+E：显示“计算机”窗口。
- Windows 徽标键+F：查找文件或文件夹。
- Windows 徽标键+Ctrl+F：查找计算机。
- Windows 徽标键+F1：显示 Windows“帮助”信息。
- Ctrl+C：复制。
- Ctrl+X：剪切。

- Ctrl+V：粘贴。
- Ctrl+Z：撤销。
- Alt+F4：关闭当前项目或者退出当前程序。
- Alt+Tab：在打开的项目之间切换。

任务实施

通过与同事们的交流，钱彬了解到定期清理桌面的重要性。例如，长时间未使用的文件和程序需要删除，而常用的一些软件或者文件为了使用方便需要添加快捷方式到桌面。合理管理任务栏和“开始”菜单将会为工作带来方便。

工序 1：利用“开始”菜单创建“截图工具”桌面快捷方式

Step1：单击“开始”按钮，弹出“开始”菜单。

Step2：单击“所有程序”，在弹出的列表中单击“附件”文件夹，找到“截图工具”应用程序。

Step3：右键单击“截图工具”图标，从弹出的快捷菜单中选择“发送到”→“桌面快捷方式”命令，如图 1-5 所示，即可生成“截图工具”快捷方式。

工序 2：任务栏的管理与使用

设置当前任务栏为自动隐藏效果。

Step1：右键单击任务栏空白处，在弹出的快捷菜单中选择“属性”命令，打开“任务栏和「开始」菜单属性”对话框，如图 1-6 所示。

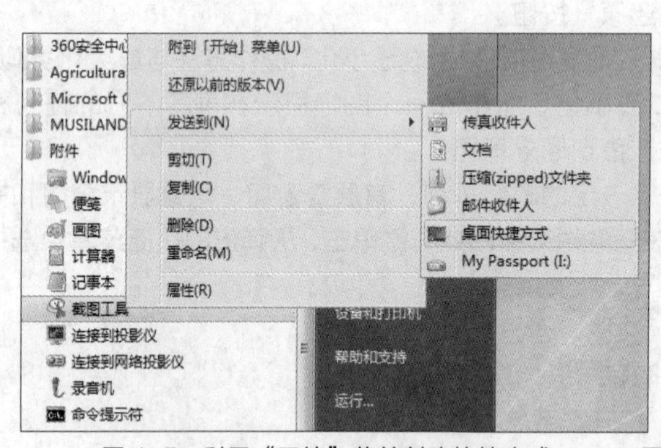

图 1-5　利用“开始”菜单创建快捷方式

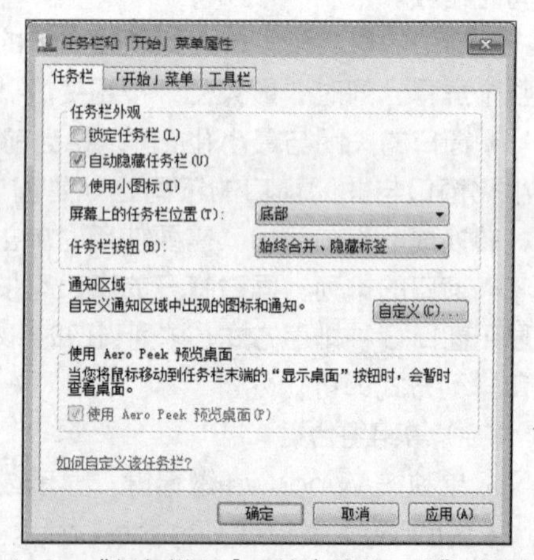

图 1-6　“任务栏和「开始」菜单属性”对话框

Step2：在打开的对话框中选择“任务栏”选项卡，勾选“自动隐藏任务栏”复选框。

Step3：单击“确定”按钮，完成设置。

小技巧　**默认情况下，任务栏被锁定在桌面最下方。当取消勾选“锁定任务栏”复选框时，任务栏将被解锁，且出现 2 个带小凸点的分隔符，将任务栏分成 3 份，即“开始”按钮、快速启动工具栏与任务按钮区、通知区域，用户可根据需要对其区域大小进行更改，也可将任务栏拖曳到桌面的上、下、左、右 4 个区域。**

工序 3：设置“开始”菜单

“开始”菜单集成了 Windows 7 的所有功能，从这里可以启动程序、打开文件、使用“控制面板”自定义系统，获得帮助和支持、搜索程序和文件，以及完成更多的工作。

Step1：右键单击任务栏空白处，在弹出的快捷菜单中选择“属性”命令，打开“任务栏和「开始」菜单属性”对话框。

Step2：选择“任务栏和「开始」菜单属性”对话框中的“「开始」菜单”选项卡，如图 1-7 所示。

Step3：单击“自定义”按钮，打开“自定义「开始」菜单”对话框，如图 1-8 所示，可以对“开始”菜单中的链接、图标，“开始”菜单的外观及“开始”菜单中要显示的最近打开过的程序的数目进行设置。

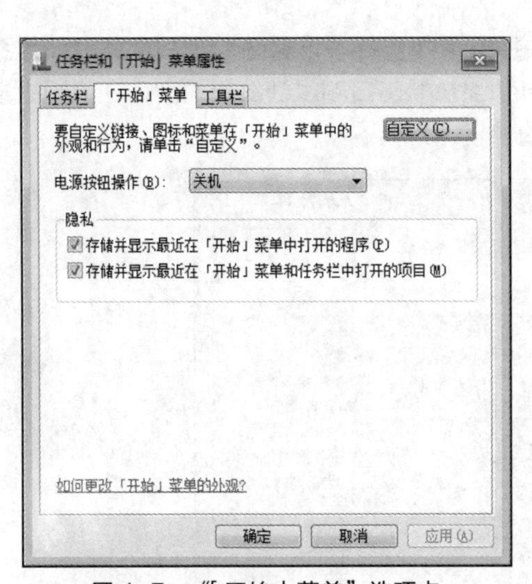

图 1-7 “「开始」菜单”选项卡

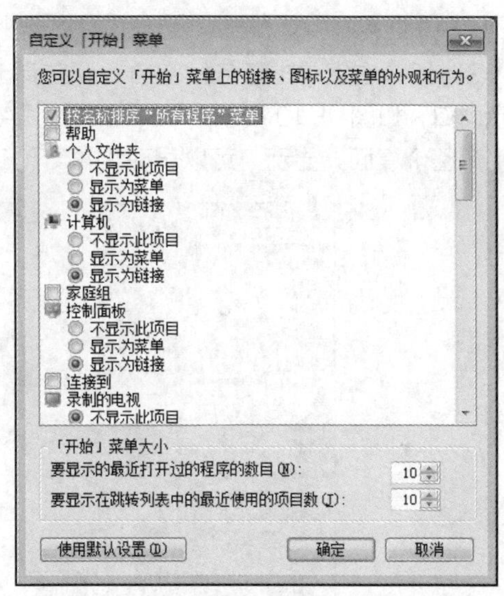

图 1-8 “自定义「开始」菜单”对话框

工序 4：多窗口预览

在 Windows 7 中用提供的层叠窗口、堆叠显示窗口和并排显示窗口 3 种排列方式来实现多窗口预览。

Windows 7 是一个多任务、多窗口的操作系统，可以在桌面上同时打开多个窗口，但同一时刻只能对其中的一个窗口进行操作，前面打开的窗口将被后面打开的窗口覆盖。

Step1：双击“Administrator”图标，打开“Administrator”窗口。

Step2：双击“计算机”图标，打开“计算机”窗口。

Step3：右键单击“开始”按钮，在弹出的快捷菜单中选择“打开 Windows 资源管理器”命令，打开“库”窗口。

Step4：右键单击任务栏空白处，在弹出的快捷菜单中选择“层叠窗口”命令，层叠显示窗口，如图 1-9 所示；“库”窗口、“计算机”窗口和“Administrator”窗口在桌面上有序地层叠排列，每个窗口的标题栏依次显示，方便选择所需的窗口。

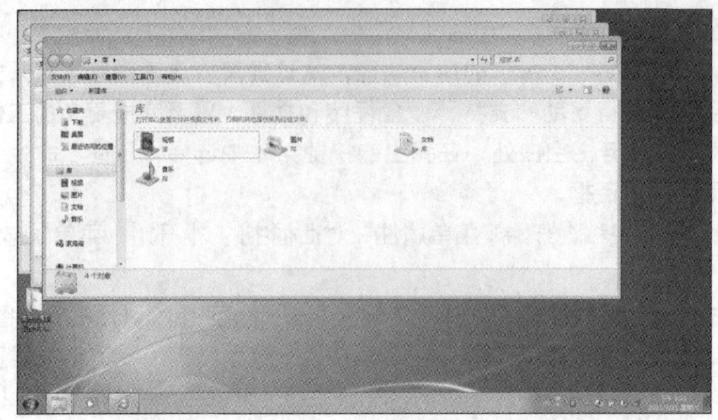

图 1-9　　层叠显示窗口

Step5：右键单击任务栏空白处，在弹出的快捷菜单中选择“堆叠显示窗口”命令，堆叠显示窗口，如图 1-10 所示；“库”窗口、“Administrator”窗口和“计算机”窗口在桌面上横向平分整个桌面并显示，可以同时浏览 3 个窗口的内容。

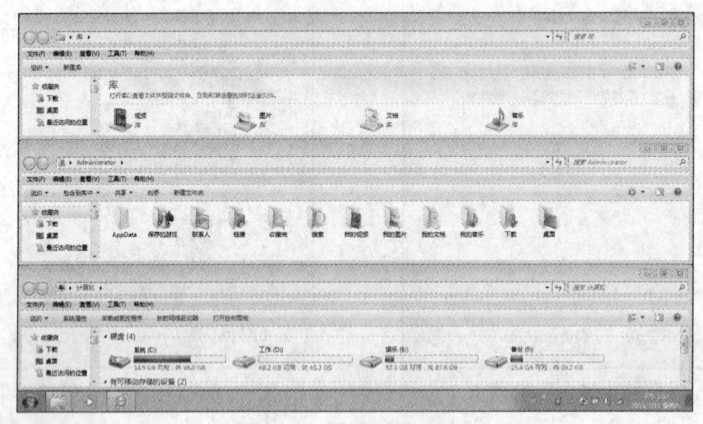

图 1-10　堆叠显示窗口

Step6：右键单击任务栏空白处，在弹出的快捷菜单中选择“并排显示窗口”命令，并排显示窗口，如图 1-11 所示；“库”窗口、“Administrator”窗口和“计算机”窗口纵向平分整个桌面并显示，可以同时浏览 3 个窗口内的内容。

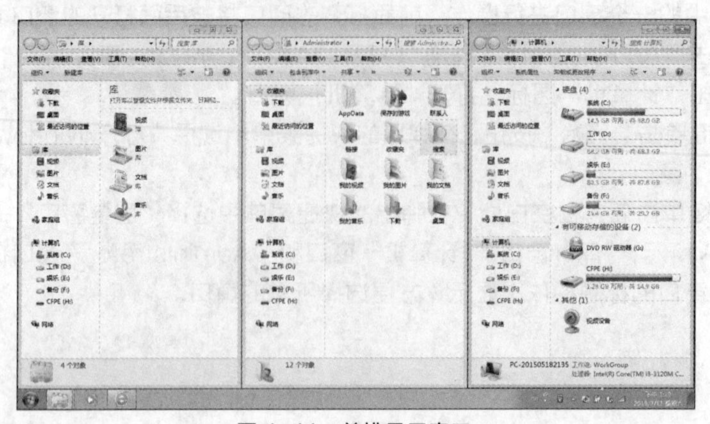

图 1-11　并排显示窗口

小技巧　除了通过单击来切换窗口，用户还可以运用组合键“Alt +Tab”实现多个窗口的切换。

① 打开多个窗口。

② 按组合键“Alt +Tab”，在桌面中部出现所有已打开窗口的最小化图标列表。

③ 按住“Alt”键不放，多次按“Tab”键即可在多个窗口图标间进行切换。

④ 松开“Alt”键，当前窗口切换到所选窗口。多个窗口图标间切换的效果如图 1-12 所示。

图 1-12　多个窗口图标间切换的效果

任务 2　Windows 7 个性化定制

任务描述

无论是在生活还是工作中，人人都希望能突显个性。对计算机进行个性化设置是使用计算机过程中一件充满乐趣的事。钱彬也希望能够通过增添色彩、样式、图片，调整声音等，让自己的计算机桌面显得更有个性。

任务资讯

1. 控制面板

“控制面板”窗口中提供了丰富的、专门用于更改 Windows 7 的外观和工作方式的工具，使用其中一些工具可调整计算机设置，从而使操作计算机更加有趣。常用的工具有“显示”“键盘”“鼠标”“区域和语言选项”“声音和音频设备”等。打开“控制面板”窗口时，将看到“控制面板”窗口中最常用的项目，默认查看方式为“类别”，如图 1-13 所示。要在“类别”视图下查看“控制面板”窗口中某一项目的详细信息，可以将鼠标指针移至该图标或类别名称处，系统将自动显示相关信息。如需打开某个项目，可单击该项目图标或类别名称。如果“控制面板”窗口中未显示所需的项目，在窗口右上方的“查看方式”下拉列表中选择“大图标”选项，可显示所有的功能图标，双击图标即可打开相应项目。

图 1-13　“控制面板”窗口

2. Windows 7 的“个性化”窗口

为使 Windows 7 桌面更加美观、赏心悦目，可以对 Windows 7 桌面进行个性化设置。右键单击桌面空白处，在弹出的快捷菜单中选择“个性化”命令，打开“个性化”窗口，如图 1-14 所示，窗口底部区域显示个性化外观和声音设置的相关选项。下面详细介绍桌面的个性化设置。

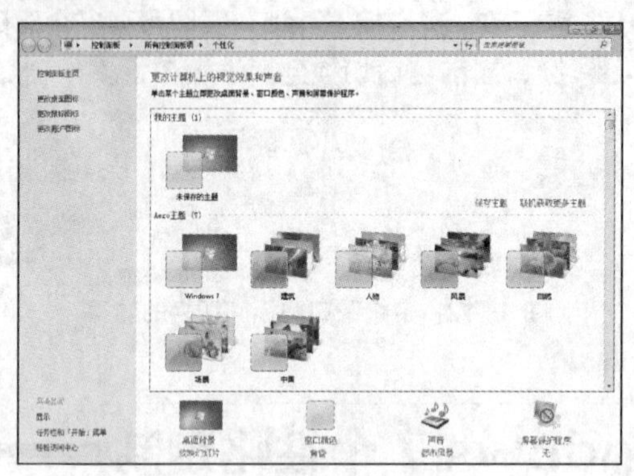

图 1-14 “个性化”窗口

（1）桌面的主旋律——主题

Windows 7 中的主题是指用户对自己的计算机桌面进行个性化装饰的交互界面。通过更换 Windows 7 的主题，用户可以调整桌面背景、窗口颜色、声音和屏幕保护程序，以满足不同用户个性化的需求。在“个性化”窗口中，系统提供了可供选择的主题方案，改变主题后，桌面的背景、窗口色彩搭配及声音等均会改变。Windows 7 提供了多个主题：可以选择 Aero 主题使计算机个性化；如果计算机运行缓慢，可以选择 Windows 7 基本主题；如果希望屏幕更易于查看，可以选择高对比度主题。

（2）桌面的漂亮衣服——桌面背景

桌面背景（也称为壁纸）可以是个人收集的图片，也可以是 Windows 7 提供的图片；可以是纯色图片，也可以是带有颜色框架的图片。用户可以选择一张图片作为桌面背景（如个人照片等），也可以通过设置屏幕保护程序来显示动态的幻灯片桌面背景。在“桌面背景”窗口设置桌面背景时，如果所需图片已经在“图片位置”列表框中，单击图片后即可看到设置的桌面效果；如果图片不在“图片位置”列表框中，则单击“浏览”按钮打开文件目录进行查找。选择后的图片在桌面显示，可选择“填充”“居中”“拉伸”“平铺”等显示效果，也可以在当前桌面背景中添加新图片、删除图片、更改设置、关闭幻灯片。

（3）桌面的安全门——屏幕保护程序

计算机在一段时间内如果没有任何操作，系统将自动运行屏幕保护程序，若需停止屏幕保护程序并返回桌面，可移动鼠标指针或按任意键。使用屏幕保护程序的好处显而易见：一是保护显示器，延长其使用寿命；二是环保、节能；三是可以利用屏幕保护密码，防止别人未经允许使用自己的计算机，提高安全性。Windows 7 提供了多个屏幕保护程序。在设置屏幕保护程序时，可以使用保存在计算机上的个人图片来创建，也可以从网站下载屏幕保护程序。

（4）桌面的外形——外观设置

通过外观设置可以对活动窗口的标题栏、非活动窗口的标题栏、窗口、消息框等项目进行更加个性化的设计。

3. Windows 7 边栏中的小工具

桌面小工具位于 Windows 7 的边栏中，右键单击桌面空白处并从弹出的快捷菜单中选择

“小工具”命令，可以将任何已安装的小工具添加到桌面上。将小工具添加到桌面之后，可以移动、调整其大小，以及更改选项。Windows 7 中包含被称为“小工具”的程序。这些程序提供显示即时信息及轻松访问常用工具的途径。例如，用户可以使用小工具显示图片、查看不断更新的标题或查找联系人；可以保留信息和工具，以供随时使用；可以在打开程序的旁边显示新闻标题。这样，如果用户要在工作时跟踪新闻事件，则无须停止当前工作就可以切换到新闻网站。用户可以使用“源标题”小工具显示所选源中最近的新闻标题，而且不必停止处理文档（因为标题始终可见）。如果用户看到感兴趣的标题，则可以单击该标题，Web 浏览器将会直接打开其内容。Windows 7 自带很多小工具，如日历、时钟、联系人、提要标题、幻灯片放映、图片拼图板等。这些小工具可以在桌面的边栏处显示，用户可根据个人喜好选择不同的工具，以彰显个性。

任务实施

钱彬通过创建个人账户，修改个人账户下个性设置中的主题、桌面背景、屏幕保护程序、外观、分辨率等让计算机桌面更加个性化；钱彬还通过键盘、鼠标、输入法的相关设置，让自己在使用这些设备和功能时操作更为方便、快捷。

工序 1：新建账户

为计算机创建一个新账户，账户类型为“管理员”，账户名称为“钱彬”，更改账户图片为“足球”。以新建账户登录，使欢迎屏幕和“开始”菜单上显示新建账户信息。

Step1：单击“开始”按钮，在“开始”菜单右窗格中选择“控制面板”选项，打开“控制面板”窗口。

Step2：在“控制面板”窗口中打开“用户账户”窗口。

Step3：在“用户账户”窗口中单击“管理其他账户”超链接。

Step4：在打开的“管理账户”窗口中单击“创建一个新账户”超链接。

Step5：在“新账户名”文本框内填写账户名称为“钱彬”，将账户类型设置为“管理员”，单击“创建账户”按钮。

Step6：进入“更改账户”窗口，选择“更改图片”选项，单击“足球”图片，单击“更改图片”按钮，完成账户图片的修改；更改完成后“管理账户”窗口会出现“钱彬”账户，如图 1-15 所示。

图 1-15 “管理账户”窗口

Step7：单击“开始”菜单右下方的“注销”按钮，进入欢迎界面，再选择“钱彬”账户进行登录。

工序 2：设置桌面图标

添加“计算机”“回收站”“用户的文件”“网络”桌面图标。

Step1：在桌面空白处右键单击，从弹出的快捷菜单中选择“个性化”命令，打开“个性化”窗口，单击窗口左侧的“更改桌面图标”超链接。

Step2：弹出“桌面图标设置”对话框，在“桌面图标”选项组中勾选将在桌面上添加的图标复选框，如图 1-16 所示，单击“应用”→“确定”按钮，所选的图标将会被添加到桌面上。

工序 3：应用 Aero 主题

应用“Aero 主题”中的“风景”主题，并将“图片位置”设置为“填充”，将“更改图片时间间隔”设置为“3 分钟”，将播放方式设置为“无序播放”；将窗体颜色设置为“天空”，不启用透明效果；将“Windows 登录”声音设置为“..\计算机应用基础教程\Windows7\开机音乐.wav”，将此声音方案另存为“钱彬的音效”，将设置完成的主题保存为“钱彬的主题”。

Step1：在桌面空白处右键单击，在弹出的快捷菜单中选择“个性化”命令，打开“个性化”窗口，如图 1-17 所示。

图 1-16 “桌面图标设置”对话框

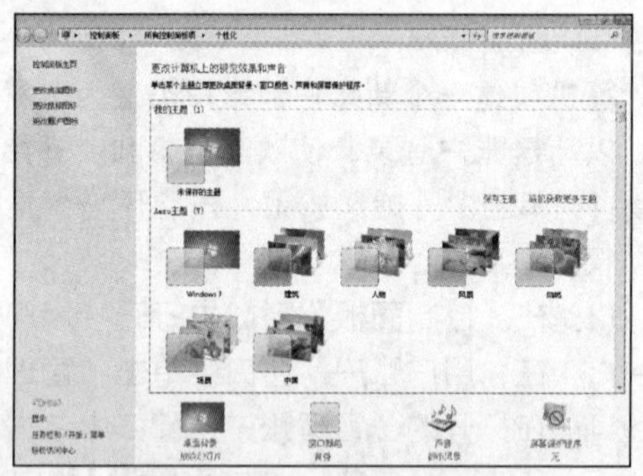

图 1-17 “个性化”窗口

Step2：在“个性化”窗口中，选择“Aero 主题”中第 4 个“风景”主题。

Step3：单击“个性化”窗口下方的“桌面背景”超链接，打开“桌面背景”窗口。

Step4：在“桌面背景”窗口下方的“图片位置”下拉列表框中选择“填充”选项；在“更改图片时间间隔”下拉列表框中选择“3 分钟”选项，勾选“无序播放”复选框；单击“保存修改”按钮。桌面背景设置如图 1-18 所示。

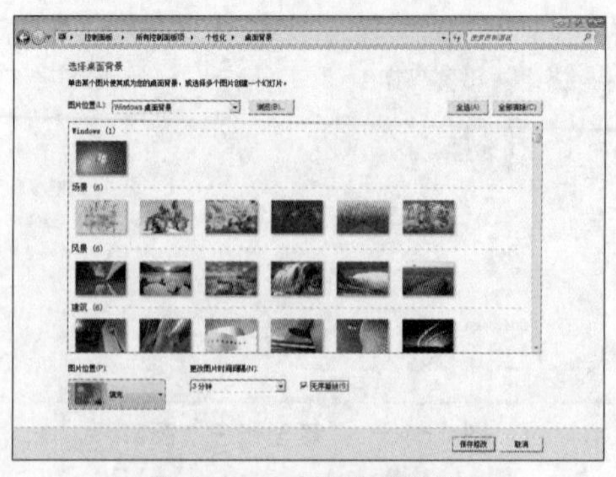

图 1-18 桌面背景设置

Step5：单击“个性化”窗口下方的“窗口颜色”超链接，打开“窗口颜色和外观”窗口。

Step6：在“窗口颜色和外观”窗口中的“更改窗口边框、「开始」菜单和任务栏的颜色”栏设置“当前颜色”为“天空”，取消勾选“启用透明效果”复选框，单击“保存修改”按钮。窗口颜色和外观设置如图 1-19 所示。

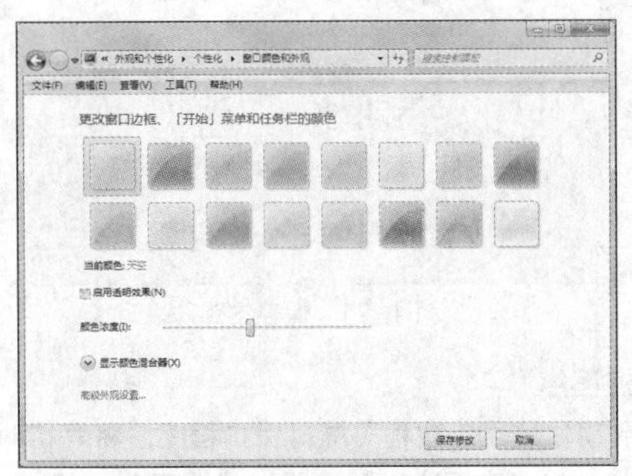

图 1-19 窗口颜色和外观设置

Step7：单击“个性化”窗口下方的“声音”链接，打开“声音”对话框，如图 1-20 所示。

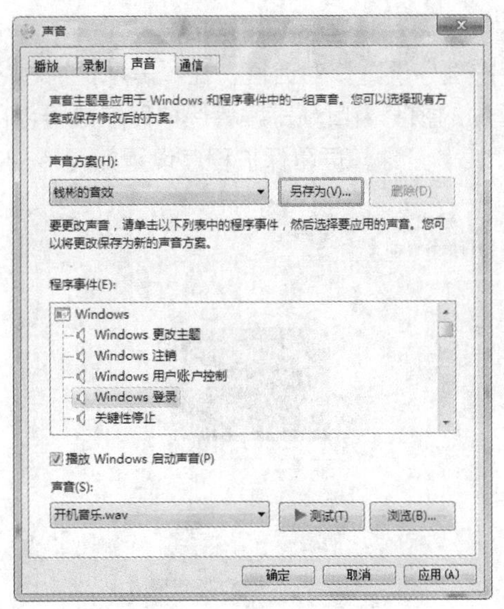

图 1-20 “声音”对话框

Step8：在“程序事件”列表框中选择“Windows 登录”选项，单击“声音”对话框右下方的“浏览”按钮，在弹出的对话框中选择“..\计算机应用基础教程\Windows7\开机音乐.wav”文件并单击“打开”按钮，返回“声音”对话框。

Step9：单击“声音方案”下拉列表框右侧“另存为”按钮，将此声音方案命名为“钱彬的音效”并单击“确定”按钮进行保存，再单击“确定”按钮返回“个性化”窗口。

Step10：单击“个性化”窗口中的“保存主题”超链接，弹出“将主题另存为”对话框，在“主题名称”文本框中输入“钱彬的主题”并单击“保存”按钮，将该主题保存到“我的主题”中，如图 1-21 所示。

图 1-21 保存主题

工序 4：设置屏幕保护程序

添加三维字幕“办公自动化项目化教程”屏幕保护程序，将等待时间设置为“15 分钟”，将“旋转类型”设置为“滚动”，将“表面样式”设置为“纹理”；创建新的电源计划，将“计划名称”设置为“钱彬的电源计划”，将“用电池”和“接通电源”时“关闭显示器”的时间均设置为“1 小时”，“使计算机进入睡眠状态”下“用电池”时为“1 小时”，“接通电源”时为“从不”。

Step1：在桌面空白处右键单击，从弹出的快捷菜单中选择“个性化”命令，打开“个性化”窗口，单击窗口下部的“屏幕保护程序”超链接。

Step2：弹出“屏幕保护程序设置”对话框，在“屏幕保护程序”下拉列表框中选择“三维文字”选项，可在对话框中的预览窗口预览屏幕保护程序效果；在“等待”文本框中将屏幕保护程序等待时间设置为“15”分钟。屏幕保护程序设置如图 1-22 所示。

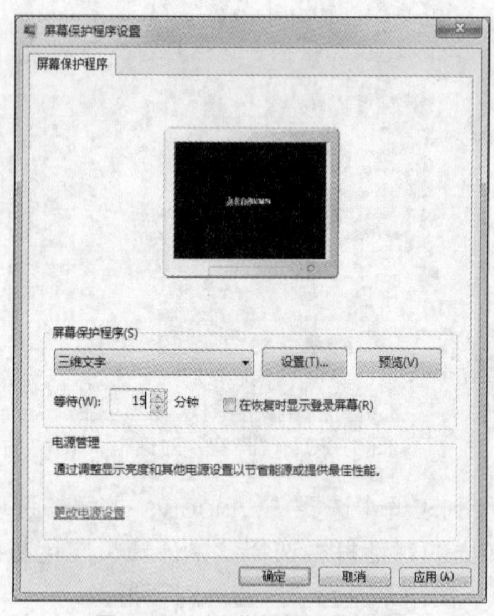

图 1-22 屏幕保护程序设置

Step3：单击“设置”按钮对三维文字进行设置，在打开的“三维文字设置”对话框中选中“自定义文字”单选按钮，并在其文本框中输入“办公自动化项目化教程”，在“动态”栏的“旋转类型”下拉列表框中选择“滚动”选项，在“表面样式”栏中选中“纹理”单选按钮，单击“确定”按钮完成三维文字设置。三维文字设置如图 1-23 所示。

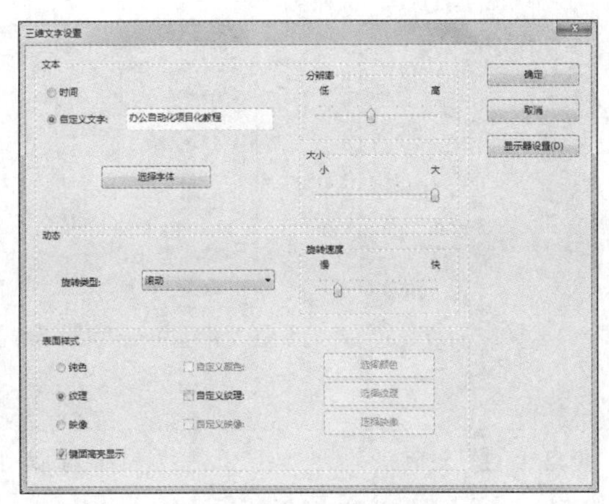

图 1-23　三维文字设置

Step4：打开“控制面板”窗口，并将“查看方式”切换为“大图标”，单击“电源选项”超链接，打开“电源选项”窗口，单击窗口左侧的“创建电源计划”超链接，在“创建电源计划”窗口中的“计划名称”文本框中输入“钱彬的电源计划”，单击“下一步”按钮完成创建。“电源选项”窗口中新创建的电源计划如图 1-24 所示。

Step5：单击“钱彬的电源计划”右边的“更改计划设置”超链接，在打开的“编辑计划设置”窗口中，将“关闭显示器”右侧的“用电池”和“接通电源”均设置为“1 小时”；将“使计算机进入睡眠状态”右侧的“用电池”设置为“1 小时”，“接通电源”设置为“从不”。“编辑计划设置”窗口如图 1-25 所示。

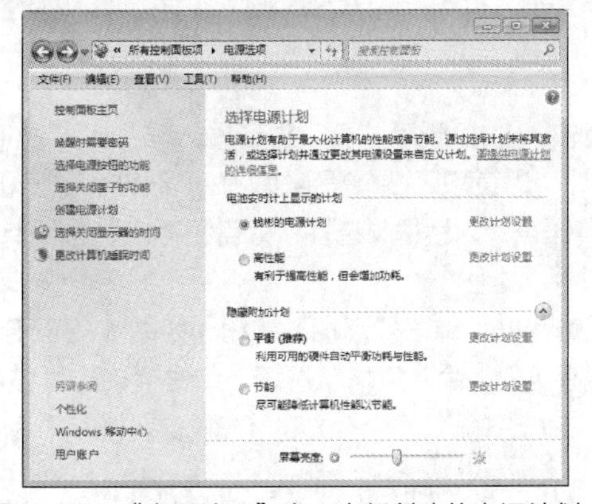

图 1-24　“电源选项”窗口中新创建的电源计划

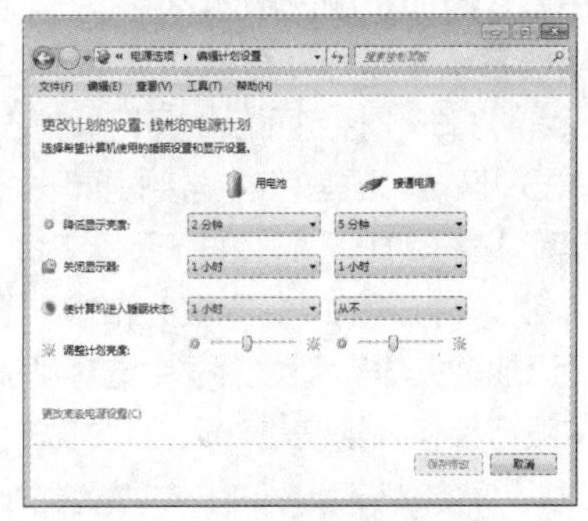

图 1-25　“编辑计划设置”窗口

工序 5：设置键盘与鼠标

设置光标闪烁的速度，调整鼠标双击的速度。

键盘与鼠标是计算机的主要输入设备，根据使用者的习惯不同，其设置也不同。

Step1：单击“开始”按钮，在“开始”菜单中选择“控制面板”选项，打开“控制面板”窗口，并将“查看方式”切换为“大图标”。

Step2：单击“键盘”超链接，打开“键盘 属性”对话框，如图 1-26 所示；拖曳“光标闪烁速度”栏中的滑块，调整光标闪烁的速度。

Step3：返回“控制面板”窗口，单击“鼠标”超链接，打开“鼠标 属性”对话框，如图 1-27 所示。

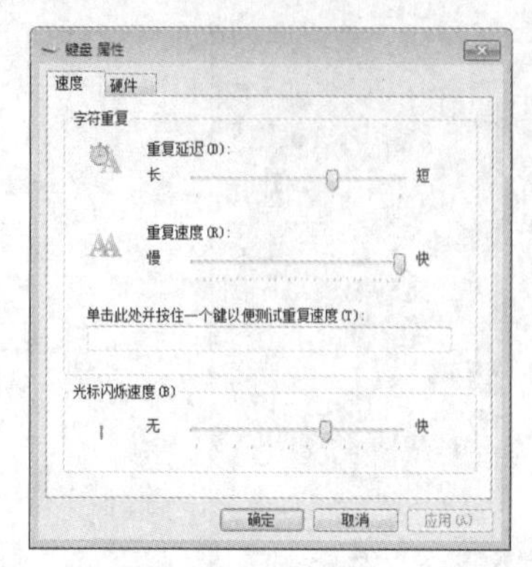

图 1-26　“键盘 属性”对话框

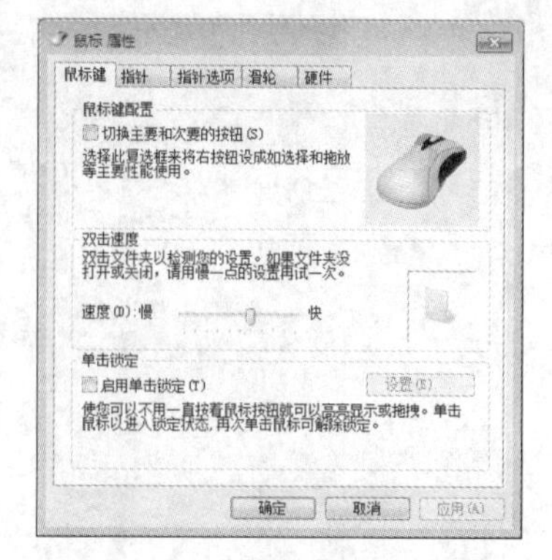

图 1-27　“鼠标 属性”对话框

Step4：选择“鼠标键”选项卡，拖曳“双击速度”栏中“速度”滑块，适当地调整速度，并在右侧的测试窗口中测试双击的速度是否合适。

小技巧　① 选择“指针”选项卡，用户可以在“方案”下拉列表框中选择喜欢的系统方案。

② 选择“指针选项”选项卡，可以进行如下设置。

- 勾选“可见性”栏中的“显示轨迹”复选框，鼠标指针移动的时候将会有影子跟随。
- 在“移动”栏中拖曳滑块，可以调节鼠标指针移动的速度。

③ 选择“滑轮”选项卡，在“垂直滚动”栏中可以选中“一次滚动下列行数”单选按钮，通过调节数值来调节鼠标滚轮的滚动行数。

工序 6：添加和删除输入法

在操作系统中添加“微软拼音 ABC”中文输入法，删除“QQ 拼音输入法”。

Step1：打开“控制面板”窗口，单击“时钟、语言和区域”超链接，在“时钟、语言和区域”窗口中单击“区域和语言”超链接，打开“区域和语言”对话框，选择“键盘和语言”选项卡，单击“更改键盘”按钮，如图 1-28 所示。

Step2：在打开的“文本服务和输入语言”对话框中单击“添加”按钮，如图 1-29 所示，在打开的“添加输入语言”对话框中选择“微软拼音 ABC 输入风格”选项，单击“确定”按钮，返回“文本服务和输入语言”对话框，“微软拼音 ABC”输入法被添加到“已安装的服务”列表中。

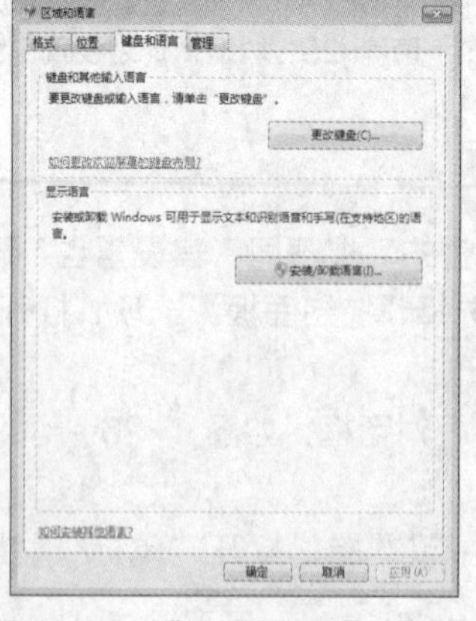

图 1-28　“区域和语言”对话框

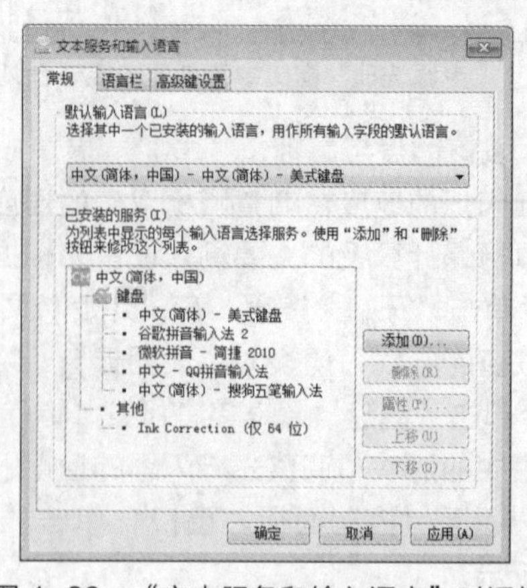

图 1-29　“文本服务和输入语言”对话框

Step3：在“文本服务和输入语言”对话框中，若需删除输入法，可以选择需要删除的输入法，如“QQ 拼音输入法”，单击右侧的“删除”按钮将其删除。

说明

① 不同的输入法之间的切换使用组合键“Ctrl + Shift”。

② 中文输入法与非中文输入法之间的切换使用组合键“Ctrl + Space”。

③ 中文输入法中全角字符与半角字符的切换使用组合键“Shift + Space”。

小技巧

输入法的设置可以通过任务栏来进行。

① 单击任务栏上的语言图标“英文 EN”或“中文 CN”，在弹出的菜单中选择语言或输入法。

② 右键单击任务栏上的语言图标“英文 EN”或“中文 CN”，选择“设置”命令，可直接打开“文本服务和输入语言”对话框进行语言和输入法的添加、删除等设置。

工序 7：安装、删除与隐藏字体

在操作系统中添加“全新硬笔行书简”（..\计算机应用基础教程\Windows7\全新硬笔行书简.ttf）新字体，删除“仿宋常规”和“黑体常规”两种字体，隐藏“新宋体常规”字体。

Step1：双击“计算机”图标，按文件存储路径找到“全新硬笔行书简.ttf”文件，双击打开该文件。

Step2：单击窗口标题下方的“安装”按钮，如图 1-30 所示，当“正在安装字体”窗口中的进度条结束后即可完成新字体的安装。

Step3：单击“开始”按钮，在“开始”菜单中选择“控制面板”选项，打开“控制面板”窗口；在“控制面板”窗口中将“查看方式”切换为“大图标”，单击“字体”超链接，打开“字体”窗口。

Step4：按住“Ctrl”键，分别单击“仿宋常规”字体和“黑体常规”字体，将其选中。

Step5：在工具栏中，单击“删除”按钮，即可完成字体的删除，如图 1-31 所示。

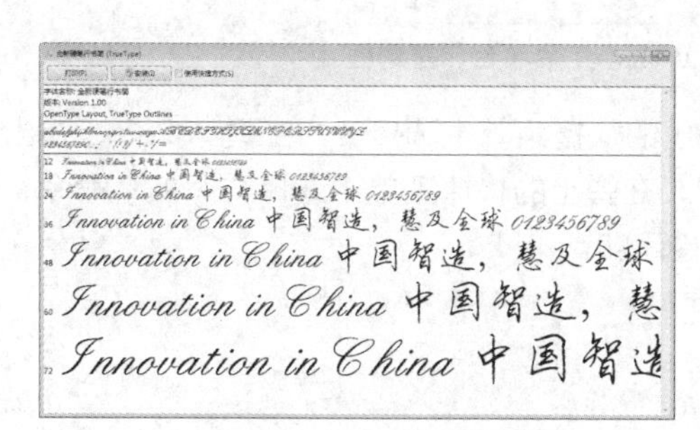

图 1-30　添加“全新硬笔行书简”字体

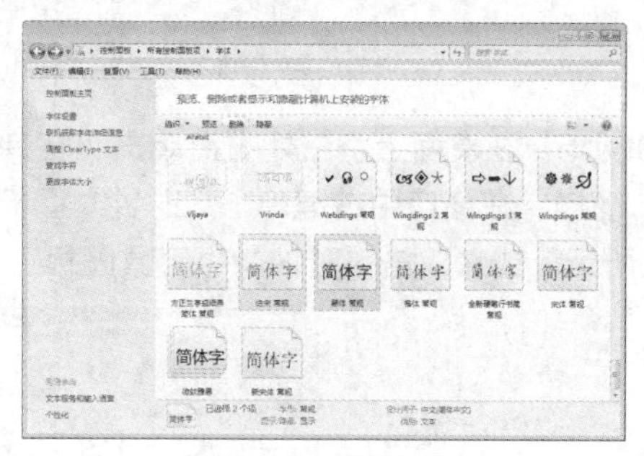

图 1-31　删除字体

提示

安装字体有以下两种常用的方法：将字体文件拖曳到控制面板“字体”窗口；或右键单击字体文件，在弹出的快捷菜单中选择“安装”命令。

Step6：选择“新宋体常规”字体，在工具栏中单击“隐藏”按钮即可隐藏该字体。

说明 在系统中双击需要安装的字体文件，将打开字体预览程序，这样可以直观地查看该字体的显示效果，方便选用。但是以前的 Windows 系统，预览程序只会显示英文字符，无法展示中文字符的效果。对我国用户来说，大部分时候都会使用中文字体，而英文字符无法展示出中文字体的真实效果。在中文版 Windows 7 中预览字体，预览程序能够展示出中英文对照的显示效果。因为字体加载需要时间，当安装很多字体时，加载速度减慢，于是 Windows 7 提供了隐藏暂时不需要的字体的功能，以加快软件启动。隐藏的字体不会加载，也无法使用。

工序 8：添加边栏小工具

将关闭的 Windows 7 边栏设置为打开状态，在边栏内添加“时钟”小工具，更改时钟样式为“样式 2”，名称为“北京时间”，显示秒针。

Step1：单击“开始”按钮，在“开始”菜单中选择“控制面板”选项，打开“控制面板”窗口。

Step2：在“控制面板”窗口中将“查看方式”切换为“大图标”并单击“程序和功能”超链接，打开“程序和功能”窗口。

Step3：在“程序和功能”窗口中单击“打开或关闭 Windows 功能”超链接。

Step4：在弹出的“Windows 功能”对话框中，找到“Windows 小工具平台”选项，勾选此复选框，单击“确定”按钮，如图 1-32 所示，这时可以看到 Windows 功能正在更改；功能更改完毕之后，计算机中的 Windows 7 侧边栏小工具功能也就开启了。

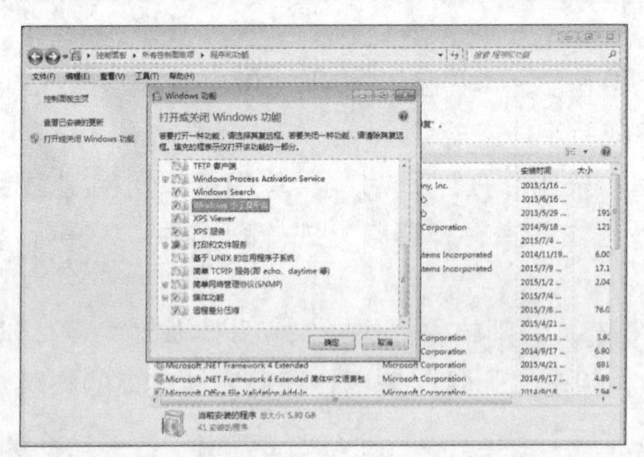

图 1-32 勾选“Windows 小工具平台”复选框

Step5：在桌面上空白处右键单击，在弹出的快捷菜单中选择“小工具”命令，弹出“小工具”窗口，在窗口中右键单击“时钟”图标，在弹出的快捷菜单中选择“添加”命令，如图 1-33 所示，或者双击“时钟”小工具图标直接添加。

图 1-33 “小工具”窗口

Step6：单击时钟右侧的“选项”按钮，在弹出的“当前图标的设置”对话框中选择“样式 2”，时钟名称输入“北京时间”，勾选“显示秒针”复选框，单击“确定”按钮，效果如图 1-34 所示。

图 1-34　添加的时钟效果

任务 3　管理文件和文件夹

任务描述

在实习阶段，钱彬在工作的同时要完成毕业设计的制作、毕业论文的撰写、求职自荐书的撰写等工作。最初他总是随意地将这些相关文件放在计算机中。但是随着时间的推移，毕业设计的相关资料越来越多，毕业论文修改了多次，求职自荐书的相关文件也很多，加上其他计算机软件的安装，大量文件存放得杂乱无章。由于毕业论文修改了多次，有时连哪一个毕业论文文件是最新版的他都搞不清楚了。因此，钱彬希望能将自己计算机中的文件进行有序的管理。

任务资讯

1. 文件与文件夹

在 Windows 中，文件是最小的信息存储单位，是一组相关信息的集合，包含文本、图像、数据、声音、动画等各种媒体形式。文件夹是系统组织和管理文件的一种形式，是为方便用户查找、维护和存储而设置的，用户可以将文件分门别类地存放在不同的文件夹中。

为了区别文件，每个文件都有一个文件名，在命名文件时，文件名要尽可能与文件的内容有一定联系，以便记忆与管理。

为了说明文件类型，文件一般都有扩展名，所以完整的文件名包括文件名与扩展名两部分。扩展名一般由“.”和 3 到 4 个字符组成，不同的扩展名表示不同的文件类型。文件常用的扩展名如表 1-1 所示。文件扩展名一般根据文件的生成方法自动产生。而文件夹只有文件夹名，没有扩展名。

给文件或文件夹命名时需注意以下几点。

① 文件名最多可由 255 个字符组成，字符可以是字母、数字、空格、汉字等，但不得包含具有特殊含义的字符，如? \ * ” < > : |。

② 若两个文件或文件夹放在同一个存储位置，则不允许为这两个文件或文件夹取相同的名字。

表 1–1　文件常用的扩展名

文件类型	扩展名	文件类型	扩展名
视频文件	.avi	可执行文件	.exe
备份文件	.bak	图形格式文件	.gif
批处理文件	.bat	帮助文件	.hlp
位图文件	.bmp	信息文件	.inf
命令文件	.com	图形压缩格式文件	.jpg
数据文件	.dat	微软演示文稿文件	.pptx
动态链接库文件	.dll	文本文件	.txt
Word 文档文件	.docx	声音文件	.wav
驱动程序文件	.drv	电子表格文件	.xlsx

2. 资源管理器

“资源管理器”窗口是 Windows 7 用来管理文件的窗口，它可以显示计算机中所有文件组成的文件系统的树形结构，以及文件夹中的文件，如图 1-35 所示。在“资源管理器”窗口中，左边窗格内显示的是树形结构的计算机资源，右边窗格显示的是所选项目的详细内容。在“资源管理器”窗口左侧的导航窗格中单击文件夹列表中的任意一项，如“库”，这时窗口右侧的内容列表中就会显示包含在其中的库。双击内容列表中的任意一个库，如双击“图片”库，就可以打开此库进行查看，继续双击内容列表中的“示例图片”文件夹将其打开，则会在内容列表中显示其中的内容。右键单击“开始”按钮，在弹出的快捷菜单中选择“打开 Windows 资源管理器”命令，即可打开“资源管理器”窗口。

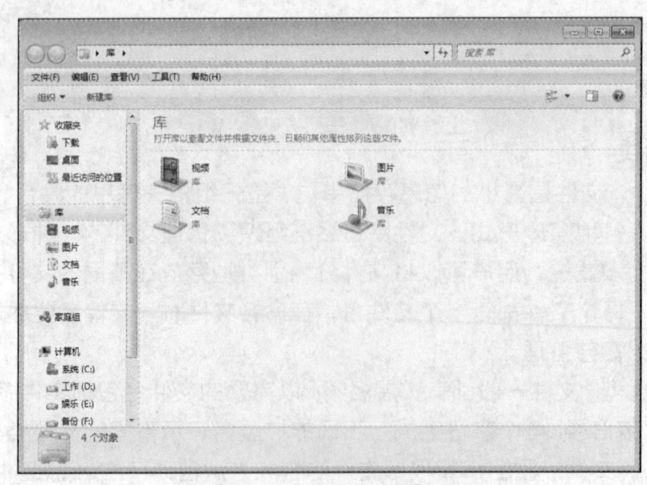

图 1–35　“资源管理器”窗口

3. 管理文件和文件夹

文件和文件夹的操作方式主要有以下几种。

① 快捷菜单：实现文件和文件夹操作最简便的途径。

② 窗口菜单：在“计算机”窗口和“资源管理器”窗口中，窗口菜单包括所有的文件和文件夹操作命令。

③ 工具栏：在“计算机”窗口和“资源管理器”窗口中，单击工具栏按钮是一种直观、简便的管理文件和文件夹的方法。

④ 组合键：通过组合键可以完成相关文件和文件夹操作。

文件和文件夹的选择，通常有如下操作方法。

① 单个选择，即单击选择。

② 全选，按“Ctrl+A”组合键即可全部选择。

③ 连续多个文件的选择有如下两种方法。

• 先选择第一个要选取的文件，按住“Shift”键不放，再单击最后一个要选取的文件，就可以选择中间这一片连续的文件（包括第一个选择的和最后一个选择的文件）。

• 将鼠标指针置于第一个文件图标左边的空白处，按住鼠标左键，拖曳鼠标指针形成虚线框到最后一个文件图标，松开鼠标左键，即可选择多个连续文件。

④ 非连续多个文件的选择。按住“Ctrl”键不放，单击要选择的文件，选择完毕后再松开“Ctrl”键。

4. 库

“库”是 Windows 7 最大的亮点之一，它彻底改变了文件管理的方式：从死板的文件夹方式变为灵活方便的库方式。其实，库和文件夹有很多相似之处，如在库中也可以包含各种文件和文件夹。但库和文件夹有本质区别：在文件夹中保存的文件或子文件夹都存储在该文件夹内，而库中存储的文件来自“四面八方”。确切地说，库并不存储文件本身，而仅保存文件快照（类似于快捷方式）。库提供了一种更加快捷的管理方式。例如，如果用户的文件主要存储在 E 盘，为了日后工作方便，用户可以将 E 盘中的文件都放到库中。在需要使用时，直接打开库即可，不需要再一步步定位到 E 盘文件目录下。

资源管理器可以管理计算机中的所有文件及文件夹，而库通过添加部分文件夹达到统一管理的目的。简单点说，库是对文件进行分类的，而资源管理器是查看和编辑所有文件的。

5. 搜索文件

Windows 7 将搜索框集成到了资源管理器的各种视图（窗口右上角）中，不但方便随时查找文件，而且可以指定文件夹进行搜索。

① 搜索文件。用户定位搜索范围后，直接在搜索框中输入搜索关键字即可。搜索完成后，系统会以高亮形式显示与搜索关键词匹配的记录，让用户更容易锁定所需结果。库和索引机制的应用，使得文件搜索更快、更准确。在对库中的资源进行搜索时，系统对数据库进行查询，而非直接扫描磁盘上的文件位置，从而大幅提升了搜索效率。

② 搜索条件设置。Windows 7 中利用搜索筛选器可以轻松设置搜索条件，缩小搜索范围。使用时，在搜索框中直接单击搜索筛选器，选择需要设置参数的选项，直接输入恰当条件即可。另外，普通文件夹中的搜索筛选器只包括“修改日期”和“大小”两个选项，如图 1-36（a）所示；而库的搜索筛选器则包括“种类”“修改日期”“类型”“名称”4 个选项，如图 1-36（b）所示。

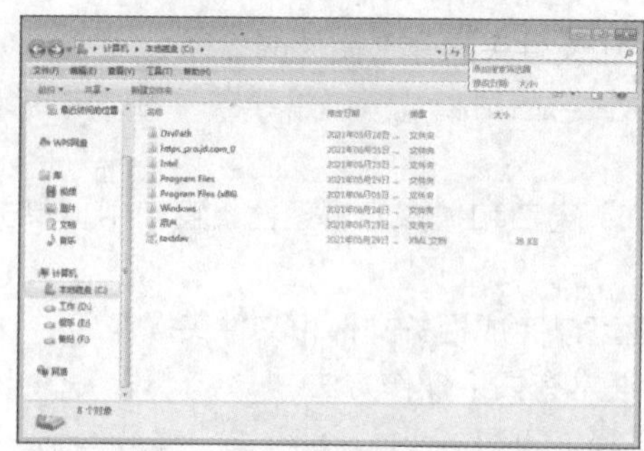

（a）文件夹搜索筛选器

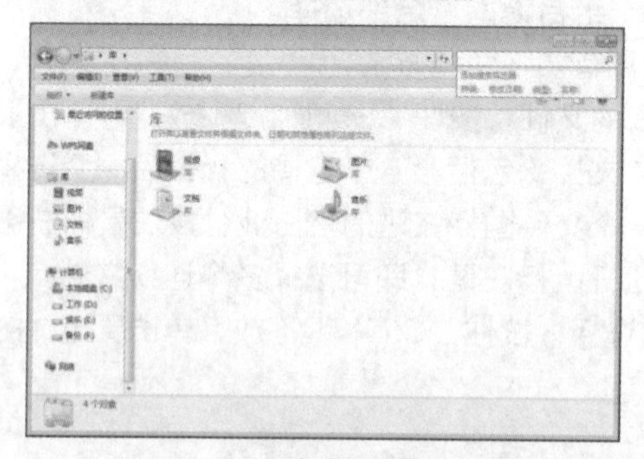

（b）库搜索筛选器

图 1-36　搜索筛选器

③ 组合搜索。除了筛选器外，用户还可以通过关系运算符（包括空格、AND、OR、NOT、>或<）组合出任意数量的搜索条件，使得搜索过程更加灵活、高效。举例来说，“计算机 AND 实验”表示查找同时包含“计算机”和“实验”这两个词语的文件（即使这两个词语位于文件中的不同位置），与直接输入“计算机实验”所得到的结果相同。“计算机 NOT 实验”表示查找包含“计算机”但不包含“实验”的文件。“计算机 OR 实验”表示查找包含“计算机”或包含“实验”的文件。“>”（或“<”）表示查找某个条件大于（或小于）某个数值的文件（如“大小”>300kB）。注意，在使用关系运算符协助搜索时，运算符必须大写。

④ 模糊搜索。“模糊搜索”是使用通配符(“*”或“?”)代替位置字符来完成搜索操作的方法。其中“*”代表任意数量的任意字符，“?”仅代表某一位置上的一个字母（或数字），如“*.jpg”表示搜索当前位置中的所有.jpg 文件。“windows?.doc”则可用来查找文件名的前 7 个字符为“windows”、第 8 位是任何数字或字母的.doc 文件，如“windows7.doc”或“windowsA.doc”等。

⑤ 查找程序。很多用户要打开计算器时，都会以单击“开始”→“所有程序”→“附件”→“计算器”的方式进行操作，费时费力。Windows 7 在“开始”菜单中提供了“搜索程序和文件”命令，使得查找程序可以一键完成。“开始”菜单中的搜索主要用于对程序、控制面板小工具的查找，使用前提是知道程序全称或名称关键字。

6. 回收站

回收站提供了删除文件或文件夹的功能。从磁盘中删除任何项目时，Windows 7 将该项目放在“回收站”中。从软盘或 U 盘中删除的项目将被直接永久删除且不会发送到回收站。

回收站中的项目将被保留，直到用户决定从计算机中永久地将它们删除。在此期间，这些项目仍然占用磁盘空间，并可以随时被恢复或被还原。当回收站放满后，Windows 7 将自动清除“回收站”中的空间以存放最近删除的文件和文件夹。

7. 剪贴板

剪贴板是 Windows 7 中一段可连续的、可随存放信息的大小而变化的内存空间，用来临时存放交换信息。剪贴板内置在 Windows 7 中，并且使用系统的随机存储器或虚拟内存来临时保存剪切和复制的信息，可以存放的信息种类多种多样。剪切或复制时保存在剪贴板上的信息，只有再剪切或复制另外的信息，或断电、退出 Windows 7，才可能更新或清除其内容，即剪切或复制一次，就可以粘贴多次。

任务实施

通过向指导老师请教，钱彬了解到科学有序的文件管理主要有两点：一是各种各样的文件要分类存放；二是要注意及时地对重要的文件进行备份。钱彬根据老师的指导，采取了以下措施对自己的文件进行了处理。

① 创建多个磁盘分区，选择除 C 盘外的其他磁盘区域作为存放个人文件的数据盘，因为 C 盘一般作为系统盘，用于安装系统程序和各种应用软件。

② 在自己选择的磁盘分区上创建多个文件夹，分别用来存放毕业设计、毕业论文、求职信息、学习、娱乐等不同类型的文件。

③ 对于重要的文件，例如毕业论文，在每次修改过后，将文件的最新结果复制一份存放在另一个数据盘中，并在文件名上标注修改日期。

④ 在桌面上创建常用文件、文件夹的快捷方式图标，方便操作。

⑤ 新建库，并归类文件或文件夹。

⑥ 定期清理临时文件和回收站。

工序 1：新建文件夹

在 D 盘中建立一个个人文件夹，以便管理自己的文件。新建文件夹结构如图 1-37 所示。

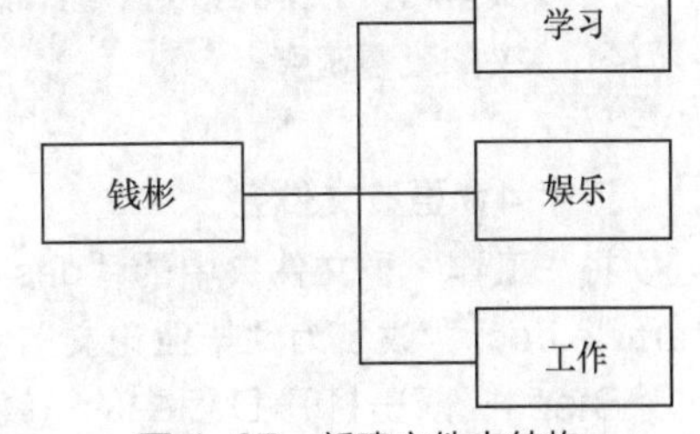

图 1-37　新建文件夹结构

Step1：右键单击“开始”按钮，在弹出的快捷菜单中选择“资源管理器”命令。

Step2：选择“计算机”目录下的 D 盘，打开 D 盘。

Step3：在窗口的空白处右键单击，在弹出的快捷菜单中选择“新建”→“文件夹”命令，或者在窗口的工具栏里直接单击“新建文件夹”按钮，出现新文件夹后输入“钱彬”并按“Enter”键。

Step4：双击“钱彬”文件夹，打开该文件夹后，在“钱彬”文件夹内以同样的方法建立“学习”“娱乐”“工作”3 个子文件夹，如图 1-38 所示。

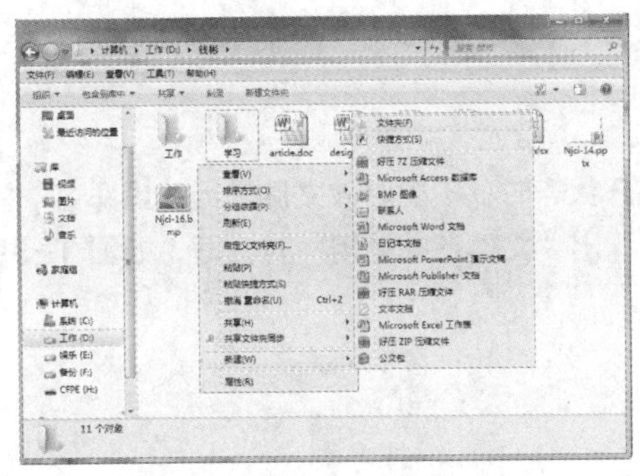

图 1-38　建立子文件夹

工序 2：新建文件

在“钱彬”文件夹中的“工作”子文件夹中创建一个名为“design.docx”的 Word 文档，在“学习”子文件夹中创建一个名为“article.docx”的 Word 文档。

Step1：打开 D 盘中的“钱彬”文件夹，再打开“工作”子文件夹。

Step2：选择菜单栏中的“文件”→“新建”→“Microsoft Word 文档”命令，或者右键单击窗口空白处，在弹出的快捷菜单中选择“新建”→“Microsoft Word 文档”命令。

Step3：窗口中出现一个新的 Word 文档的图标，输入名称“design.docx”。

Step4：在新文件外面单击或按“Enter”键，新文件“design.docx”就创建好了。

Step5：采用相同的方法，创建新文件“article.docx”。

工序 3：查看文件夹信息

改变文件夹的显示方式，显示文件夹内的详细信息，并且按照文件夹建立的时间排序。

Step1：双击打开 D 盘中的“钱彬”文件夹。

Step2：在窗口的空白处右键单击，在弹出的快捷菜单中选择“查看”→“详细信息”命令。

Step3：在窗口的空白处右键单击，在弹出的快捷菜单中选择“排列方式”→“修改日期”命令。

小技巧 在 Windows 7 中，我们可以将文件夹按照“名称”“修改日期”“类型”“大小”等类型来排列。除此之外，还可以为视频、图片、音乐等特殊的文件夹添加与其文件类型相关的排列方式。这样，不但能够将各种文件归类排列，还可以加快文件或文件夹的查看速度。

工序 4：更改文件名

将“工作”子文件夹中的“design.docx”改名为“毕业设计”，将“学习”子文件夹中的“article.docx”改名为“毕业论文”。

Step1：双击打开 D 盘中的“钱彬”文件夹，再打开“工作”子文件夹。

Step2：单击“design.docx”文件图标，选择该文件。

Step3：选择菜单栏中的“文件”→“重命名”命令，或者在窗口空白处右键单击，在弹出的快捷菜单中选择“重命名”命令，该文件的文件名反白显示。

Step4：输入新名称“毕业设计”，在文件外面单击或按“Enter”键，即可完成文件名的更改。

Step5：采用相同的方法，将文件“article.docx”改名为“毕业论文”。

提示 当文件处于打开状态时，不能对该文件进行“重命名”操作。必须先关闭文件，否则重命名时将会弹出“文件正在使用”对话框，如图 1-39 所示。

图 1-39　“文件正在使用”对话框

说明　当文件重命名的同时改变扩展名，将会弹出“重命名”对话框，如图 1-40 所示，提示此操作可能会导致文件不可用。

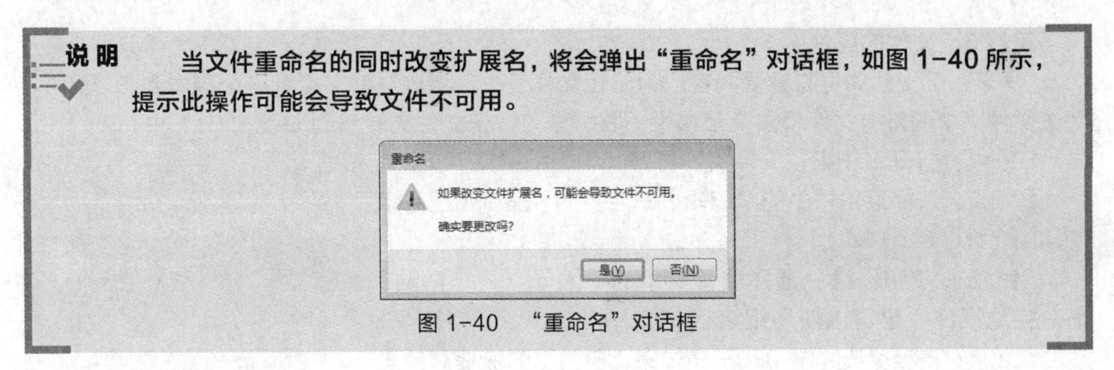

图 1-40　“重命名”对话框

工序 5：一次性复制

将“钱彬”文件夹内的“Njci-1.docx”“Njci-16. docx”“Njci-7.xlsx”“Njci-14.pptx”文件一次性复制到“D:\钱彬\工作”文件夹中，并分别重名名为“QB1.docx”“QB2.docx”“QB3.xlsx”“QB4.pptx”。

Step1：单击“开始”按钮，在“开始”菜单中找到“计算机”选项并打开，再双击打开“D”盘。

Step2：打开“D:\钱彬”文件夹，按住“Ctrl”键，选择“Njci-1.docx”“Njci-16.docx”“Njci-7.xlsx”“Njci-14.pptx”4 个文件，如图 1-41 所示，按“Ctrl+C”组合键进行复制。

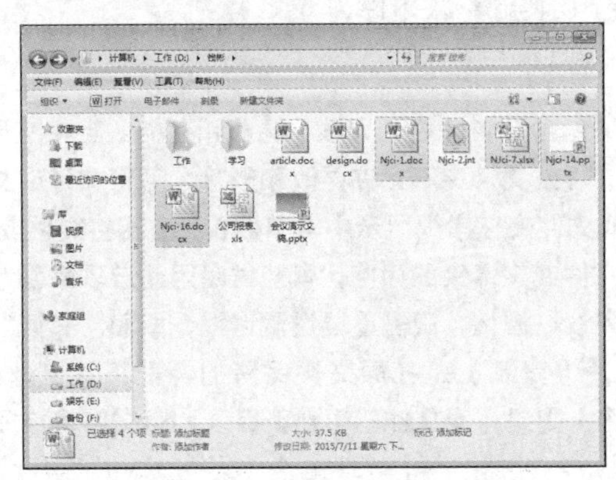
图 1-41　多个文件的选择

Step3：双击打开“工作”文件夹，在右边空白处右键单击，在弹出的快捷菜单中选择“粘贴”命令。

Step4：依次选择“Njci-1.docx”“Njci-16.docx”“Njci-7.xlsx”“Njci-14.pptx”文件

并右键单击，在弹出的快捷菜单中选择“重命名”命令，依次输入“QB1.docx”“QB2.docx”“QB3.xlsx”“QB4.pptx”，每次重命名文件之后按一次“Enter”键。

小技巧 快速选定单个文件或文件夹，是指快速找到某一特定的文件或文件夹，无须依次在盘符中查找。在 Windows 7 中，可以根据文件夹或文件的首字母来快速找到目标文件（只支持英文）。例如，用户需快速找到名为“Adobe”的文件夹，就可以直接在搜索框中输入字母“a”，系统就依照文件排列顺序和用户的输入依次显示文件名首字母为“a”或者“A”的文件夹，接下来就可以快速地找到名为“Adobe”的文件夹。

工序 6：文件的属性

“学习”子文件夹里有重要内容，为防止文件丢失，将该文件夹复制一个副本到 E 盘中，对该文件夹中的所有文件增加只读属性；将“学习”子文件夹转移到 U 盘（H:）中。

Step1：打开“钱彬”文件夹，打开“学习”子文件夹。

Step2：选择菜单栏中的“编辑”→“复制”命令（也可以使用组合键“Ctrl+C”）。

Step3：打开 E 盘，选择菜单栏中的“编辑”→“粘贴”命令完成操作（也可以使用组合键“Ctrl+V”）。

Step4：右键单击“学习”子文件夹，在弹出的快捷菜单里选择“属性”命令，弹出“学习 属性”对话框，在该对话框中勾选“只读”复选框，单击“确定”按钮即可，如图 1-42 所示。

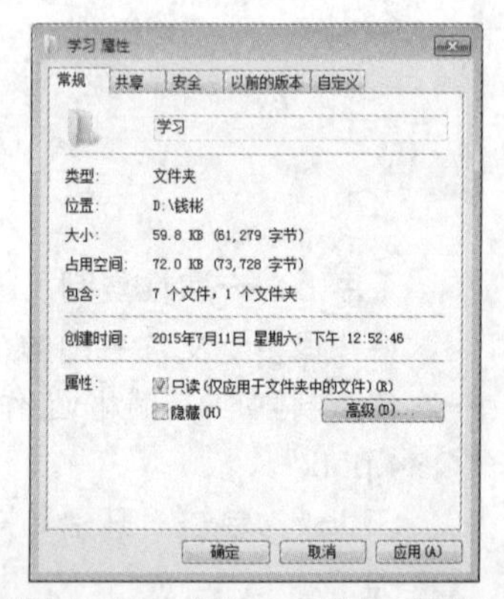

图 1-42　“学习 属性”对话框

Step5：弹出“确认属性更改”对话框，选中“将更改应用于此文件夹、子文件夹和文件”单选按钮，单击“确认”按钮。

Step6：再次打开“钱彬”文件夹，打开“学习”子文件夹。

Step7：选择菜单栏中的“编辑”→“剪切”命令（也可以使用组合键“Ctrl+X”）。

Step8：打开 H 盘，选择菜单栏中的“编辑”→“粘贴”命令完成操作（也可以使用组合键“Ctrl+V”）。

说明 文件或文件夹包含 3 种属性：只读、隐藏和存档。若将文件或文件夹设置为“只读”属性，则该文件或文件夹不允许更改和删除；若将文件或文件夹设置为“隐藏”属性，则该文件或文件夹在常规显示中将不被看到；若将文件或文件夹设置为“存档”属性，则表示该文件或文件夹已存档，有些程序用此选项来确定哪些文件需做备份。

若需去掉“只读”属性，只需重复设置过程，取消“只读”复选框的勾选即可。组合键“Ctrl+C”（复制）是在原文件保留的情况下复制一个备份文件；组合键“Ctrl+X”（剪切）则是将原文件剪切到新目录，原文件将被删除。

工序 7：文件的搜索

为了更快地打开“学习”子文件夹中的“毕业论文”文件，可以直接在 D 盘的搜索框中进行搜索。

Step1：双击“计算机”图标，打开 D 盘。

Step2：在图 1-43 所示窗口的搜索框直接搜索“毕业论文”，搜索完成后双击该文件即可打开。

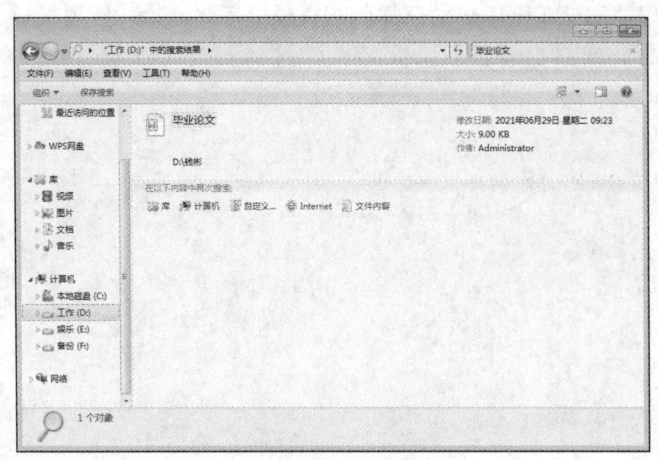

图 1-43　搜索“毕业论文”

工序 8：文件夹快捷方式的创建及图标的更改

为了方便快捷地使用“学习”子文件夹中的文件，为“学习”子文件夹创建桌面快捷方式，并更改快捷方式图标。

Step1：双击“计算机”图标，在 D 盘中打开“钱彬”文件夹。

Step2：右键单击“学习”子文件夹，在弹出的快捷菜单中选择“发送到”→“桌面快捷方式”命令。

Step3：查看桌面，新增“学习”子文件夹的快捷方式图标。

Step4：在“学习”快捷方式图标上右键单击，在弹出的快捷菜单中选择“属性”命令，会弹出“学习 属性”对话框，选择“快捷方式”选项卡，单击“更改图标”按钮，弹出“更改图标”对话框，如图 1-44 所示。

Step5：双击选择一个图标后单击“确定”按钮，完成对“学习”快捷方式图标的更改。

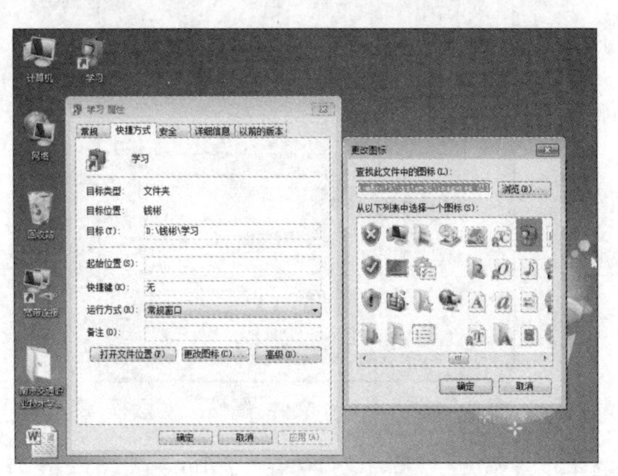

图 1-44　更改快捷方式图标

工序 9：新建库，并归类文件或文件夹

为了更方便地查找 D 盘中的.png 文件，需要新建一个“png 文件”库，并将 D 盘中有.png 文件的文件夹都归入“png 文件”库中。

Step1：双击桌面上的“计算机”图标，在打开的窗口中单击左侧导航窗格中的“库”图标。

Step2：在窗口空白处右键单击，在弹出的快捷菜单中选择“新建”→“库”命令，出现一个“新建库”图标，如图 1-45 所示。

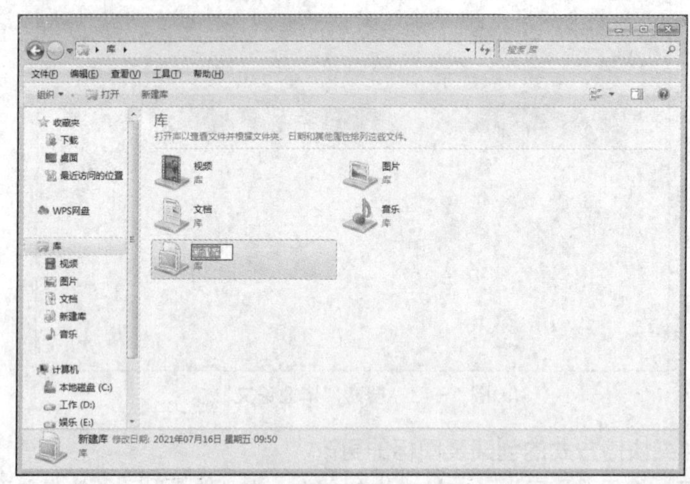

图 1-45　新建“库”

Step3：将默认的库名“新建库”修改为“png 文件”，即在当前库中新建了一个名为“png 文件”的新库。

Step4：右键单击新建的“png 文件”库图标，在弹出的快捷菜单中选择“属性”命令，打开图 1-46 所示的“png 文件 属性”对话框。

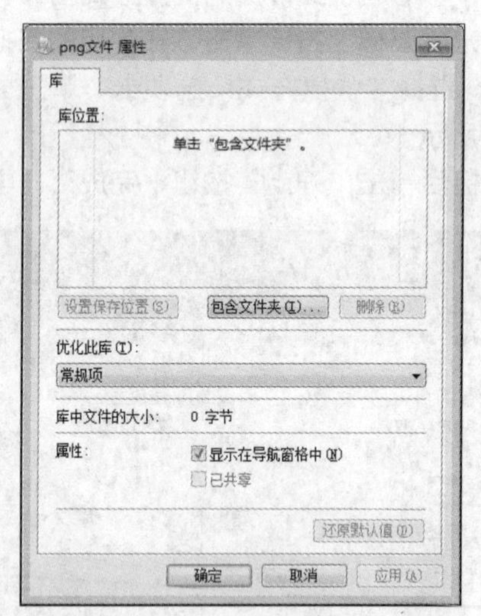

图 1-46　“png 文件 属性”对话框

Step5：单击对话框中的“包含文件夹”按钮，在弹出的对话框中选择 D 盘中有.png 文件的文件夹，单击“包括文件夹”按钮，即可将选择的文件夹添加到“png 文件”库中。

工序 10：回收站的使用

删除“钱彬”文件夹里的“Njci-2.jnt”文件，还原“钱彬”文件夹里被误删除的“娱乐”文件夹。

Step1：打开“钱彬”文件夹，选择“Njci-2.jnt”文件。

Step2：在“Njci-2.jnt”文件图标上右键单击，选择快捷菜单中的“删除”命令，弹出“删除文件”对话框，如图 1-47 所示。

Step3：单击“是”按钮，即可删除选择的“Njci-2.jnt”文件。

Step4：在桌面双击“回收站”图标，打开“回收站”窗口。

Step5：在“回收站”窗口中，可以看到之前被删除的文件夹，如图 1-48 所示。

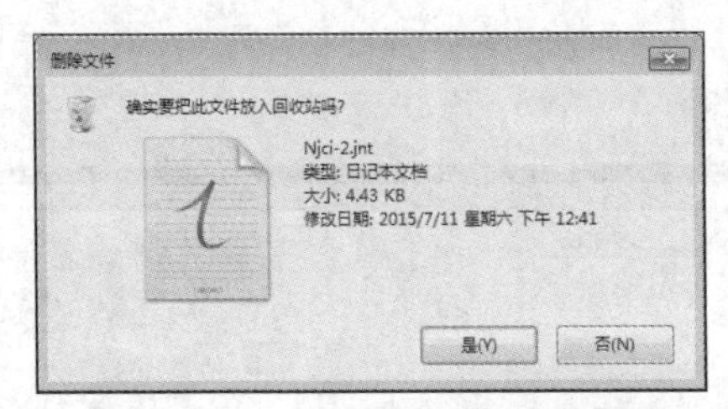

图 1-47 “删除文件”对话框

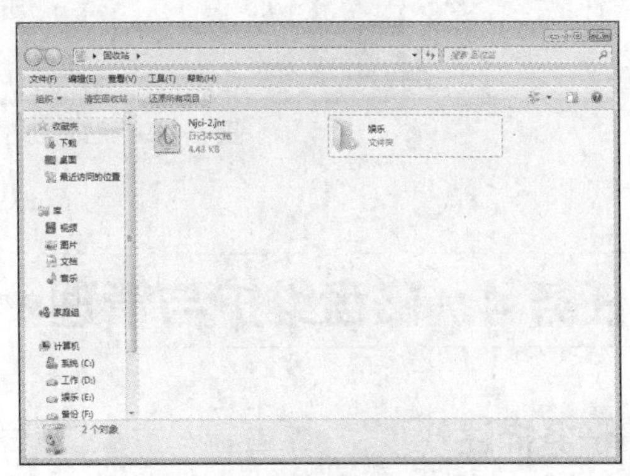
图 1-48 “回收站”窗口

Step6：选择“娱乐”文件夹后右键单击，选择“还原”命令，“娱乐”文件夹即从窗口内消失，并被还原到“钱彬”文件夹中。

小技巧 **如果需要直接将文件从系统中删除，而不是先进入回收站后再进行删除确认。可以在选定文件后，按“Shift + Delete”组合键进行直接删除操作，系统将弹出“确认文件删除”对话框，单击“是”按钮，即可完成文件的删除操作。**

说 明 **如果运行的硬盘空间太小，请及时清空回收站中的文件，也可以限定回收站的大小以限制它占用硬盘空间的大小。Windows 7 为每个分区或硬盘分配一个回收站。如果硬盘已经分区，或者计算机中有多个硬盘，则可以为每个回收站指定不同的大小。若要将文件或文件夹彻底地从系统里删除，在打开“回收站”窗口后，选择需要删除的文件或文件夹后右键单击，从弹出的快捷菜单中选择“删除”命令，弹出“确认文件删除”对话框，单击“是”按钮，即可将文件或文件夹彻底删除。**

工序 11：剪贴板的使用

利用剪贴板把“计算机”窗口截图，粘贴到“画图”程序中。

Step1：在桌面双击“计算机”图标，打开“计算机”窗口。

Step2：按“Alt + Print Screen”组合键，将“计算机”窗口截图并复制到剪贴板。

Step3：选择“开始”→“所有程序”→“附件”→“画图”命令，打开“画图”窗口。

Step4：在“画图”窗口的菜单栏单击“粘贴”按钮，“计算机”窗口图片被粘贴到“画图”窗口中，如图 1-49 所示。

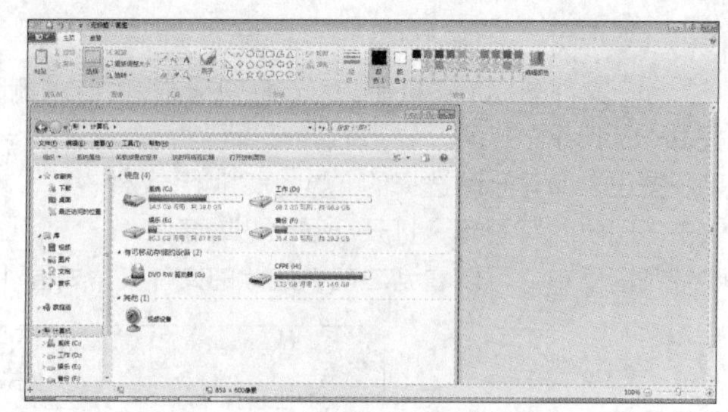

图 1-49 粘贴到“画图”窗口中

任务 4 磁盘维护与管理

任务描述

钱彬这几天发现自己使用的计算机运行速度较慢，有时主机上的硬盘灯闪个不停。他急忙向同学小王请教自己的计算机究竟出了什么问题，该如何处理。

任务资讯

1．磁盘管理

“磁盘管理”工具是用于管理硬磁盘和卷，或者分区的系统实用程序。利用“磁盘管理”工具，可以初始化磁盘、创建卷，使用 FAT、FAT32 或 NTFS 文件系统格式化卷及创建具有容错能力的磁盘系统。使用“磁盘管理”工具可以执行多数与磁盘有关的任务，而不需要关闭系统，大多数配置更改立即生效。

2．磁盘清理

如果要减少磁盘上不需要的文件数量，以释放磁盘空间并让计算机运行得更快，可使用磁盘清理工具。该工具可删除临时文件、清空回收站并删除各种系统文件和其他不再需要的文件。

3．磁盘碎片整理

磁盘碎片是因为文件被分散保存到整个磁盘的不同地方，而不是连续地保存在磁盘连续的簇中形成的。当应用程序所需的物理内存不足时，一般操作系统会在磁盘中产生临时交换文件，用该文件所占用的磁盘空间虚拟成内存。虚拟内存管理程序会频繁读写磁盘，产生大量的碎片，这是产生磁盘碎片的主要原因。其他程序，如 IE 浏览器浏览信息时生成的临时文件或临时文件目录，也会造成系统中存在大量的碎片。磁盘碎片整理程序将计算机磁盘上的碎片文件和文件夹合并在一起，以便每一项在卷上分别占据单个和连续的空间。这样，系统就可以更有效地访问文件和文件夹，更有效地保存新的文件和文件夹。通过合并文件和文件夹，磁盘碎片整理程序还将合并卷上的可用空间，以减少新文件出现碎片的可能性。基于这个原因，我们应定期进行磁盘碎片整理。

4．备份和还原

Windows 7 备份会跟踪自上次备份以来添加或修改的文件，然后更新现有备份，从而节省磁盘空间。这取决于要备份文件的大小。建议将备份保存在容量足够大的外部硬盘驱动器上。

Windows 7 提供了以下备份工具。

（1）文件备份

Windows 备份允许为使用计算机的所有人员创建数据文件的备份。设置时可以让 Windows 选择备份的内容或者选择要备份的文件夹、库和驱动器。默认情况下，将定期创建备份。可以更改计划，并且可以随时手动创建备份。设置 Windows 备份之后，Windows 将跟踪新增或修改的文件和文件夹并将它们添加到备份中。

（2）系统映像备份

Windows 备份提供创建系统映像的功能，系统映像是驱动器的精确映像。系统映像包含 Windows 和系统设置、程序及文件。如果磁盘或计算机无法工作，则可以使用系统映像来还原计算机的内容。从系统映像还原计算机时，将进行完整还原；不能选择个别项进行还原，当前的所有程序、系统设置和文件都将被替换。尽管此类型的备份包括个人文件，但还是建议使用 Windows 备份定期备份文件，以便根据需要还原个别文件和文件夹。设置计划文件备份时，可以选择是否要包含系统映像。此系统映像仅包含 Windows 运行所需的驱动器。如果要包含其他数据驱动器，可以手动创建系统映像。

（3）系统还原

系统还原可将计算机的系统文件及时还原到早期的还原点。此方法可以在不影响个人文件（如电子邮件、文档或照片）的情况下，撤销对计算机所进行的系统更改。系统还原使用名为“系统保护”的功能在计算机上定期创建和保存还原点。这些还原点包含有关的注册表设置和 Windows 中使用的其他系统信息。

任务实施

通过和同学交流，钱彬了解到自己计算机目前的现象可能是长期没有进行磁盘整理，磁盘上碎片过多造成的。定期进行磁盘扫描、磁盘整理与备份是非常重要的。

工序 1：磁盘管理

利用“计算机管理”窗口中的“磁盘管理”工具，删除 10 GB 容量的 F 盘，将删除后的空间和原可用空间合并后新建盘符 F，文件格式为 NTFS，“卷标”为“备份”，执行快速格式化。

Step1：在桌面上右键单击 “计算机”图标，在弹出的快捷菜单中选择“管理”命令，打开“计算机管理”窗口。

Step2：单击窗口左边的“磁盘管理”，在右侧窗格中就可以看到这台计算机的所有磁盘的使用状况，如图 1-50 所示。

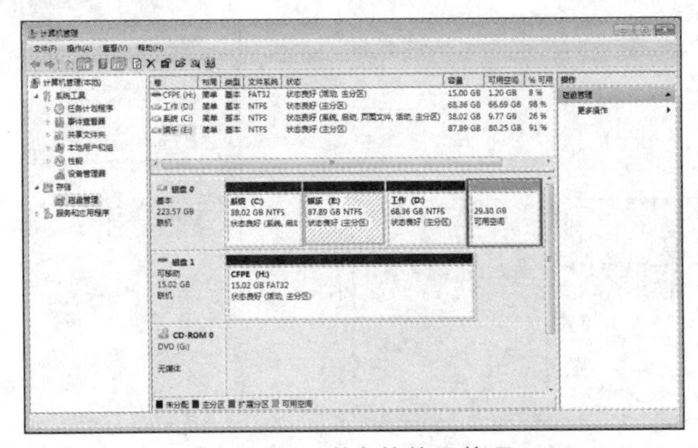

图 1-50　磁盘的使用状况

Step3：在右侧的窗格中选择盘符 F 并右键单击，在弹出的快捷菜单中选择“删除卷”命令，在弹出的对话框中单击“是”按钮，此时删除的空间会自动与原可用空间合并成“可用空间”盘符。

Step4：右键单击“可用空间”盘符，在弹出的快捷菜单中选择“新建简单卷”命令，打开“新建简单卷向导”对话框。

Step5：跟随向导设置，第一步单击“下一步”按钮，第二步分配全部空间大小给“指定卷大小”，单击“下一步”按钮，第三步在“分配以下驱动器号”下拉列表框中选择“F”选项并单击“下一步”按钮。

Step6：在“格式化分区”中的“文件系统”下拉列表框中选择“NTFS”选项，在“分配单元大小”下拉列表框中选择“默认值”选项，“卷标”设置为“备份”，勾选“执行快速格式化”复选框，单击“下一步”按钮，如图 1-51 所示，浏览信息确定后单击“完成”按钮。

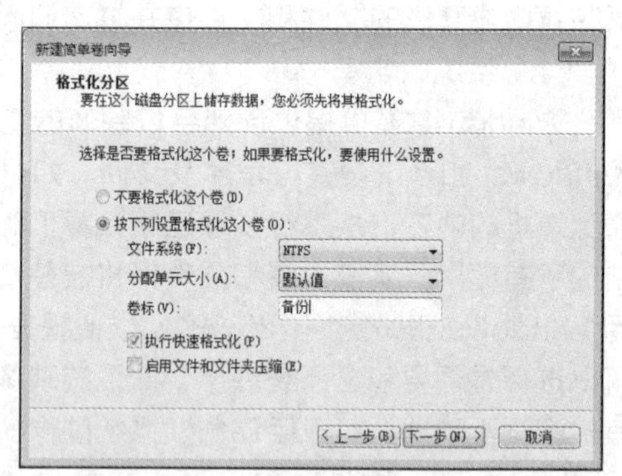

图 1-51 “格式化分区”设置

说 明

很多时候，我们需要调整硬盘分区。这就需要使用“磁盘管理”工具进行分区调整。尽管这种调整不会对操作系统造成危害，但是更改后分区数据会丢失。因此，在进行分区调整之前需将数据进行备份。

工序 2：磁盘清理

清理系统盘 C 盘下的“Internet 临时文件”。

Step1：选择“开始”→“所有程序”→“附件”→“系统工具”→“磁盘清理”命令，打开“磁盘清理”对话框。

Step2：选择驱动器 C 后，出现图 1-52 所示“磁盘清理”对话框。

Step3：经过扫描等待后，弹出图 1-53 所示的“系统(C:)的磁盘清理”对话框，选中“Internet 临时文件”复选框，单击“确定”按钮，即可完成磁盘清理工作。

图 1-52 “磁盘清理”对话框

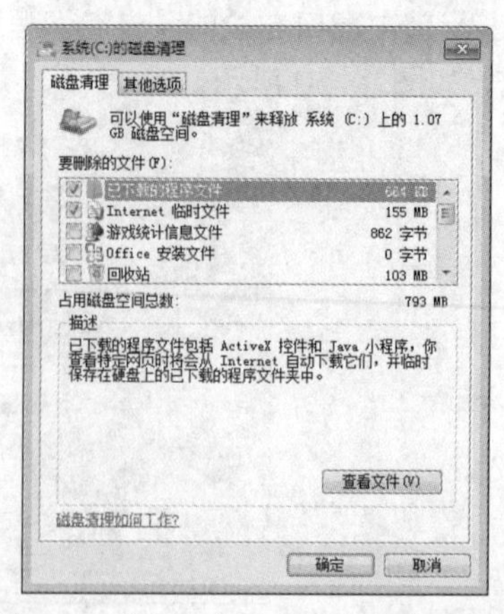

图 1-53 “系统（C:）的磁盘清理”对话框

说明　在“系统(C：)的磁盘清理”对话框中选择“其他选项”选项卡，可以通过删除不需要的 Windows 组件、卸载不用的应用程序等来释放磁盘存储空间。

工序 3：磁盘扫描与碎片整理

对 C 盘进行磁盘碎片整理，并制订每月 5 号午夜 12 点进行磁盘碎片整理的配置计划。

Step1：选择“开始”→“所有程序”→“附件”→“系统工具”→“磁盘碎片整理程序”命令，打开“磁盘碎片整理程序”对话框，如图 1-54 所示。

Step2：选择 C 盘，单击“分析磁盘”按钮，等待分析结果（如果分析结果为 1%，即不需要执行磁盘碎片整理），单击“磁盘碎片整理”按钮，立即开始对 C 盘进行碎片整理工作。

Step3：单击“配置计划”按钮，在弹出的“磁盘碎片整理程序：修改计划”对话框中，设置自动执行碎片整理任务的“频率”为“每月”，设置“日期”为“5”，设置“时间”为“上午 12:00(午夜)”，如图 1-55 所示，设置磁盘为 C 盘。设置完成后单击“确定”按钮。

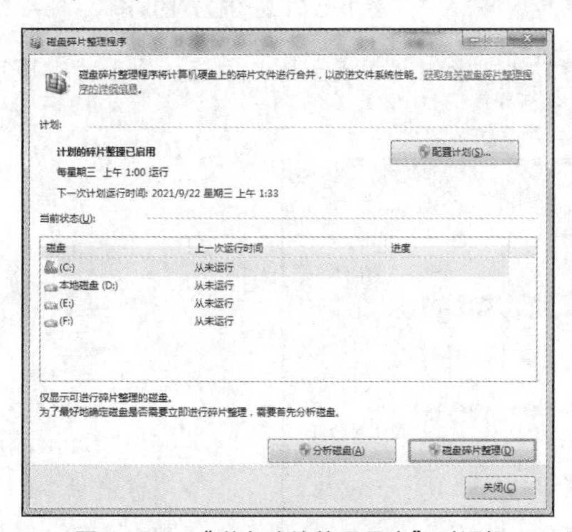

图 1-54　“磁盘碎片整理程序”对话框

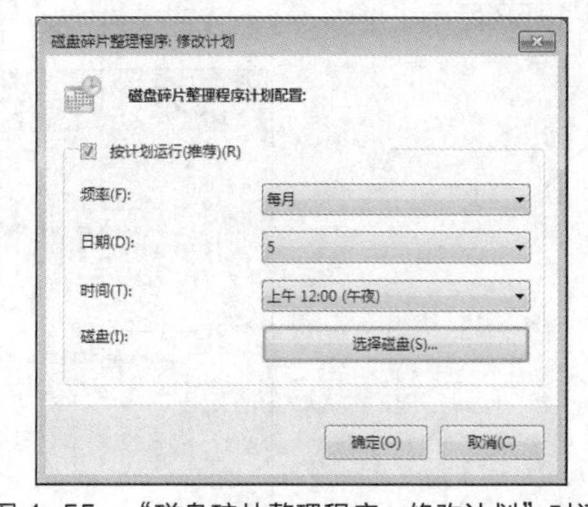

图 1-55　“磁盘碎片整理程序：修改计划”对话框

说明　① 整理磁盘碎片的时候，需关闭其他所有的应用程序，包括屏幕保护程序，最好将虚拟内存的大小设置为固定值。在此期间不要对磁盘进行读写操作，一旦程序发现磁盘的文件有改变，它就会重新开始整理。

② 整理磁盘碎片的频率要控制得当，过于频繁地整理也会缩短磁盘的寿命。一般经常读写的磁盘分区一月整理一次。

工序 4：系统备份

利用备份和还原命令，备份钱彬的库及系统映像到备份盘 F。

Step1：选择“开始”→“控制面板”→“备份和还原”命令，打开“备份和还原”窗口，如图 1-56 所示。

Step2：单击“设置备份”超链接，在打开的“设置备份”对话框中选择一个空间充裕的盘，这里选择保存备份的位置为“备份(F：)”，如图 1-57 所示，单击“下一步”按钮。

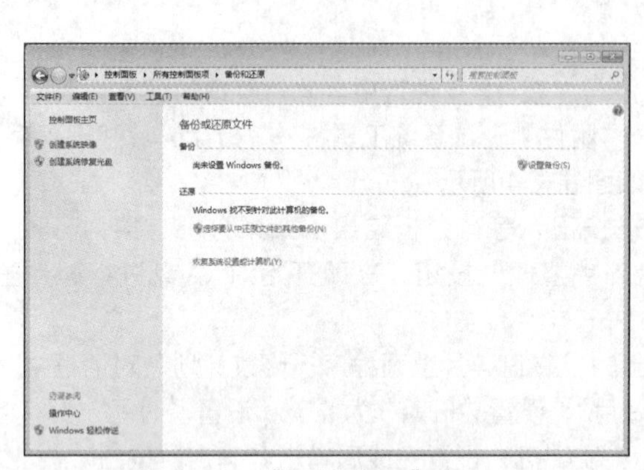

图 1-56 “备份和还原”窗口

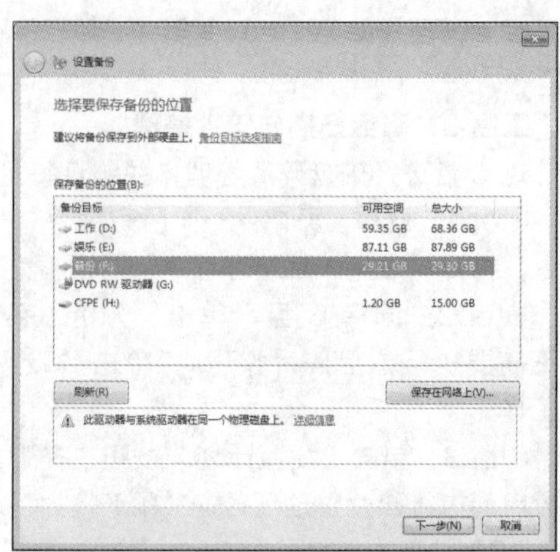

图 1-57 备份位置的选择

Step3：进行备份方式的选择，这里选中“让我选中”单选按钮，单击“下一步”按钮，如图 1-58 所示。

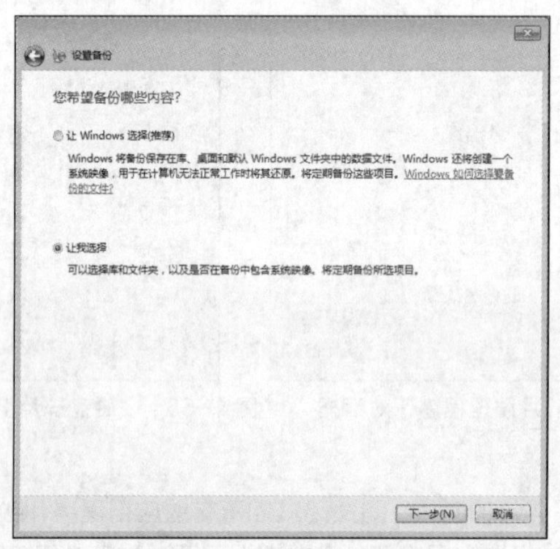

图 1-58 备份方式的选择

说 明 **使用 Windows 7 的备份功能来备份文件时，可以让 Windows 7 选择备份哪些内容，或者用户根据需要选择要备份的个别文件夹和驱动器。如果让 Windows 7 选择备份哪些内容，则备份将包含：在库、桌面上及在计算机上拥有账户的所有用户的默认 Windows 文件夹中保存的数据文件。**

Step4：进行备份内容的选择，这里勾选“钱彬 的库”及下方的“包括驱动器系统(C：)的系统映像 S”复选框，完成后单击“下一步”按钮，如图 1-59 所示。

Step5：备份的进度如图 1-60 所示；单击“查看详细信息”按钮可以查看正在复制备份的文件，进度条下方为当前备份操作的详细信息，备份的时间因备份文件的大小而异；备份结束后，目标磁盘上将形成一个新目录，备份的内容显示在其中。

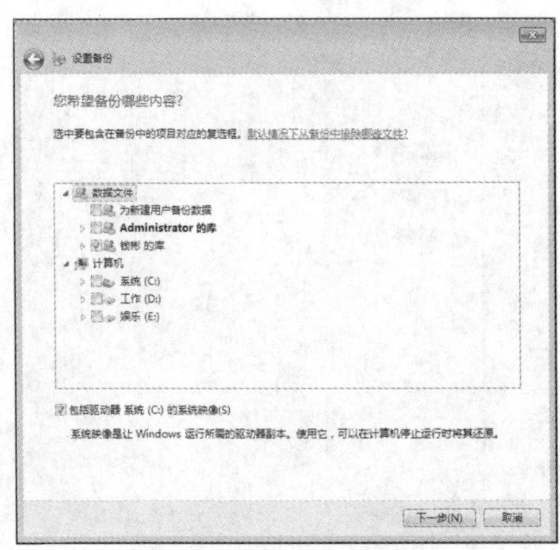

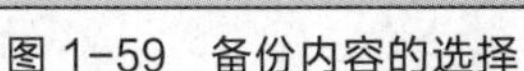
图 1-59　备份内容的选择

图 1-60　备份的进度

说明

Windows 备份不会备份下列项目。

① 程序文件（安装程序时，在注册表中将自己定义为程序的文件）。

② 存储在使用 FAT 文件系统格式化的硬盘上的文件。

③ 小于 1 GB 的临时文件。

④ 回收站中的文件。

工序 5：系统还原

利用备份和还原命令，还原最近一次备份文件。

Step1：选择“开始”→“控制面板”命令，在“控制面板”窗口中切换“大图标”视图，单击“备份和还原”超链接，打开“备份和还原”窗口，如图 1-61 所示。

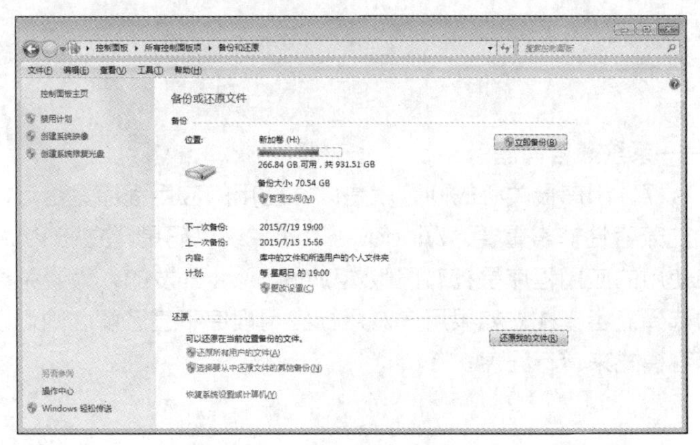

图 1-61　“备份和还原”窗口

Step2：单击“还原我的文件”按钮，弹出“还原文件”对话框，在“浏览或搜索要还原的文件和文件夹的备份”界面里选择其他日期，在弹出的对话框中会出现不同日期的备份文件，找到日期为“2015/7/15”的备份文件，单击“确定”按钮进行文件还原，如图 1-62 所示。

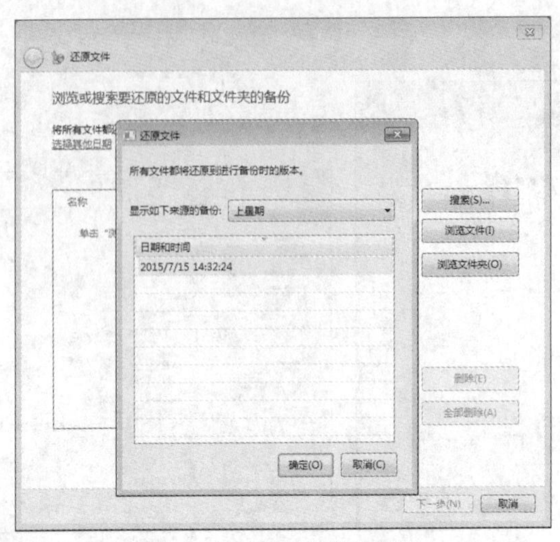

图 1-62　还原文件的选择

说明　使用这个备份进行系统还原，是在系统启动时调出 Windows 7 内置的 Windows RE（Windows 恢复环境），按照提示一步步完成的。

任务 5　软件和硬件管理

任务描述

钱彬完成了自己的毕业论文的撰写，需要打印纸质文稿。当他在 Word 软件中使用打印功能时，发现打印机不工作，这让他很苦恼。

任务资讯

1．软件管理——系统兼容问题

面对 Windows 7，用户最关心的问题就是以往使用的应用程序是否可以继续正常运行。因此，Windows7 的兼容性非常重要。Windows 7 的系统代码是建立在 Windows Vista 基础上的，如果安装和使用的应用程序是针对旧版本 Windows 开发的，为避免直接使用出现不兼容问题，需要手动选择兼容模式。如果用户对目标应用程序不甚了解，则可以让 Windows 7 自动选择合适的兼容模式来运行程序。

2．硬件管理

（1）打印机

打印机是计算机的输出设备之一，是用于将计算机处理结果打印在相关介质上的工具。打印机主要包括以下几种。

① 针式打印机。在打印机历史的很长一段时间里，针式打印机都占据重要的地位。针式打印机之所以在很长的一段时间内流行不衰，这与它极低的打印成本、很好的易用性及单据打印的特殊用途是分不开的。当然，它很低的打印质量、很大的工作噪声也是它无法适应高质量、

高速度的商用打印需要的原因，所以现在只有在银行、超市等用于票单打印的很少地方还可以看见它的踪迹。

② 彩色喷墨打印机。它有着良好的打印效果与较低价位的优点，因此占领了广大中低端打印市场。此外，喷墨打印机还具有灵活的纸张处理能力，在打印介质的选择上，喷墨打印机也具有一定的优势，如既可以打印信封、信纸等普通介质，也可以打印各种胶片、照片纸、光盘封面、卷纸、T 恤转印纸等特殊介质。

③ 激光打印机。激光打印机为我们提供了更高质量、更快速、更低成本的打印方式，它的打印原理是利用光栅图像处理器产生要打印页面的位图，然后将其转换为电信号等一系列的脉冲送往激光发射器。在这一系列脉冲的控制下，激光被有规律地放出。与此同时，反射光束被接收的感光鼓所感应。激光发射时产生一个点，激光不发射时为空白，这样就在感光鼓上印出一行点来。然后感光鼓转动一小段固定的距离重复上述操作。当纸张经过感光鼓时，感光鼓上的着色剂就会转移到纸上，印成了页面的位图。最后，纸张经过一对加热辊后，着色剂被加热熔化，固定在纸上，就完成打印的全过程。整个过程准确且高效。虽然激光打印机的机器价格要比喷墨打印机昂贵得多，但从单页的打印成本上讲，激光打印机的打印成本则要便宜很多。

除以上 3 种最为常见的打印机外，还有热转印打印机、大幅面打印机和 3D 打印机等几种应用于专业图形方面的打印机机型。热转印打印机是利用透明染料进行打印，它的优势在于专业、高质量的图像打印方面，可以打印出接近照片的连续色调的图片，一般用于印前及专业图形输出。大幅面打印机的打印原理与喷墨打印机基本相同，但打印幅宽一般都能达到 24 英寸（61cm）以上，它的主要用途一直集中在工程与建筑、广告制作、大幅摄影、艺术写真和室内装潢等领域中。3D 打印机又称三维打印机，是一种采用累积制造技术，即快速成形技术的机器。它以一种数字模型文件为基础，运用特殊蜡材、粉末状金属或塑料等可黏合材料，通过打印一层层的黏合材料来制造三维的物体。

（2）打印机驱动程序

打印机驱动程序是指计算机输出设备之一的打印机的硬件驱动程序。它是操作系统与硬件之间的纽带。计算机配置了打印机以后，必须安装相应型号的打印机驱动程序。一般由打印机生产厂商提供光盘，如果没有打印机驱动程序的安装光盘，可以在网上根据打印机的型号下载并安装。如果仅仅安装打印机，不安装打印机驱动程序，将无法打印文档或图片。要想使用一台打印机，必须先安装相应打印机的驱动程序，驱动程序起决定性的作用。现在的打印机 90% 以上为 USB 接口，安装打印机时，先不要打开打印机电源，将打印机连接好后，按照打印机配套安装光盘提示安装驱动程序，直到提示连接打印机时，再打开电源。这样就不容易出现打印机驱动程序出错的问题。安装完成后最好重启一下计算机。

（3）设备和打印机

“设备和打印机”文件夹中显示的设备通常是外部设备，可以通过端口或网络连接到计算机或从计算机断开连接。文件夹中通常包含如下几类设备。

① 随身携带及偶尔连接到计算机的便携设备，如移动电话、便携式音乐播放器和数码照相机。

② 插入计算机上 USB 端口的所有设备，包括外部 USB 硬盘驱动器、闪存驱动器、摄像机、键盘和鼠标。

③ 连接到计算机的所有打印机，包括通过 USB 电缆、网络或无线连接的打印机。

④ 连接到计算机的无线设备，包括蓝牙设备和无线 USB 设备。

⑤ 连接到计算机的兼容网络设备，如启用网络的扫描仪、媒体扩展器或网络连接存储（Network Attached Storage，NAS）设备。

任务实施

为了解决打印机不工作的问题，钱彬先检查了系统兼容性的问题，然后通过在网络上查询资料找到了打印机不工作的原因：计算机系统里设置的默认打印机与主机相连的打印机型号不同。钱彬通过系统帮助向导，安装打印机的驱动程序，并进行了相应的设置，顺利地打印了自己的毕业论文。

工序 1：解决兼容性问题

为 Word 2016 应用程序选择兼容模式，解决软件不兼容问题。

Step1：右键单击 Word 2016 应用程序或其快捷方式图标，在弹出的快捷菜单中选择“属性”命令，打开“Word 2016 属性”对话框，选择“兼容性”选项卡。

Step2：勾选“以兼容模式运行这个程序”复选框，在下拉列表框中选择一种与该应用程序兼容的操作系统版本，通常，基于 Windows XP 开发的应用程序选择“Windows XP (Service Pack 2)”选项即可正常运行，如图 1-63 所示。

Step3：在默认情况下，上述修改仅对当前用户有效，若希望对所有用户均有效，则需要单击“兼容性”选项卡下方的“更改所有用户的设置”按钮，进行兼容模式设置；单击“确定”按钮，完成设置。

工序 2：安装本地打印机

添加一台使用“COM2”口的“Canon Inkjet MP530 FAX”本地打印机。

Step1：选择“开始”→“设备和打印机”命令，打开“设备和打印机”窗口，如图 1-64 所示。

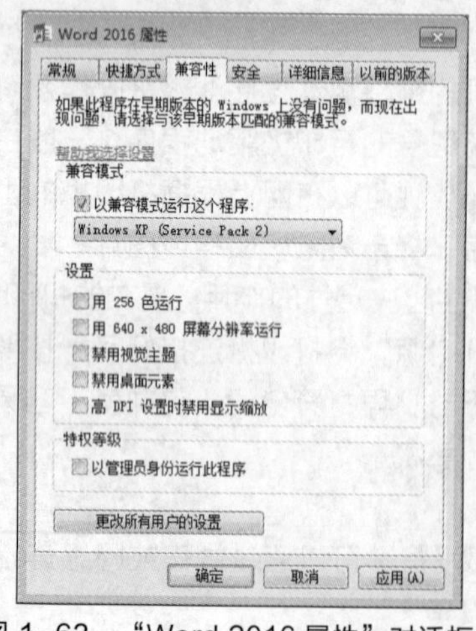

图 1-63 “Word 2016 属性”对话框

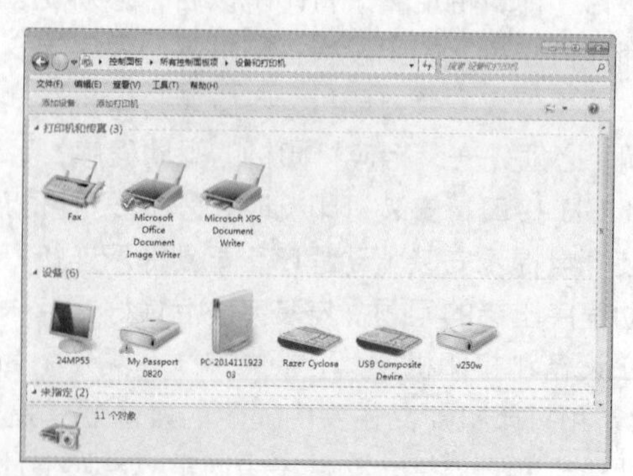

图 1-64 “设备和打印机”窗口

Step2：在“打印机和传真”空白处右键单击，在弹出的快捷菜单中选择“添加打印机”命令，或单击工具栏里的“添加打印机”按钮，选择“添加本地打印机”选项，弹出“添加打印机”对话框，在“使用现有的端口”下拉列表框中选择“COM2:（串行端口）”选项，如图 1-65 所示，单击“下一步”按钮。

Step3：在安装打印机驱动程序中的“厂商”列表框中选择“Canon”选项，“打印机”

列表框中选择“Canon Inkjet MP530 FAX”选项，完成后单击“下一步”按钮，安装打印机驱动程序如图 1-66 所示。

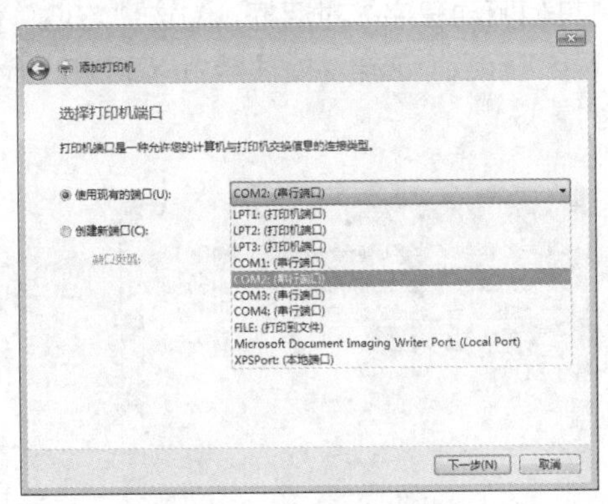

图 1-65 选择打印机端口

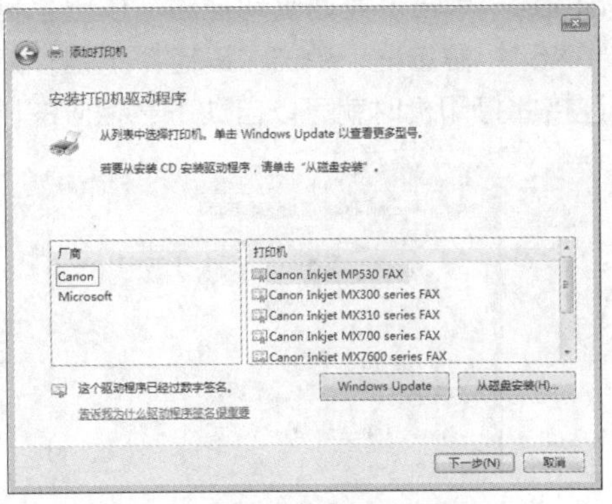

图 1-66 安装打印机驱动程序

Step4：选择默认打印机名称，当“正在安装打印机”进度条读条完毕后即可完成打印机的安装。

小技巧 ① 如果“打印机”列表框中未列出打印机，请单击“Windows Update”按钮，等待 Windows 检查其他驱动程序。

② 如果未提供驱动程序，但有安装光盘，请单击“从磁盘安装”按钮，然后浏览打印机驱动程序所在的文件夹。

③ 当前窗口中默认打印机的图标的右上角有✔标记。右键单击另一打印机图标，在弹出的快捷菜单中选择“设为默认打印机”命令，✔标记即转移到当前设置的打印机图标上，当前打印机被设置为默认打印机。

工序 3：设置网络共享打印机

设置“Canon Inkjet MP530 FAX”为共享打印机，驱动兼容 X86 处理器和 X64 处理器。

共享打印机前，必须安装好该打印机的驱动程序，使其正常工作，再执行下面的步骤。

Step1：单击“开始”→“设备和打印机”命令，打开“设备和打印机”窗口。

Step2：在“设备和打印机”窗口中选择要设置共享的打印机图标，右键单击该打印机图标，从弹出的快捷菜单中选择“属性”命令，如图 1-67 所示。

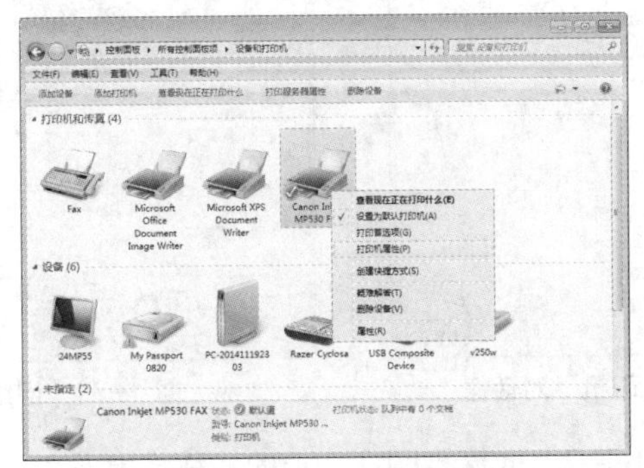

图 1-67 打印机属性的选择

Step3：在打印机的属性对话框中，选择“共享”选项卡，在该选项卡中勾选“共享这台打印机”复选框，在“共享名”文本框中输入该打印机在网络上的共享名称，如图 1-68 所示。

Step4：单击“其他驱动程序”按钮，打开“其他驱动程序”对话框，勾选“X86”复选框和“X64”复选框，单击“确定”按钮，如图 1-69 所示（这样，处理器为 X86 和 X64 的用户连接此打印机时就可以自动下载相应的驱动程序）。

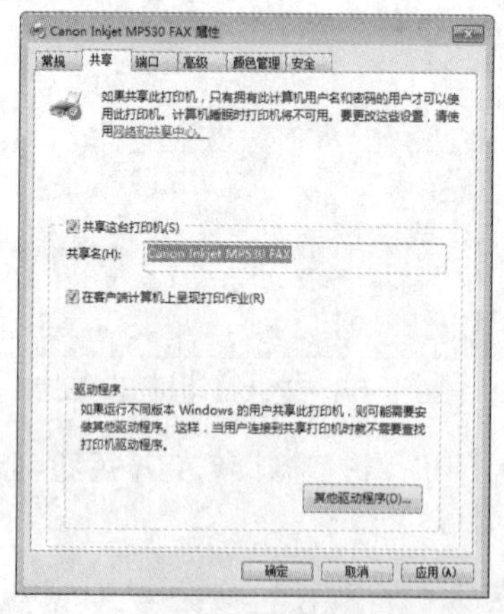

图 1-68　打印机的属性对话框

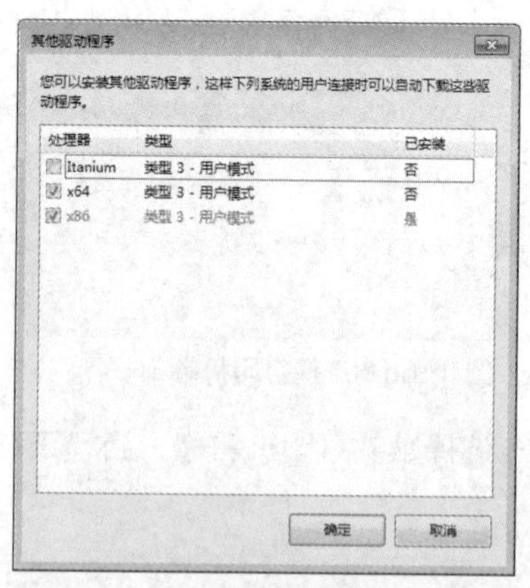

图 1-69　“其他驱动程序”对话框

工序 4：添加网络打印机

搜索添加网络打印机。

Step1：在“打印机和传真”空白处右键单击，在弹出的快捷菜单中选择“添加打印机”命令，或单击工具栏里的“添加打印机”按钮，在打开的“添加打印机”对话框中选择“添加网络、无线 Bluetooth 打印机”选项。

Step2：在“正在搜索可用的打印机”列表下方选择“我需要的打印机不在列表中”选项，在图 1-70 所示的“按名称或 TCP/IP 地址查找打印机”界面，选中“浏览打印机”单选按钮，单击“下一步”按钮。

Step3：在“请选择希望使用的网络打印机并单击‘选择’以与之连接”对话框中选择“JOHN-PC”，如图 1-71 所示。

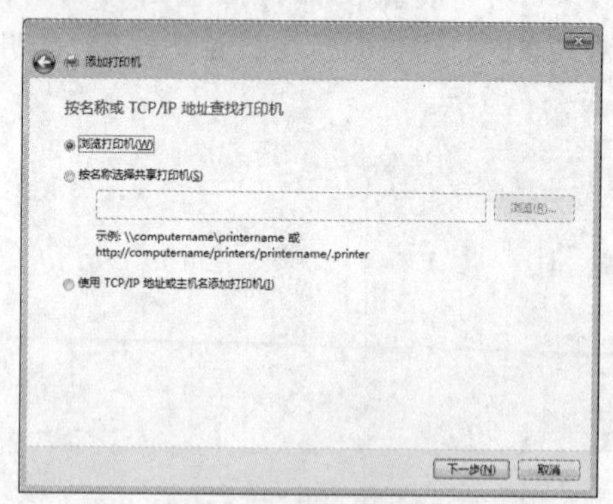

图 1-70　“添加打印机”对话框

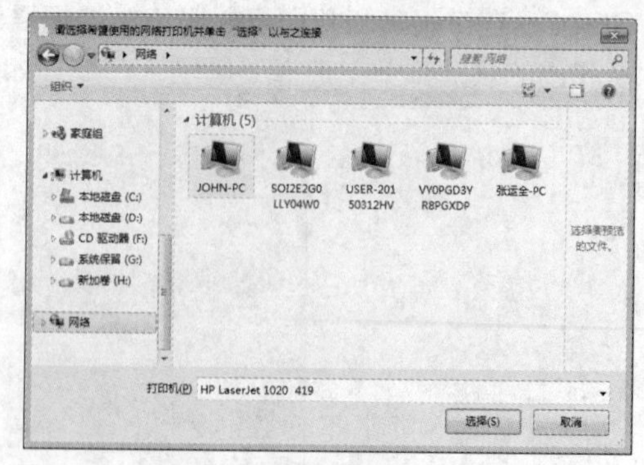

图 1-71　网络计算机的选择

Step4：双击“JOHN-PC”计算机图标，它的名称将出现在“打印机”列表中；在列表中，打印机是用后面带其名称的打印机小型图片（图标）来表示的，如图 1-72 所示。

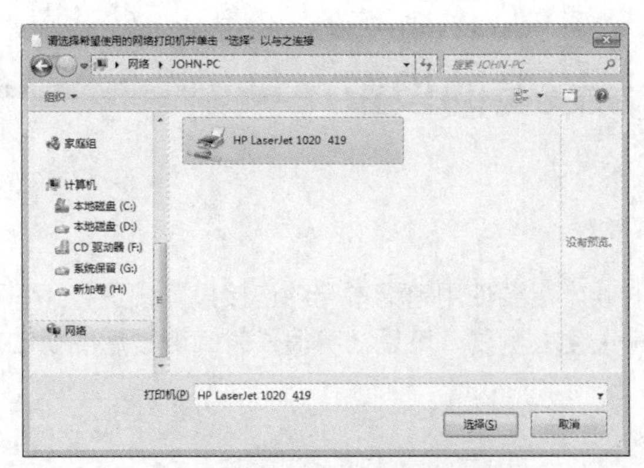

图 1-72　网络打印机的选择

Step5：单击“选择”按钮，出现图 1-73 所示的“您已经成功添加 HP LaserJet 1020”界面，勾选“设置为默认打印机”复选框，单击“打印测试页”按钮进行打印测试，无误后单击“完成”按钮即可完成网络打印机连接过程。

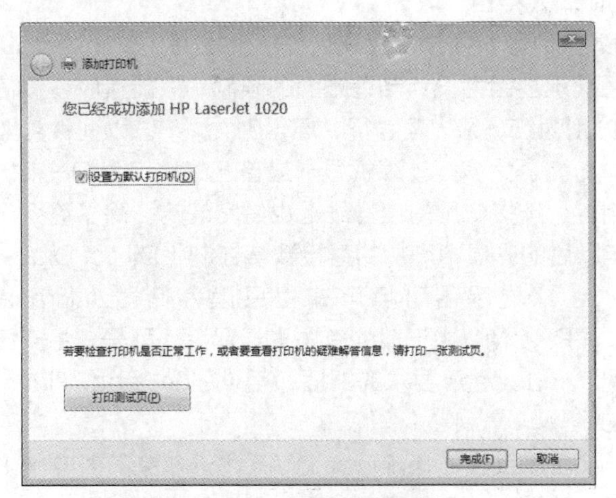

图 1-73　网络打印机测试

Step6：打印机的图标出现在“设备和打印机”窗口中。连接网络上的共享打印机之后，我们就可以像连接到自己的计算机上一样使用它，在图 1-74 所示的窗口中，被选中的打印机就是网络打印机。

图 1-74　被选中的网络打印机

任务 6　显示设备的设置

任务描述

钱彬在论文答辩的时候，需要使用笔记本电脑连接投影仪进行 PPT 的演示汇报。为了顺利通过答辩，钱彬提前一天便去测试，可是花费很长时间测试后图像和声音依然存在问题，这让他束手无策。

任务资讯

1. 显示接口

显示接口是指显卡与显示器、投影仪、电视机等图像输出设备连接的接口。常见的显示接口如下。

（1）15 针 D-Sub 输入接口

15 针 D-Sub 输入接口也叫视频图形阵列（Video Graphic Array，VGA）接口，如图 1-75 所示。CRT 彩色显示器因为设计制造方面的限制，只能接收模拟信号输入，最基本的分量包含 R\G\B\H\V（分别为红、绿、蓝、行、场）5 个，不管以何种类型的接口接入，其信号中至少包含以上这 5 个分量。大多数计算机显卡最普遍的接口为 D-15，即 D 形三排 15 针插口，其中有一些是无用的，连接使用的信号线上也是空缺的。除了这 5 个必不可少的分量外，最重要的是在 1996 年以后的彩显中增加的直接数字控制（Direct Digital Control，DDC）数据分量，该分量用于读取显示器可擦可编程只读存储器（Erasable Programmable Read-only Memory，EPROM）中记载的有关彩显品牌、型号、生产日期、序列号、指标参数等信息内容，以实现 Windows 所要求的即插即用（Plug-and-Play，PnP）功能。

（2）数字视频接口

数字视频接口（Digital Visual Interface，DVI）是近年来随着数字化显示设备的发展而发展起来的一种显示接口，如图 1-76 所示。普通的模拟红绿蓝（Red Green Blue，RGB）接口在显示过程中，首先要在计算机的显卡中经过数字/模拟转换，将数字信号转换为模拟信号传输到显示设备中，而在数字化显示设备中，又要经模拟/数字转换将模拟信号转换成数字信号，再进行显示输出。在经过 2 次转换后，不可避免地造成了一些信息的丢失，对图像质量也有一定影响。而 DVI 中，计算机直接以数字信号的方式将显示信息传送到显示设备中，避免了 2 次转换过程，因此从理论上讲，采用 DVI 的显示设备的图像质量会更好。另外，DVI 实现了真正的即插即用和热插拔，免除了在连接过程中需关闭计算机和显示设备的麻烦。现在很多液晶显示器都采用该接口，阴极射线管（Cathode-ray Tube，CRT）显示器使用 DVI 的比例比较少。需要说明的是，现在有些液晶显示器的 DVI 可以支持高带宽数字内容保护（High-bardwidth Digtal Content Protection，HDCP）协议。

图 1-75　VGA 接口

图 1-76　DVI

（3）数字输入接口

HDMI 的英文全称是“High Definition Multimedia Interface”，中文名是“高清晰度多媒体接口”，如图 1-77 所示。HDMI 可以提供高达 5Gbit/s 的数据传输速率，可以传送无压缩的音频信号及高分辨率视频信号。同时无须在信号传送前进行数字/模拟或者模拟/数字转换，可以保证最高质量的影音信号传送。应用 HDMI 的好处是：只需要一条 HDMI 线，便可以同时传送影音信号，而无须使用多条线来连接；同时，由于无须进行数字/模拟或者模拟/数字转换，能获得更高的音频和视频传输质量。对消费者而言，HDMI 技术不仅能提供清晰的画质，而且由于音频和视频采用同一电缆，能大大简化家庭影院系统的安装。HDMI 支持协议 HDCP，为看有版权的高清电影电视打下基础。

（4）数字输入接口

DP 的英文全称是“DisplayPort”，是一种高清数字显示接口，如图 1-78 所示，可以连接计算机和显示器，也可以连接计算机和家庭影院。DP 接口、DVI 和 HDMI 都是通过把信号转化成最小化传输差分信号（Transition-minimized Differential Signaling，TMDS）来进行传输的，然而在笔记本电脑领域，长久以来是低压差分信号（Low-Voltage Differential Signaling，LVDS）的天下。DP 接口的推出正好完美地解决了这个难题。DP 接口如今受到了业界广泛的支持，主要由于 DP 接口的两大优势：第一，DP 接口在协议层上的优势，DP 接口采用的是微封包架构（Micro-Packet Architecture，MPA）；第二，就是笔记本电脑等便携设备的问题，使用 DP 接口，可大大地简化布线的复杂度。

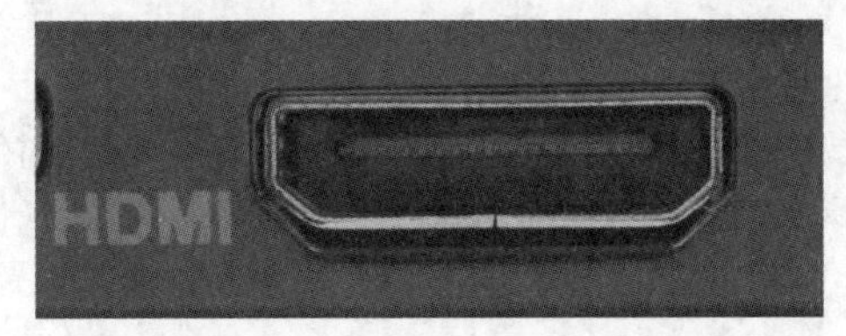

图 1-77　HDMI

图 1-78　DP 接口

2. 显示分辨率

显示分辨率一般是指显示器在显示图像时的分辨率，分辨率是用点来衡量的，显示器上这个“点”就是指像素（pixel）。显示分辨率的数值是指整个显示器所有可视面积上水平像素和垂直像素的数量。例如 1920 像素 × 1080 像素的分辨率，是指在整个屏幕上水平显示 1920 个像素，垂直显示 1080 个像素。每个显示器都有自己的最高分辨率，并且可以兼容其他较低的显示分辨率。所以一个显示器可以用多种不同的分辨率显示。计算机显示画面的质量与屏幕分辨率和刷新频率息息相关，在相同大小的屏幕上，分辨率越高，像素点就越小，因此显示分辨率虽然是越高越好，但是还要考虑一个因素，就是人眼能否识别。由于显示器的尺寸有大有小，而显示分辨率又表示所有可视范围内像素的数量，所以相同的分辨率对不同的显示器显示的效果也有所不同。主流尺寸台式机液晶显示器及笔记本电脑分辨率如表 1-2 所示，而设置刷新频率主要是防止屏幕出现闪屏、拖尾等现象。

表 1-2　主流尺寸台式机液晶显示器及笔记本电脑分辨率对照表

产品尺寸（屏幕比例）	产品最佳分辨率大小
18.5 英寸（16∶9）	1366 像素 ×768 像素
19 英寸（16∶10）	1440 像素 ×900 像素

续表

产品尺寸（屏幕比例）	产品最佳分辨率大小
20 英寸（16:9）	1600 像素 × 900 像素
21.5 英寸（16:9）	1920 像素 × 1080 像素
22 英寸（16:10）	1680 像素 × 1050 像素
23.6 英寸（16:9）	1920 像素 × 1080 像素
24 英寸（16:9）	1920 像素 × 1080 像素
24 英寸（16:10）	1920 像素 × 1200 像素
27 英寸（16:9）	1920 像素 × 1080 像素
27 英寸（高分）（16:9）	2560 像素 × 1440 像素
30 英寸（16:10）	2560 像素 × 1600 像素
12.1 英寸笔记本电脑	1280 像素 × 800 像素
13.3 英寸笔记本电脑	1024 像素 × 600 像素或 1280 像素 × 800 像素
14.1 英寸笔记本电脑	1366 像素 × 768 像素
15.4 英寸笔记本电脑	1280 像素 × 800 像素或 1440 像素 × 900 像素

注：1 英寸 ≈ 2.54cm。

任务实施

通过在网络上查询资料和咨询指导老师，钱彬找到了原因，原来使用外部投影仪的时候根据不同的输出模式需要调整不同的屏幕分辨率，声音设备的选择决定了是同视频一同输出还是另外接线。经过准备，第二天他顺利地完成了毕业论文答辩的演示汇报。

工序 1：设置屏幕分辨率

设置计算机显示器屏幕的分辨率为全高清 1080P（1920 像素 ×1080 像素）。

Step1：在桌面上右键单击，从弹出的快捷菜单中选择“屏幕分辨率”命令，打开“屏幕分辨率”窗口，如图 1-79 所示。

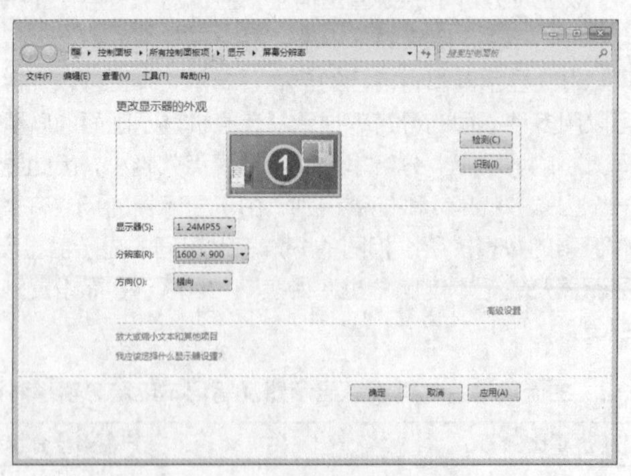

图 1-79 “屏幕分辨率”窗口

Step2：在“分辨率”下拉列表框中选择屏幕分辨率为“1920×1080”。

说明 如果将分辨率设置为当前设备不支持的屏幕分辨率，那么屏幕会在几秒钟内变成黑色，然后还原为原来的分辨率；当设置的分辨率高于设备所支持的分辨率时，设备将无法正常显示。

工序 2：设置屏幕刷新频率和颜色

将“屏幕刷新频率”设置为“60 赫兹”，将“颜色”设置为“32 位”显示。

Step1：在“屏幕分辨率”窗口中单击“高级设置”超链接；在弹出的对话框中选择“监视器”选项卡。

Step2：在“屏幕刷新频率”下拉列表框中选择“60 赫兹”选项。屏幕刷新频率过高会降低显示器的使用寿命；屏幕刷新频率越高，人眼的闪烁感就越小，稳定性也会越高。

Step3：在“颜色”下拉列表框中选择“真彩色（32 位）”选项，可使显示器的显示颜色更加丰富。设置的屏幕刷新频率和颜色如图 1-80 所示。

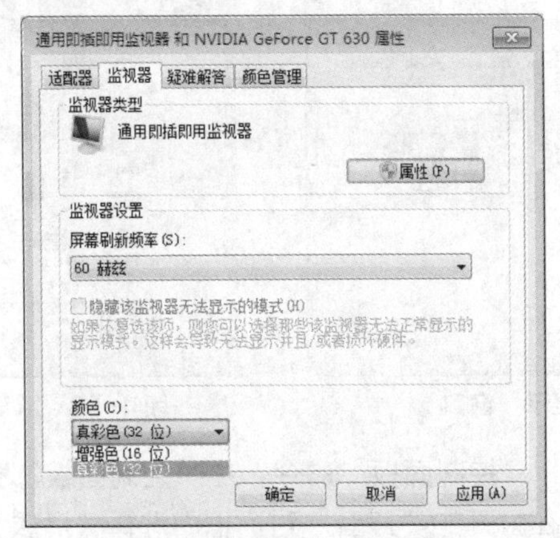

图 1-80　屏幕刷新频率和颜色

工序 3：视频信号的切换

在连接的笔记本电脑和投影幕布上同时显示演示文稿文件。

Step1：选择“开始”→“所有程序”→“附件”→“连接到投影仪”命令，打开图 1-81 所示的窗口。

Step2：在弹出的窗口里单击“复制”按钮即可完成连接。

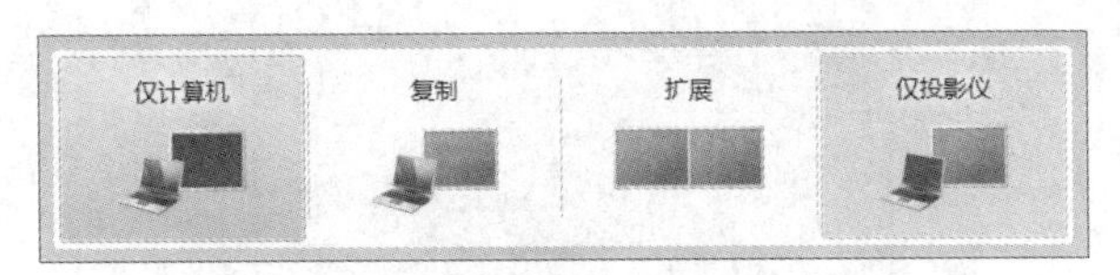

图 1-81　连接到投影仪

小技巧 Windows 7 中可使用组合键“Windows+P”来切换“仅计算机”“复制”“扩展”“仅投影仪”的设置，也可以在“命令提示符”窗口中输入“displayswitch.exe”进行切换。

① 仅计算机：关闭投影仪显示，仅在计算机上显示。

② 复制：投影仪上的画面与计算机上的画面同步。

③ **扩展：投影仪作为计算机的扩展屏幕，屏幕的右半部分会显示在投影仪上，选择此选项，在投影的同时，计算机上可进行其他操作而不影响投影的内容，例如在演讲时可记录笔记。**

④ **仅投影仪：关闭计算机显示，影像只显示在投影仪上，一般播放视频时使用。**

工序 4：使用外置显示设备

使用笔记本电脑上的 HDMI 连接电视机，并通过 HDMI 输出音频到连接设备。

Step1：选择“开始”→“控制面板”命令，在“控制面板”窗口中切换到“大图标”视图，单击“显示”超链接，打开“显示”窗口，如图 1-82 所示。

Step2：单击窗口左侧的“调整分辨率”超链接，打开“屏幕分辨率”窗口，选择“显示器”下拉列表框中的“2.Panasonic-TV”选项，“分辨率”及“方向”采用默认值，在“多显示器”下拉列表框中选择“只在 2 上显示桌面”选项，如图 1-83 所示。

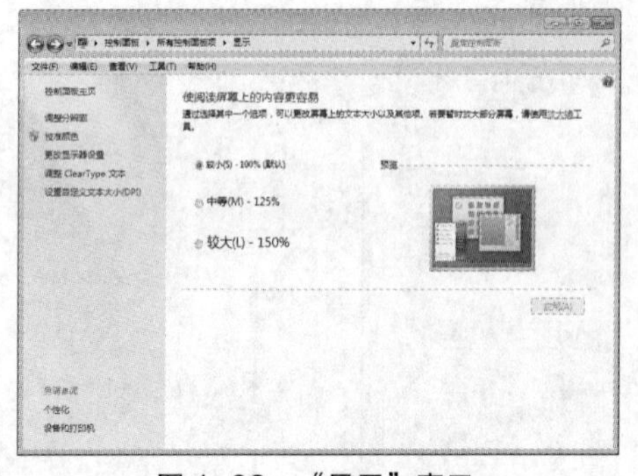

图 1-82　“显示”窗口

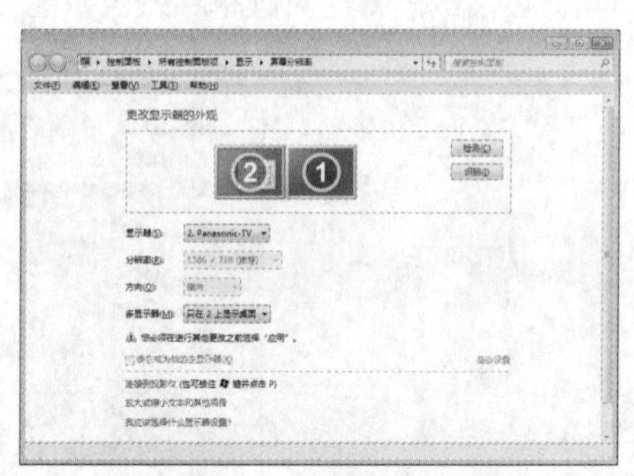

图 1-83　“屏幕分辨率”窗口

Step3：选择“开始”→“控制面板”命令，在“控制面板”窗口中切换到“大图标”视图，单击“声音”超链接，在打开的“声音”对话框中选择“播放”选项卡。

Step4：选择“Panasonic-TV”选项，右键单击并在弹出的快捷菜单中选择“设置为默认设备”命令，如图 1-84 所示。

图 1-84　声音播放设备的选择

Step5：单击“确定”按钮以完成声音的设置，至此完成了笔记本电脑通过 HDMI 线同时传送视频和音频的设置。

说明

① 在关闭计算机和输出设备的情况下进行 HDMI 线连接。

② 确保投影仪已打开，然后打开计算机进行配置。

任务 7　管理与运行应用程序

任务描述

钱彬在使用计算机时常会遇到应用程序无响应，单击窗口右上角的“关闭”按钮无法关闭应用程序的情况。遇到这种情况，往往只能强行关机后再重新启动。随着各种小软件的安装，他发现有的应用程序并未提供卸载功能，无法进行软件卸载。这些情况困扰着钱彬。

任务资讯

1. 任务管理器

任务管理器提供了有关计算机性能的信息，并显示了计算机上所运行的程序和进程的详细信息。使用任务管理器可以监视计算机性能的关键指示器，可以使用多达 15 个参数评估正在运行的进程的活动，查看反映 CPU 和内存使用情况的图形和数据。如果连接到网络，也可以查看网络状态并迅速了解网络的工作状况。根据工作环境，以及是否与其他用户共享计算机，我们还可以查看关于这些用户的其他信息。使用 Windows 任务管理器，还可以结束程序或进程、启动程序并查看计算机性能的动态显示。

“Windows 任务管理器”窗口中包含以下 6 项内容。

（1）正在运行的程序

“应用程序”选项卡显示计算机上正在运行的程序的状态。在此选项卡中，可结束、切换或者启动程序。

（2）正在运行的进程

“进程”选项卡显示关于计算机上正在运行的进程的信息，包括 CPU 和内存使用情况、页面错误、句柄数及许多其他参数的信息。

（3）正在运行的服务

“服务”选项卡显示关于计算机上正在运行的服务的信息，包括服务进程 ID、服务的描述、服务的状态、所属工作组的信息。

（4）性能度量单位

“性能”选项卡显示计算机性能的动态概述，包括以下内容。

① CPU 和内存使用情况的图表。

② 计算机上正在运行的句柄、线程和进程的总数。

③ 物理、核心和认可的内存总数（KB）。

（5）查看网络性能

“联网”选项卡以图形显示网络的性能。它提供了简单、定性的指示器，以显示正在计算机上运行的网络的状态。只有当网卡存在时，才会显示“联网”选项卡。

（6）监视会话

“用户”选项卡显示可以访问该计算机的用户，以及会话的状态与名称。“客户端名”指定使用该会话的客户机的名称（如果存在）。“会话”为用户提供一个用来执行诸如向另一个用户发送消息或连接到另一个用户会话这类任务的名称。

2. 添加/删除程序

如果不再使用某个程序，或者如果希望释放磁盘上的空间，则可以从计算机上卸载该程序。可以使用“程序和功能”窗口卸载程序，或通过添加或删除某些选项来更改程序配置。“程序和功能”窗口可以帮助用户管理计算机上的程序和组件。可以使用它从光盘、软盘或网络添加程序（例如 Microsoft Excel 或 Word），或者通过 Internet 升级 Windows 或添加新的功能。“程序和功能”窗口也可以帮助用户添加或删除 Windows 组件。

任务实施

通过和同事的交流，钱彬了解到 Windows 7 提供了任务管理器来管理程序的运行；“卸载/更改”程序功能可以卸载、更改 Windows 组件和其他应用程序，给日常的工作带来了很大的方便。

工序 1：启动和关闭应用程序

利用任务管理器关闭“Windows Media Player”应用程序，并查看当前 CPU 和内存的使用状况。

Step1：右键单击任务栏上的空白处，在弹出的快捷菜单中选择“任务管理器”命令，打开“Windows 任务管理器”窗口。

Step2：选择“应用程序”选项卡，显示目前正在运行的应用程序列表；在应用程序列表中选择要关闭的“Windows Media Player”应用程序，单击“结束任务”按钮，即可关闭该应用程序，如图 1-85 所示。

Step3：选择“性能”选项卡，可以看到当前 CPU 和内存的使用状况，如图 1-86 所示。

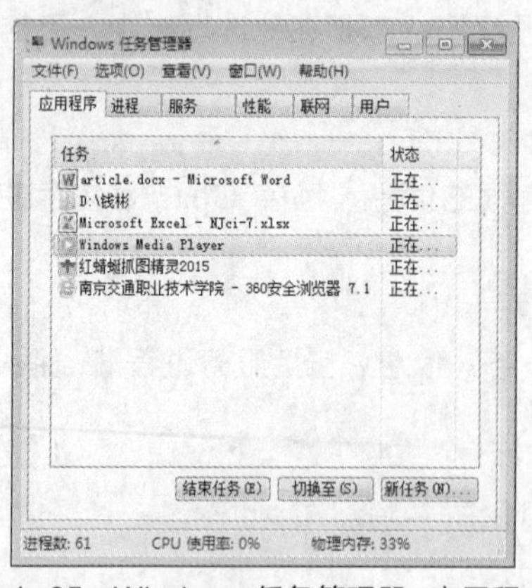

图 1-85 Windows 任务管理器-应用程序

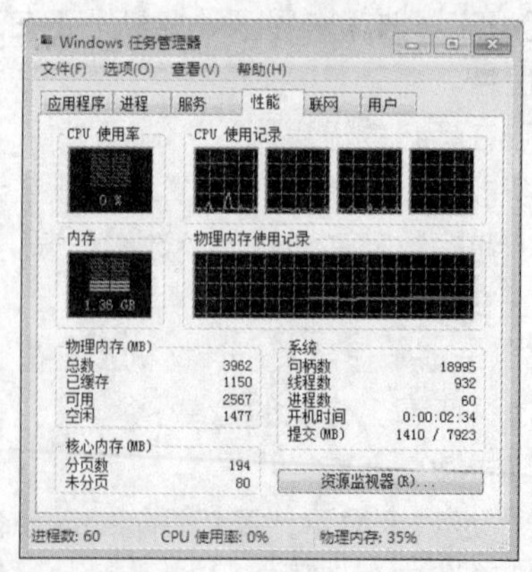

图 1-86 Windows 任务管理器-性能

> **小技巧** 同时按“Ctrl + Alt + Delete”组合键可以快速打开“Windows 任务管理器”窗口。

工序 2：安装和删除应用程序

打开 Windows 功能里的“FTP 服务器”，在“程序和功能”里卸载“ATA 考试机 5.4”程序。

Step1：选择“开始”→“控制面板”命令，在“控制面板”窗口中切换为“大图标”视图，单击“程序和功能”超链接，打开“程序和功能”窗口，如图 1-87 所示。

图 1-87　“程序和功能”窗口

Step2：单击“打开或关闭 Windows 功能”超链接，打开“Windows 功能”对话框。

Step3：在“组件”列表中勾选需要安装的组件“Internet 信息服务”下的“FTP 服务器”复选框，单击“确定”按钮，打开此功能，如图 1-88 所示。

Step4：返回“程序和功能”窗口，从应用程序列表中选择需删除的“ATA 考试机 5.4”，单击“卸载/更改”按钮，弹出“ATATest Clinet 5.4”对话框，单击“是”按钮即可完成“ATA 考试机 5.4”程序的卸载，如图 1-89 所示。

图 1-88　“Windows 功能”对话框

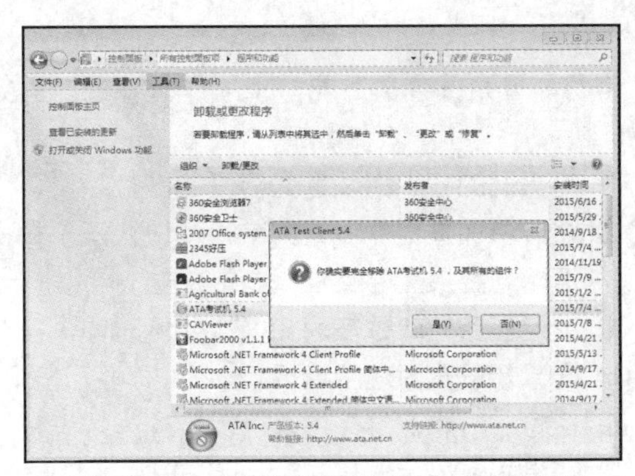

图 1-89　“ATA 考试机 5.4”程序的卸载

说明　**卸载程序时，“卸载/更改”只会调整那些为 Windows 操作系统编写的程序。对于其他程序，卸载时可能还需要删除其他文件（例如.ini 文件）。**

安装程序时，还可以浏览整张光盘，然后打开程序的安装文件，文件名通常为 Setup.exe 或 Install.exe。以安装 Office 2016 为例，打开 Office 2016 所在的文件夹，选择“Setup.exe”应用程序并双击将其打开，根据向导即可完成 Office 2016 的安装。

综合训练

训练一

公司总部下设人事部、财务部、技术部、规划部、研发部、生产部、销售部和综合办公室。由于部门较多，存放的文件多且杂乱，经常出现找不到所需文件的情况。合理地管理公司文件，对于提高工作效率有较大的帮助。现在需把公司计算机中的文件重新整理，要求如下。

① 建立新文件夹，命名为“公司”，在此文件夹下，为每个部门建立文件夹。

② 在“公司”文件夹下创建 3 个新文件，分别为文本文件“xiaoshou.txt”和“guihua.txt”，以及位图文件“renshi.bmp”。

③ 打开“附件”中的“计算器”程序，并将其截图，将此图保存到“renshi.bmp”文件中。

④ 将文件“xiaoshou.txt”改名为“销售.txt”，并将其移动到“销售部”文件夹中。

⑤ 将文件“guihua.txt”复制到“规划部”文件夹中，并设置为隐藏属性。

⑥ 删除“销售部”文件夹，然后将其恢复。

⑦ 使用“资源管理器”浏览各部门文件夹，并以“详细信息”方式显示文件。

⑧ 在桌面创建“规划部”文件夹的快捷方式。

⑨ 将 C 盘下所有以 W 字母开头的、扩展名为“.mid”的文件复制到“财务部”文件夹中。

训练二

公司最近为每个员工配备了工作计算机。需完成如下设置，通过计算机展现自己的个性。

① 将桌面的背景图设置为喜爱的图片。

② 将屏幕保护程序设置为字幕“快快乐乐每一天！”，启动时间为 5 分钟。

③ 清除“我最近的文档”中的文档。

④ 锁定任务栏，并在通知区域显示时钟。

⑤ 把鼠标设置为左手习惯。

⑥ 在打字时隐藏鼠标指针。

⑦ 在桌面上显示语言栏。

⑧ 添加“中文全拼”输入法。

⑨ 将外观字体设置为大字体。

⑩ 在 D 盘以自己的姓名创建一个文件夹，并将其设置为共享文件夹。

⑪ 使用“卸载/更改”来卸载软件“暴风影音”。

⑫ 进行磁盘清理操作，收回临时文件占用的磁盘空间。

训练三

① 创建一个名为“Lauren”的账户，开启来宾账户，为“Lauren”账户设置密码

“lr123456”。

② 应用“Aero 主题”中的“人物”主题，并设置图片位置为“适应”。

③ 设置“更改图片时间间隔”为“1 分钟”，播放方式为“无序播放”，设置窗体颜色为“天空”，不启用透明效果。

④ 设置“Windows 登录”声音为“..\计算机应用基础教程\Windows7\开机音乐.wav”，将其另存为“Lauren”声音方案，将设置完成的主题保存为“Lauren 的主题”。

⑤ 整理 E 盘碎片。

⑥ 安装微信软件，安装目录为“D：\Program Files\Tencent\WeChat”，添加桌面快捷方式，利用快捷方式打开微信。

⑦ 添加一个新的时钟，将时区设置为“大西洋时区”。

⑧ 添加一台使用 COM1 口的 Canon Inkjet MP530 FAX 本地打印机。

⑨ 设置计算机显示器屏幕的分辨率为 1366 像素 × 768 像素。

⑩ 利用“任务管理器”关闭正在运行的微信程序。

项目2 Word 2016应用

02

Word 2016 是 Microsoft 公司推出的 Office 2016 办公软件的核心软件之一，它是一个功能强大的文字处理软件。使用 Word 2016 不仅可以进行简单的文字处理，制作图文并茂的文档，还能进行长文档的排版和特殊版式的编排。本项目将通过文档的创建与编辑、文档的格式化与排版、文档的图文混排、文档的表格制作、文档的页面设置与打印等 5 个典型任务，介绍 Word 2016 的基本操作，包括启动与退出、工作界面、基本操作、格式设置、图文混排、排版等内容。通过本项目的学习，用户能掌握文档的编辑、排版等现代职场办公的最基本的技能、使用方法和应用技巧，并能运用 Word 2016 完成各种文档的编辑与排版工作，满足日常办公所需。

项目学习目标

- 掌握 Word 2016 文档的创建、打开、保存和基本编辑方法。
- 掌握 Word 2016 文档中字符格式、段落格式、项目符号等的设置。
- 掌握 Word 2016 文档中图片、艺术字、文本框、公式等的插入与编辑。
- 掌握 Word 2016 文档中表格的插入与编辑、格式化等。
- 掌握 Word 2016 文档中的邮件合并操作。
- 掌握 Word 2016 文档中样式的设置、节的使用和目录的自动生成方法。
- 掌握 Word 2016 文档中页眉、页脚、页码的设置方法。
- 掌握 Word 2016 文档打印的方法。

任务 1 文档的创建与编辑

任务描述

应届毕业生在求职择业的过程中遇到心仪的单位和职位时，要通过自我推荐去求得这一职位。在自荐求职时，为了便于用人单位了解自己，毕业生必须准备一份介绍自己的书面求职材料。本任务以应届毕业生准备求职材料为背景，通过在 Word 2016 中对各项材料进行具体内容的罗列，读者能够初步掌握 Word 2016 的基本操作，学会文档的创建与编辑，并能完成初步的格式设置。其页面效果如图 2-1 所示。最终电子文档效果见“2-1 毕业生求职材料写作指南.docx”文件。

bì yè shēng qiú zhí cái liào xiě zuò zhǐ nán
毕业生求职材料写作指南

【Self Recommendation的写作要求】

Self Recommendation的格式一般分为标题、称呼、正文、落款四部分，长度以一页纸为宜。

☞ 标题：要用较大字体在用纸上方标注“Self Recommendation”。

☞ 称呼：这是对主送单位或收件人的呼语。如用人单位明确，可直接写上单位名称，并以“尊敬的***先生/女士”加以修饰，后以领导职务落笔。

☞ 正文：正文是Self Recommendation的核心，开语应表示向对方的问候致意。主体部分一般包括简介、自荐目的、条件展示、愿望决心和结语五项内容。

☞ 落款：落款处要写上“自荐人”的字样，并标注规范体公元纪年和月日。随文处要说明回函的联系方式、邮政编码、地址、邮箱号、电话号码及手机号等。署名处如打印复制件则要留下空白，由求职人亲自签名，以示郑重和敬意。

【个人简历制作】

简历主要叙述求职者的客观情况，浓缩大学生活的精华部分，将相关的经验、业绩、能力、性格、自我评价、求职目标等简要地列举出来，以达到推销自己的目的。一般包括个人基本资料、学历情况、学习和实践背景、所获荣誉、能力证明、兴趣爱好等。

1. 个人基本资料：主要指姓名、性别、出生年月、家庭所在地、政治面貌、身体状况等。
2. 学历情况：主要指所学专业、学制、学历和学位。
3. 学习背景：主要指接受教育的经历（含各类重要的培训）。
4. 实践背景：主要指参与的各类社会实践活动。
5. 所获荣誉：主要包括三好学生、优秀团员、优秀学生干部、专项奖学金等。
6. 能力证明：主要包括英语等级证书、计算机等级证书、重要竞赛的获奖证书等。
7. 兴趣爱好：主要是反映自己性格、涵养、品德、情操和能力等方面用人单位看重的喜好。

【附件】

主要包括成绩表复印件、能力和素质证明材料（证书及作品复制件等）、推荐表复印件。

二〇二一年六月十八日

图 2-1 “毕业生求职材料写作指南”页面效果图

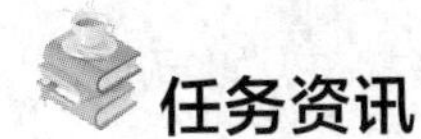

任务资讯

1. Word 2016 的启动和退出

（1）启动 Word 2016

启动 Word 2016 常用的方法有以下 3 种。

① 选择“开始”→“所有程序”→“Word 2016”命令，即可启动 Word 2016。

② 双击建立在 Windows 7 桌面上的或快速启动栏中的“Word 2016”快捷方式图标即可启动 Word 2016。

③ 双击任意已经创建好的 Word 文档，在打开该文档的同时会启动 Word 2016。

（2）退出 Word 2016

在退出 Word 2016 之前，必须先保存好文档。退出 Word 2016 通常有以下几种方法。

① 单击 Word 2016 窗口右上角的“关闭”按钮。

② 选择 Word 2016 中的“文件”→“退出”命令。

③ 右键单击 Word 2016 窗口标题栏，在弹出的快捷菜单中选择“关闭”命令退出。

④ 按“Alt+F4”组合键直接关闭 Word 当前文档。

2. 认识 Word 2016 的工作界面

启动 Word 2016，选择“空白文档”模板即可自动创建一个空白文档。Word 2016 工作界面由标题栏、快速访问工具栏、功能区、标尺、文档编辑区、状态栏、视图栏、比例缩放区等组成，如图 2-2 所示。

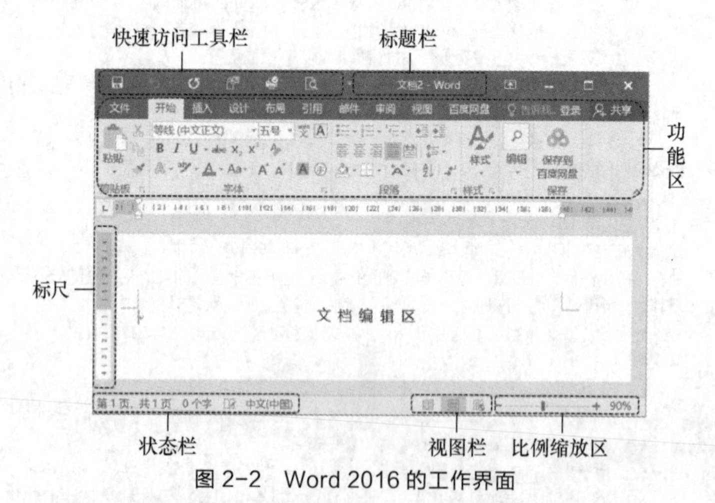

图 2-2 Word 2016 的工作界面

① 标题栏：显示当前程序与文档名称（首次打开程序，默认文件名为“文档 1”）。

② 快速访问工具栏：主要包括一些常用按钮，单击快速访问工具栏的最右端的自定义按钮，可以添加其他常用按钮：Word 2016 默认的快速访问工具栏包括“保存”“撤销”“重复”“自定义”按钮。

③ 功能区：用于放置常用的功能按钮及菜单命令等调整工具，Word 2016 功能区默认含有 8 个选项卡，分别是“开始”“插入”“设计”“布局”“引用”“邮件”“审阅”“视图”。

④ 标尺：使用水平或垂直标尺，除了显示文字所在的实际位置，还可以用来设置制表位、段落、页边距尺寸、左右缩进、首行缩进等。

⑤ 文档编辑区：用于显示文档的内容，供用户编辑。

⑥ 状态栏：位于 Word 2016 界面的底端左侧，用来显示当前文档的某些状态，如当前文档的页面数、字数等。

⑦ 视图栏：在 Word 2016 中，文档可以用多种方式显示，这些显示方式就叫视图，Word 2016 中共有以下 5 种常用的视图。

- 页面视图。页面视图为 Word 2016 默认的视图，也是编辑 Word 文档最常用的一种视图。页面视图可精确显示文本、图形、表格等格式，与打印的文档效果最接近，充分体现“所见即所得”。而且对页眉与页脚等格式的处理，需在页面视图下才可显示。
- 阅读视图。阅读视图中，文档像一本打开的书在两个并排的屏幕中展开。
- Web 版式视图。要创建网页或只需在显示器上浏览的文档，可以使用 Web 版式视图，效果就像在 Web 浏览器中看到的一样。
- 大纲视图。按照文档中标题的层次显示文档，通过折叠文档来查看主要标题，或者展开标题查看下级标题和全文。使用此视图可以看到文档结构，便于对文本顺序和结构等进行重新调整。图 2-3 所示为使用大纲视图时出现的“大纲”选项卡。

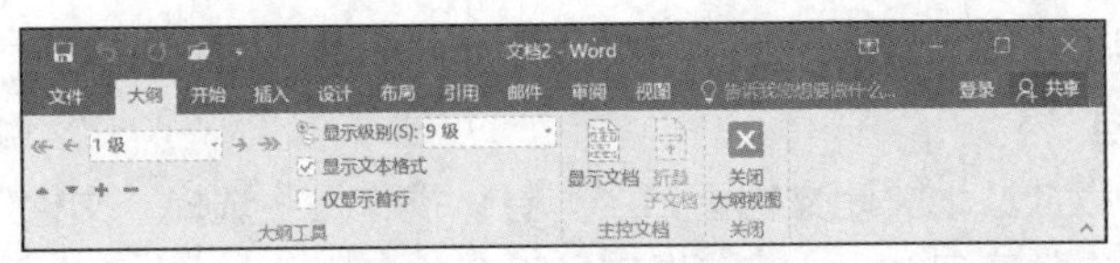

图 2-3 “大纲”选项卡

- 草稿视图。草稿视图是输入、编辑和格式化文本的标准视图，主要对文本进行编辑。页边距标记、页眉、页脚等在此视图下是被隐藏起来的。

⑧ 比例缩放区：用于更改正在编辑的文档的显示比例。

3. 文件的保存

单击快速访问工具栏的“保存”按钮或选择“文件”选项卡，选择“保存”命令，在弹出的“另存为”对话框中设置保存位置、文件名与保存类型，单击“保存”按钮即可完成文件的保存，如图 2-4 所示。

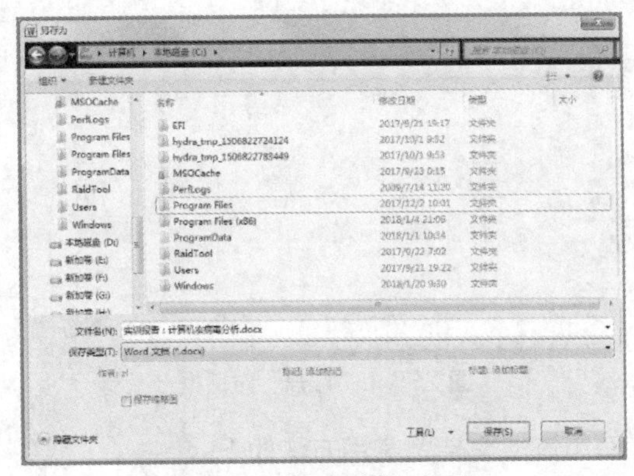

图 2-4 “另存为”对话框

文件菜单中的“保存”与“另存为”是有区别的。

① 保存：将文件保存在上一次指定的文件名称和指定位置，会用新编辑的内容覆盖原有文档内容。

② 另存为：将文件以新的文件名、位置或保存类型保存，原文档不会发生改变，在第一次对文件进行保存时，会出现“另存为”对话框。

小技巧 **正在输入的内容通常是保存在内存中的。如果不小心死机、断电或者误操作，输入的内容会丢失。选择“文件”→“选项”命令，在弹出的“Word 选项”对话框中的“保存”选项卡中设置自动保存后，Word 系统会自动定期保存。**

4. 文件的命名规定

文件的命名规定归纳起来主要有以下两条。

① 文件名最多可由 255 个字符（相当于 127 个中文字）组成。

② 文件名中不可包括*、/、\、?、<、>、:、|、"这 9 个字符（均为西文状态）。

第一次保存文件时，Word 2016 会将文档中的第一个字到第一个换行符号或标点符号间的文字作为默认文件名，用户可以根据实际需要选择是否修改。

5. 文件类型的相关说明

Word 2016 中的文件可以使用多种类型来保存，不同的文件类型对应的扩展名、图标一般不相同。例如，默认类型为“Word 文档”，对应扩展名为“.docx”，图标为“ ”。

6．关闭当前文档

保存文件后就可以放心地关闭文档窗口了。具体操作是：选择“文件”选项卡，选择“关闭”命令，关闭当前文档窗口时，Word 程序是不会关闭的。

若要退出 Word 程序（关闭程序窗口），需单击标题栏最右端的“关闭”按钮，或选择“文件”选项卡，选择“退出”命令。退出程序后，程序窗口和文档窗口将一起关闭。

7．重新打开文件

关闭文档窗口后，可以在 Word 程序窗口中将保存的文件再次打开。选择“文件”选项卡，选择“打开”命令（或按组合键“Ctrl+O”），选择“浏览”命令，从弹出的“打开”对话框中选择需要打开的文件，如图 2-5 所示。

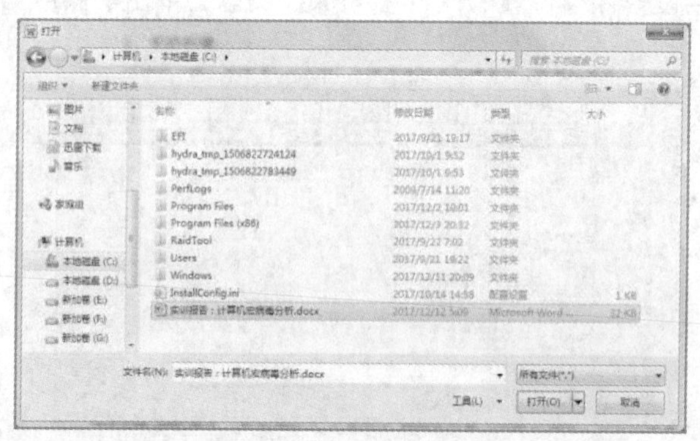

图 2-5 “打开”对话框

如果要打开的是最近使用过的文档，常用方法如下。

选择“文件”→“最近所用文件”命令，分别单击“最近使用的文档”“或“最近的位置”，即可选择打开所需的文档。

8．文字输入与换行

（1）输入文字

在编辑文档前，先在要输入文字的位置单击，出现一个闪烁的光标，即可进行文字的输入；输入文字时，光标自动后移。

（2）回车符

Word 2016 有自动换行的功能，当输入到文档每行末尾时，无须按键，Word 2016 就会自动换行；而在每个自然段结束时，可以按“Enter”键换行，换到下一行（即新段落）输入文字。

（3）换行符

按“Shift+Enter”组合键，可换至下一行输入，但仍与上一行属于同一个段落。

说明 **换行符与回车符不同。“回车”是一个段落的结束，开始新的段落，“换行”只是另起一行继续输入文档的内容。**

（4）合并

两个自然段落的合并，只需删除它们之间的“回车符”，将光标插入前一段落的段尾，按“Delete”键可以删除光标后面的回车符，使前后段落合并为一个段落。

9. 使用键盘移动光标

在进行编辑操作前，我们需要掌握光标（即 Word 2016 中不断闪烁的黑色竖条“|”）的移动。除了通过鼠标移动外，还有一些常见的使用键盘按钮移动光标的方法，如表 2-1 所示。

表 2-1 使用键盘按键移动光标

按键	说明	按键	说明
Page Up	移动光标到前一页当前位置处	Page Down	移动光标到后一页当前位置处
Home	移动光标到行首	End	移动光标到行尾
Ctrl+ Page Up	移动光标到上页顶端	Ctrl+ Page Down	移动光标到下页顶端
Alt+Ctrl+ Page Up	移动光标到当前页的开始	Alt+Ctrl+ Page Down	移动光标到当前页的结尾
Shift+ F5	移动光标到最近曾经修改过的 3 个位置		

10. 选取文本的方法

根据选取文本的区域及长短的不同，我们可以将常用的选取操作分为以下 6 种。

① 选取一段文本：在段落中任何一个位置，连续单击 3 下。

② 选取所有内容：选择“开始”→“编辑”→“选择”→“全选”命令，或使用组合键“Ctrl+A”。

③ 选取少量文本：将鼠标指针移至需选取文本的首字符处，按住鼠标左键拖曳欲选取的范围。

④ 选取大量文本：将鼠标指针移至需选取文本的首字符处并单击，按住“Shift”键的同时，在要选取文本的结束处单击。

⑤ 选取不连续文本：先用选取少量文本的方法，选取第一部分连续的文本；然后按住“Ctrl”键不放，继续按住鼠标左键拖曳选取另外区域，直到选取结束。

⑥ 选取一块矩形文本：按住“Alt”键，按住鼠标左键拖曳选定一块矩形文本。

11. 文本的移动、复制及删除

移动或复制文本有 3 种常用方法：鼠标拖曳、快捷菜单和组合键。

（1）用按住鼠标左键拖曳“”的方式进行移动或复制

先选定要移动或复制的文本，再将鼠标指针移至被选定的文本上，当鼠标指针的形状变为向左上方的空心箭头时，按住鼠标左键并拖曳，可以看到一条虚线条的光标在提示目标位置，拖曳到目标位置后松开鼠标左键完成文本的移动；如果需要完成文本的复制，只需要按住“Ctrl”键的同时，按住鼠标左键拖曳即可，注意空心箭头右下角会出现一个“+”号。

（2）用快捷菜单的方式进行移动或复制

先选定要移动或复制的文本，再将鼠标指针移至被选定的文本上，当鼠标指针的形状变为向左上方的空心箭头时右键单击，右键单击，弹出快捷菜单，如果是移动文本就选择“剪切”命令，如果是复制文本就选择“复制”命令，将鼠标指针移动到要插入的位置并右键单击，在弹出的快捷菜单中选择“粘贴”命令。

（3）用组合键的方式进行移动或复制

先选定要移动或复制的文本，使用组合键“Ctrl+X”完成文本的剪切或使用组合键“Ctrl+C”完成文本的复制，最后将鼠标指针移动到文本要插入的位置，按组合键“Ctrl+V”完成粘贴操作。

文本的删除有两种情况：整体删除和逐字删除。

① 整体删除：先选定要删除的文本，按“Delete”键或“BackSpace”键。

② 逐字删除：将光标插入要删除文字的后面，每按一下“BackSpace”键可删除光标前面的一个字符；每按一下“Delete”键则可删除光标后面的一个字符。

（4）撤销与恢复

对于编辑过程中的误操作，单击快速访问工具栏中的“撤销”按钮来恢复误操作之前的状态。同样，撤销操作可以单击“恢复”按钮重新执行。

12. 字号的单位

在 Word 2016 中，描述字体大小的单位有两种：一种是中文的字号，如初号、小初、一号、……、七号、八号等；另一种是用国际上通用的“磅”来表示，如 4、4.5、10、12、……、48、72 等。中文字号中，数值越大，字就越小；而“磅”的数值则与字符的尺寸成正比。在 Word 2016 中，中文字号共有 16 种；而用“磅”来表示的字号却很多，其磅值的数字范围为 1～1638，磅值可选的最大值为“72”，其余值需通过键盘输入。

13. 特殊符号、项目符号和编号、日期

（1）特殊符号

工作中经常需要插入一些不能直接通过键盘输入的特殊符号，这类符号的插入方法为：选择“插入”→“符号”→“符号”→“其他符号”命令，在弹出的“符号”对话框选择相应符号。

（2）添加项目符号和编号

项目符号和编号是 Word 2016 中的一项“自动功能”，可使文档条理清楚、重点突出，并且可以简化输入从而提高文档的编辑速度。Word 2016 提供了自动添加项目符号和编辑的功能。例如，在以“1.”“（1）”“a”等字符开始的段落中按“Enter”键，下一段起始处将会自动出现“2.”“（2）”“b”等字符。

用户也可以在输入文本之后，选择要添加项目符号的段落，单击“开始”→“段落”→“项目符号”按钮，系统将自动在每一个段落前添加项目符号；单击“开始”→“段落”→“编号”按钮，将以“1.”“2.”“3.”的形式编号。Word 2016 还提供了其他 6 种标准的项目符号和编号，并且允许自定义项目符号样式和编号。

使用“项目符号和编号”功能时，每一次使用都会应用前一次所使用过的样式。

清除项目符号和编号时，除了可以在“项目符号”和“编号”下拉按钮中单击“无”之外，还有更快的两种方法。

① 选择设置了项目符号和编号的所有段落，单击“开始”→“段落”→“项目符号”按钮或“开始”→“段落”→“编号”按钮，就可以取消设置好的项目符号或编号。

② 将光标插入项目符号或编号的右边，按“BackSpace”键，即可删除左边的项目符号或编号。

（3）日期

日期的输入方法为：选择“插入”→“文本”→“日期和时间”命令。

14. 查找和替换

Word 2016 提供的查找功能可以快速地在长文档中查找文字、词语和句子，替换功能可以一次性对文本中重复出现的错别字进行纠正，从而减少工作时间。除了可以查找和替换普通文字外，还可以查找和替换特殊字符，如段落标记、制表符、标注、分页符等，也可以利用通配符进行模糊查找。查找或替换过程中如果所要查找的内容、要替换的内容或被替换的内容有字符格式和段落格式的要求，则可以在“查找和替换”对话框中进行相应的格式设置后，再进行查找或替换。若需要进行格式设置，可单击“查找与替换”对话框中的“更多”按钮，显示的可设置的格式如图 2-6 所示。

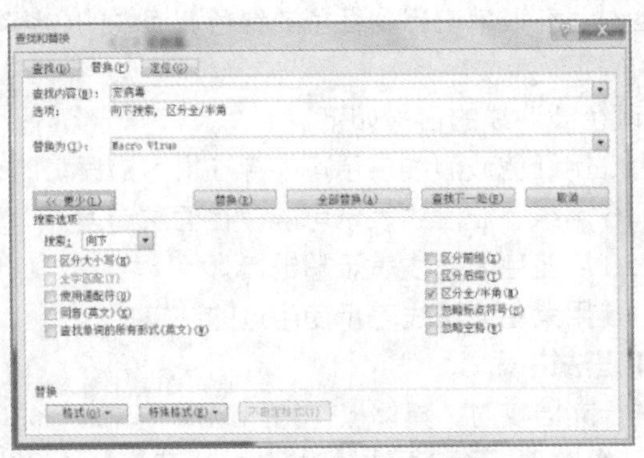

图 2-6 “查找和替换”对话框

部分选项的含义如下。

① “搜索”下拉列表框：用来选择文档的搜索范围；选择“全部”选项，将在整个文本中进行搜索；选择“向下”选项，可从光标处往后进行搜索；选择“向上”选项，可从光标处往前进行搜索。

② “区分大小写”复选框：勾选该复选框，可在搜索时区分大小写。

③ “全字匹配”复选框：勾选该复选框，可在文档中搜索符合条件的完整单词，而不搜索长单词中的一部分。

④ “使用通配符”复选框：勾选该复选框，可搜索输入“查找内容”文本框中的通配符、特殊字符或特殊搜索操作符。

⑤ “同音（英文）”复选框：勾选该复选框，可搜索与“查找内容”文本框中文字发音相同但拼写不同的英文单词。

⑥ “查找单词的所有形式（英文）”复选框：勾选该复选框，可将“查找内容”文本框中的英文单词的所有形式替换为“替换为”文本框中指定单词的相应形式。

⑦ “区分全/半角”复选框：勾选该复选框，可在查找时区分全角与半角。

⑧ “格式”按钮：单击该按钮，可在弹出的下一级子菜单中设置查找文本的格式，例如字体、段落及制表位等。

说明 **按“Tab”键后，光标移动到的位置叫制表位。在 Word 2016 中，默认制表位从标尺左端开始自动设置，各制表位间的距离是 2 字符。初学者往往用插入空格的方法来设置各行文本之间的列队齐。其实更好的办法是按“Tab”键来移动光标到下一个制表位，这样很容易做到各行文本的列对齐。**

⑨ “特殊格式”按钮：单击该按钮，可在弹出的下一级子菜单中选择要查找的特殊字符，如段落标记、省略号及制表符等。

⑩ “不限定格式”按钮：若设置了查找文本的格式，单击该按钮可取消查找文本的格式设置。

15. 输入文本时自动检查拼写和语法错误

在默认情况下，Word 2016 会在用户输入文本的同时自动进行拼写检查。出现红色波浪线表示可能存在拼写问题，出现绿色波浪线表示可能出现语法问题。若需进一步设置，选择“文件”选项卡，选择“选项”命令，在“Word 选项”对话框中的“校对”选项卡中进行详细的设置。在文档中输入内容时，右键单击出现红色或绿色波浪线的内容，在弹出的快捷菜单中选择所需的命令或可选的拼写。

Word 2016 中不同颜色波浪线的含义如下。

① 红色：Word 2016 用红色波浪线表示可能存在拼写错误。

② 绿色：Word 2016 用绿色波浪线表示可能存在语法错误。

③ 蓝色：Word 2016 用蓝色波浪线表示超链接。

④ 紫色：Word 2016 用紫色波浪线表示使用过的超链接。

16. 集中检查拼写和语法错误

完成文档编辑后可进行文档校对，具体操作为：选择“审阅”选项卡，在“校对”组中单击“拼写和语法”按钮，弹出“拼写和语法”对话框。“建议”中列出建议的正确内容，单击“更改”按钮可以修改成建议的正确内容，单击“忽略一次”或“全部忽略”按钮则不进行修改，单击“添加到词典”按钮即将该内容添加到词典中去，以后将不会再提示为错误内容。

17. 标注拼音

在编辑文档的时候，有时候需要对文档中的文字标注拼音，以方便阅读，Word 2016 中提供了强大的拼音指南功能，使用这个功能就可以快速地给文字标注拼音。标注拼音的步骤如下。

① 打开 Word 2016，在文档中选择要标注拼音的文字。选择“开始”选项卡，在“字体”组中单击“拼音指南”按钮。

② 弹出“拼音指南”对话框，如图 2-7 所示，单击“确定”按钮，选择的文字就自动标注好了拼音。

③ 在“拼音指南”对话框中可以通过设置“对齐方式”“偏移量”“字体”“字号”等参数来改变注释拼音的形式。

④ 在“拼音指南”对话框中，单击“组合”按钮可以实现将单个汉字的拼音注释转换成为对整个词组的拼音注释，如图 2-8 所示。单击“单字”按钮可以取消组合；单击“清除读音”按钮可以取消对文字的拼音注释；单击“默认读音”按钮可以恢复拼音注释的最初形式。

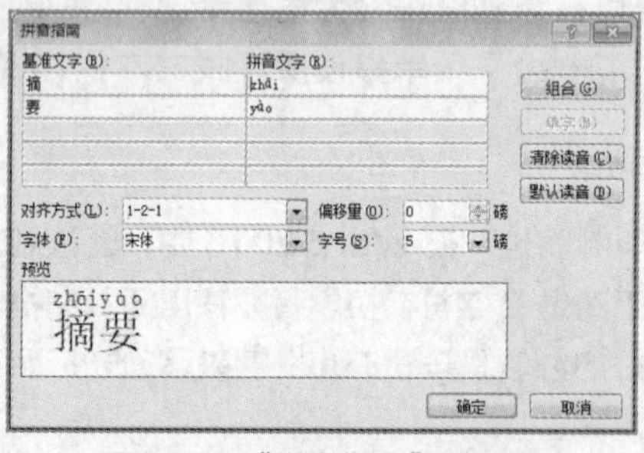

图 2-7 “拼音指南”对话框

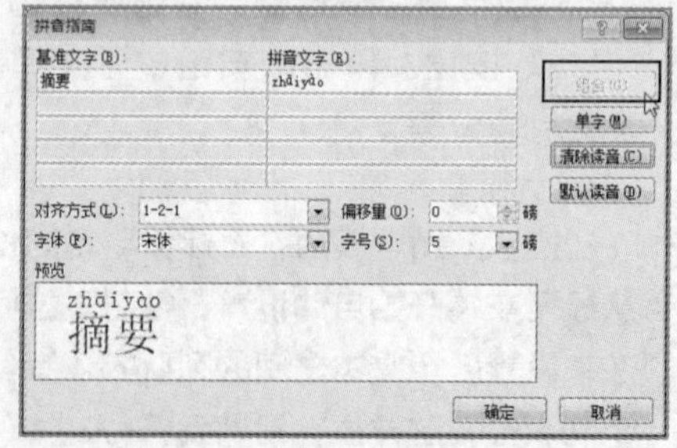

图 2-8 单击“组合”按钮后的对话框

任务实施

工序 1：新建 Word 文档

新建 Word 文档，以“毕业生求职材料写作指南.docx”为文件名保存至桌面。

Step1：新建文档，启动 Word 2016 后，选择“空白文档”模板建立一个新的空白文档。

Step2：保存文档，单击快速访问工具栏的“保存”按钮，在弹出的“另存为”对话框中设置保存位置为桌面、文件名为“毕业生求职材料写作指南.docx”，单击“保存”按钮。

工序 2：输入文档内容

在“毕业生求职材料写作指南.docx”文档中，按要求输入文字，并将“..\计算机应用基础教程素材\Word2016\内容框架.docx”文档的内容整合其后。

Step1：输入以下内容，要求段首不要空格，每行末尾不要按“Enter”键，每段末尾按“Enter”键。

自荐信的写作要求

自荐信的格式一般分为标题、称呼、正文、落款四部分，长度以一页纸为宜。

标题：要用较大字体在用纸上方标注“自荐信”。

称呼：这是对主送单位或收件人的呼语。如用人单位明确，可直接写上单位名称，并以“尊敬的***先生/女士”加以修饰，后以领导职务落笔。

正文：正文是自荐信的核心，开语应表示向对方的问候致意。主体部分一般包括简介、自荐目的、条件展示、愿望决心和结语五项内容。

落款：落款处要写上“自荐人”的字样，并标注年月日。随文处要说明回函的联系方式、邮政编码、地址、邮箱、电话号码及手机号等。署名处如打印复制件则要留下空白，由求职人亲自签名，以示郑重和敬意。

Step2：按文件存储路径找到“内容框架.docx”“文档并打开，使用选取大量文本的方法，按照图 2-1 所示的样文效果图选取指定文本。

Step3：将鼠标指针移至反白显示的已选文本上右键单击，在弹出的快捷菜单中选择“复制”命令。

Step4：在“毕业生求职材料写作指南.docx”文件中的光标闪烁处右键单击，在弹出的快捷菜单中选择“粘贴选项”→“只保留文本”命令，完成文本内容的整合。

工序 3：插入标题

插入标题“毕业生求职材料写作指南”，并将其格式设置为“黑体，二号，居中，字符间距加宽、磅值为 1 磅”。

Step1：在当前文稿第一段段首处单击，将光标插入第一段文字的段首，按“Enter”键产生新段落。

Step2：将输入法切换至中文输入状态，在新段落中输入标题“毕业生求职材料写作指南”。

Step3：使用按住鼠标左键拖曳的方式选取输入的标题文本，在“开始”→“字体”组中设置标题字体，在“字体”下拉列表框中选择“黑体”，在“字号”下拉列表框中选择“二号”；单击“段落”组中的“居中”按钮，如图 2-9 所示。

Step4：选择标题文本，单击“字体”组右下角的“对话框启动器”按钮，在“字体”对话框的“高级”选项卡中设置“字符间距”，如图 2-10 所示。

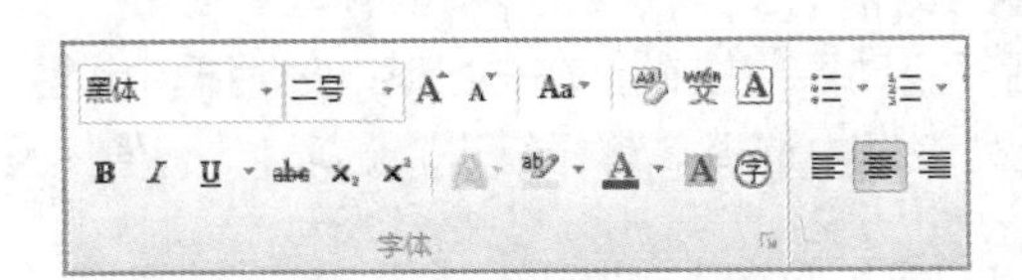

图 2-9　标题字体的段落设置

图 2-10　设置“字符间距”

> **说明** 功能区中放置的是常用按钮，不能覆盖所有的格式设置。这时，我们就要在“字体”组中单击“对话框启动器”按钮，在“字体”对话框中可以设置所有有关文本的格式，如“字体”选项卡中的“效果”栏，“高级”选项卡中的“位置”选项等。

工序 4：设置二级标题

设置二级标题的字体字号为“宋体、小四、加粗，红色”，左侧缩进 2 字符，并加上实心凸形括号。

Step1：设置二级标题“自荐信的写作要求”“个人简历制作”“附件”的字体为“宋体”，字号为“小四”，单击“加粗”按钮，设置字体颜色为“红色”；单击“开始”→“段落”组右下角的“对话框启动器”按钮，在打开的“段落”对话框中设置“缩进左侧 2 字符”，如图 2-11 所示。

Step2：将光标插入二级标题“自荐信的写作要求”的前面，单击“插入”选项卡中的“符号”按钮，在下拉菜单中选择“其他符号”命令，打开“符号”对话框，在“符号”选项卡的字体的下拉列表中选择“(普通文本)”选项，并在其右侧的“子集”下拉列表框中选择“CJK 符号和标点”选项，单击选中“左实心凸形括号”符号，最后单击“插入”按钮插入符号，如图 2-12 所示，用同样的方法在标题右侧添加“右实心凸形括号”符号。

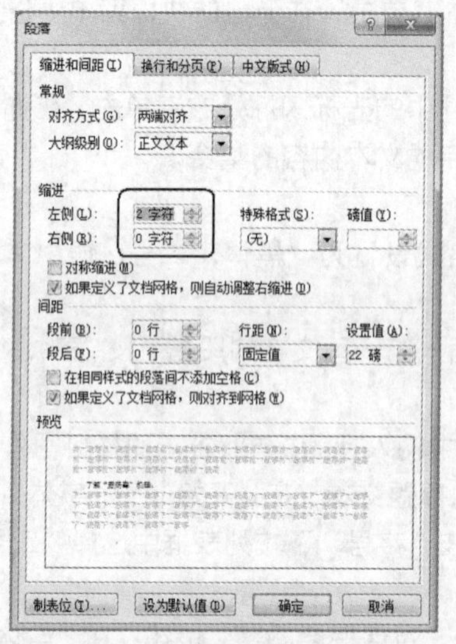

图 2-11 “段落”对话框

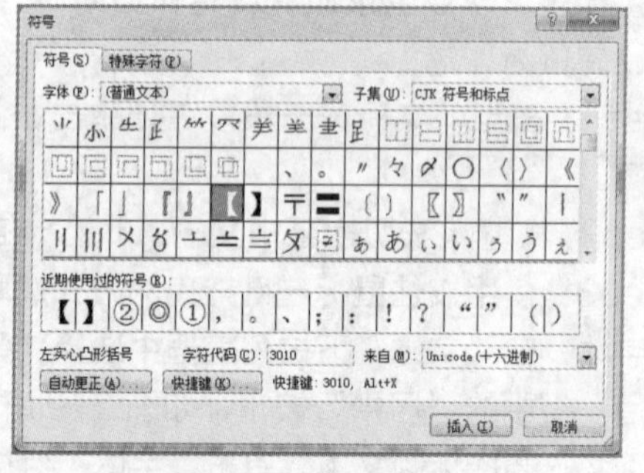

图 2-12 插入符号

Step3：依次设置其他二级标题的字体、字号等。

工序 5：设置正文

设置除标题外的正文为“宋体、小四、1.5 倍行距、首行缩进 2 字符”。

Step1：选择正文中所有文字，在“字体”组中单击“对话框启动器”按钮，在“字体”对话框的“字体”选项卡中完成字体及字号的格式设置，如图 2-13 所示。

Step2：在“段落”组中单击“对话框启动器”按钮，在“段落”对话框中设置“行距”为“1.5 倍行距”，在“特殊格式”下拉列表框中选择“首行缩进”选项，“磅值”设置为“2 字符”，如图 2-14 所示。

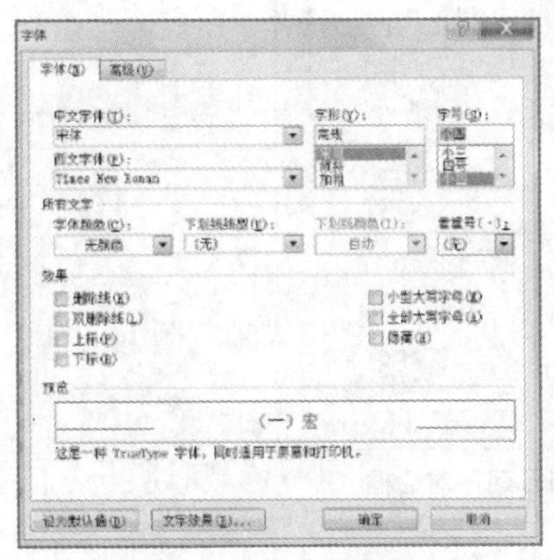

图 2-13　字体及字号的设置

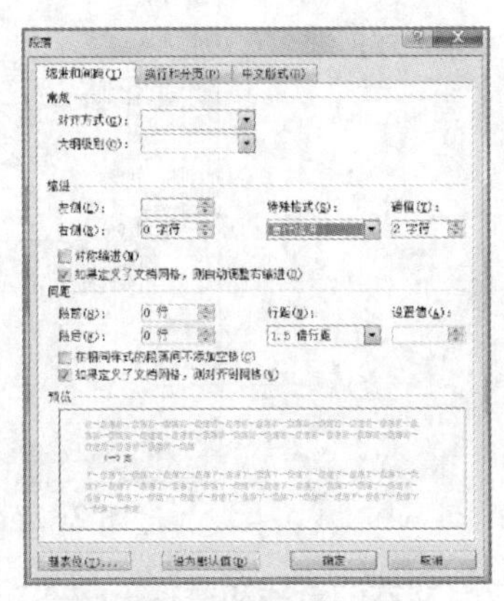

图 2-14　“段落”对话框

工序 6：添加项目编号和日期

按照图 2-1 所示的效果，选择“【自荐信的写作要求】”标题下的段落，从“标题”到“落款”段落生成项目符号；为“【个人简历制作】”标题下的段落，从“个人基本资料”到“兴趣爱好”段落生成编号；在正文结尾处添加当前日期。

Step1：使用选取少量文本的方法，选取“【自荐信的写作要求】”标题下需要添加项目符号的各段文本。

Step2：选择“开始”→“段落”→“项目符号”→“定义新项目符号”命令，在“定义新项目符号”对话框中设置项目符号字符，单击“符号”按钮弹出“符号”对话框，在“字体”下拉列表框中选择“Wingdings”选项，选择样文所示的符号，单击“确定”按钮，如图 2-15 所示。

Step3：使用选取少量文本的方法，选取“【个人简历制作】”下需要添加编号的各段文本。

Step4：选择“开始”→“段落”→“编号”→“定义新编号格式”命令，在“定义新编号格式”对话框中设置“编号格式”，如图 2-16 所示。

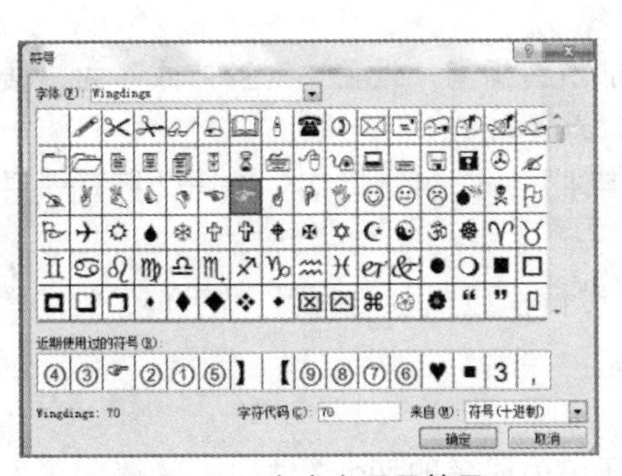

图 2-15　自定义项目符号

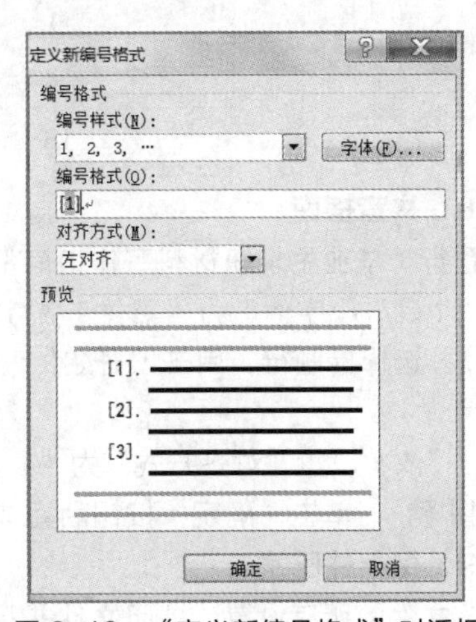

图 2-16　“定义新编号格式”对话框

Step5：插入当前系统日期，选择“插入”→“文本”→“日期和时间”命令，打开“日期和时间”对话框，选择合适的日期格式，单击“确定”按钮，如图 2-17 所示。

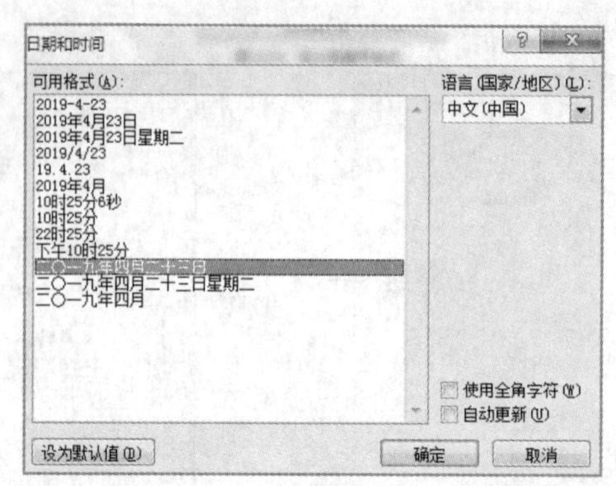

图 2-17　“时间和日期”对话框

工序 7：文本的查找和替换

将正文中所有的“自荐信”三个字替换为“Self Recommendation”。

Step1：使用选取大量文本的方法，选取所有正文文本。

Step2：选择“开始”→“编辑”→“替换”命令，在打开的“查找和替换”对话框中设置“查找内容”为“自荐信”，设置“替换为”为“Self Recommendation”；单击“全部替换”按钮，如图 2-18 所示。

Step3：　完成替换后会弹出一个信息框，提示替换多少处内容。

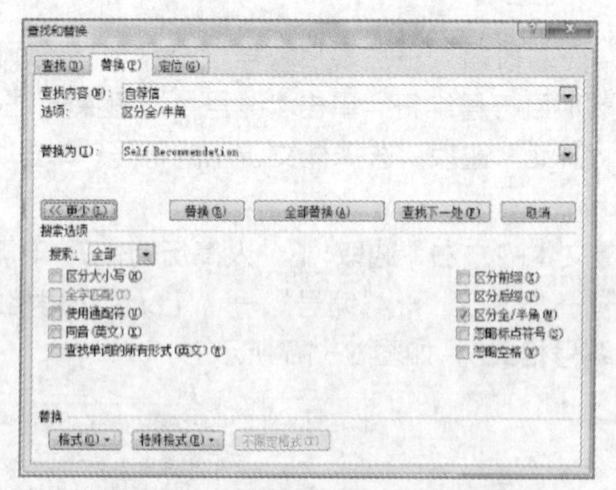

图 2-18　“查找和替换”对话框

工序 8：拼音指南

为标题行“毕业生求职材料写作指南”增加拼音指南，设置“对齐方式”为“居中”，“偏移量”为“1 磅”，“字体”为“黑体”，“字号”为“11 磅”。

Step1：选择标题行，单击“开始”→“字体”→“拼音指南”按钮，打开“拼音指南”对话框。

Step2：依次设置“对齐方式”为“居中”，“偏移量”为“1 磅”，“字体”为“黑体”，“字号”为“11 磅”，单击“确定”按钮后完成设置。

工序 9：保存并压缩

保存该文件的所有设置，关闭文件并将其压缩为同名的.zip 文件。

Step1：单击快速访问工具栏中的“保存”按钮（或按组合键“Ctrl+S”）后，再单击标题栏右侧的“关闭”按钮。

Step2：在“毕业生求职材料写作指南.docx”文件图标上右键单击，在弹出的快捷菜单中选择“添加到‘2-1 毕业生求职材料写作指南.rar’”命令，如图 2-19 所示，完成文件的压缩。

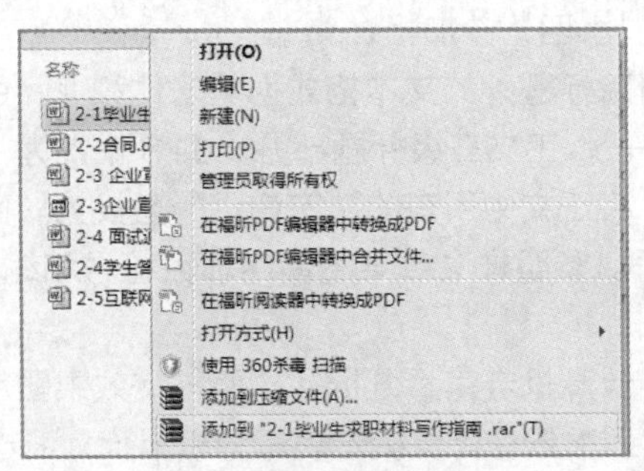

图 2-19　压缩文件

自主训练

书写实训报告是一项重要的基本技能。实训报告不仅是对实训周学习任务的总结，更重要的是它可以初步地培养和训练学生的逻辑归纳能力、综合分析能力和文字表达能力，是科学论文写作的基础。因此，本任务以钱彬同学撰写的网络安全实训周实训报告为背景，读者可通过报告的书写初步掌握 Word 2016 的基本操作，学会对文字、段落进行格式设置，并能完成相关的格式设置。最终将电子文档命名为“实训报告：计算机宏病毒分析.docx”，其页面效果如图 2-20 所示。

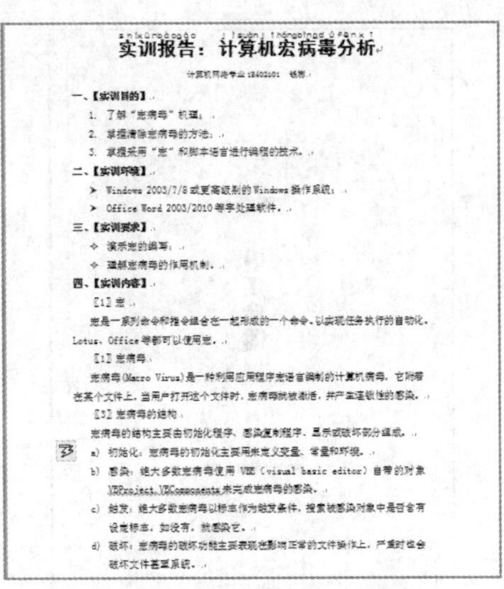

实训报告：计算机宏病毒分析

一、【实训目的】

1. 了解“宏病毒”机理；
2. 掌握清除宏病毒的方法；
3. 掌握采用“宏”和脚本语言进行编程的技术。

二、【实训环境】

➢ Windows 2003/7/8 或更高级别的 Windows 操作系统；
➢ Office Word 2003/2010 等字处理软件。

三、【实训要求】

❖ 演示宏的编写；
❖ 理解宏病毒的作用机制。

四、【实训内容】

【1】宏

宏是一系列命令和指令组合在一起形成的一个命令，以实现任务执行的自动化。Lotus、Office 等都可以使用宏。

【1】宏病毒

宏病毒(Macro Virus)是一种利用应用程序宏语言编制的计算机病毒。它附着在某个文件上，当用户打开这个文件时，宏病毒就被激活，并产生连锁性的感染。

【3】宏病毒的结构

宏病毒的结构主要由初始化程序、感染复制程序、显示或破坏部分组成。

a) 初始化：宏病毒的初始化主要用来定义变量、常量和环境。
b) 感染：绝大多数宏病毒使用 VBE（visual basic editor）自带的对象 VBProject.VBComponents 来完成宏病毒的感染。
c) 触发：绝大多数宏病毒以标志作为触发条件，搜索被感染对象中是否含有设定标志，如没有，就感染它。
d) 破坏：宏病毒的破坏功能主要表现在影响正常的文件操作上，严重时会破坏文件甚至系统。

图 2-20　“实训报告”效果图

打开 Word 2016 中的“..\计算机应用基础教程素材\Word2016\2-1 实训报告内容素材.txt”文件，并按样文效果图进行如下操作。

① 新建文档并保存。新建 Word 文档“实训报告：计算机宏病毒分析.docx”，并保存在计算机的 C 盘中。

② 输入文本。输入标题“实训报告：计算机宏病毒分析”，并将其格式设置为“黑体二号字，居中，字符间距加宽、磅值为 1 磅”；在标题下方输入专业、班级学号及作者姓名，并将其格式设置为“宋体五号字，居中”。

③ 设置标题格式。设置二级标题“实训目的”“实训环境”“实训要求”“实训内容”的“字体”为“宋体”，“字号”为“小四”并加粗。

④ 设置正文格式。设置除标题外的文本格式为“宋体和 Times New Roman 小四号字，1.5 倍行距，首行缩进 2 字符”，正文三级标题部分（共 3 个）为“加粗”。

⑤ 文本的查找和替换。将正文中所有的“宏病毒”替换为“Macro Virus”。

⑥ 设置项目符号和编号。参照样文效果图使用项目符号和编号功能，为段落文本添加项目符号和编号。

⑦ 为标题“实训报告：计算机宏病毒分析”按照样文效果图所示设置拼音指南。

⑧ 保存并压缩。在“实训报告：计算机宏病毒分析.docx”文件图标上右键单击，在弹出的快捷菜单中选择“添加到压缩文件”命令，设置压缩文件名为“实训报告：计算机宏病毒分析.zip”，点击“立刻压缩”按钮，完成文件的压缩。

任务 2　文档的格式化与排版

任务描述

一般企业在各类活动中，需要制定合同来体现法律主体的权利和义务。通常企业规定中都会包含合同文档的标准规范。本任务以一个供货合同为例，如图 2-21 所示，实现了 Word 文档的字符格式设置、段落格式设置、分栏设置、首字下沉等格式化与排版操作。

合同编号 JS20190418

锦江麦某龙现购自运有限公司

自营商品

供货合同

甲方：锦江麦某龙现购自运有限公司

乙方：**********公司

二〇一九年四月

图 2-21 “合同的格式编排”效果图

任务资讯

1. 文档格式的设置

文档格式包括字符格式与段落格式。字符格式包括字符的字体、字形、字号、文字颜色、字符间距等，段落格式包括段落对齐、段落缩进及段落间距等。

（1）设置字符格式

① 字体是指文字的外观，Word 2016 提供了多种可用的字体，默认的字体为“宋体”。

② 字形是指文档中文字的格式，包括文本的常规、倾斜、加粗及加粗倾斜显示。常常通过设置字形和颜色来突出重点，使文档看起来更生动、醒目。

③ 字号是指文字的大小，设置字号通常用于突出文档某些重要内容或统一文档格式。

④ 字符间距是指文档中字与字的距离。通常情况下，文本以标准间距显示，这适用于绝大多数文本。但有时为了创建一些特殊的文本效果，需要扩大或缩小字符间距。

（2）设置段落格式

① 段落对齐。段落对齐是指文档边缘的对齐方式，包括两端对齐、居中对齐、左对齐、右对齐和分散对齐。可通过单击“格式”工具栏上的相应按钮来设置段落对齐方式，也可通过“段落”对话框来设置。

- 两端对齐：默认设置，文本左右两端均对齐，但如果段落最后一行的文字不满一行，则右边是不对齐的。
- 居中对齐：文本居中排列。
- 左对齐：文本左边对齐，右边参差不齐。
- 右对齐：文本右边对齐，左边参差不齐。
- 分散对齐：文本左右两边均对齐，而且每个段落的最后一行的文字不满一行时，将扩大字符间距使该行文本均匀分布。

② 段落缩进。段落缩进是指段落中的文本与页边距之间的距离。Word 2016 中共有 4 种格式：左缩进、右缩进、首行缩进和悬挂缩进。通常情况下，通过水平标尺可以快速设置段落的缩进方式和缩进量，但不够精确。而通过单击“开始”→“段落”组右下角的“对话框启动器”按钮，可打开“段落”对话框，在该对话框中可更精确地进行相关选项的设置。

- 左缩进：光标所在段落所有行左侧均向右缩进一定的距离。
- 右缩进：光标所在段落所有行右侧均向左缩进一定的距离。
- 首行缩进：光标所在段落的第一行字符向右缩进一定的距离。
- 悬挂缩进：光标所在段落除第一行外，其余各行均向右缩进一定的距离。

③ 段落间距。段落间距是指段落与段落之间的距离。段落间距的设置包括文档行间距和段间距的设置。行间距决定段落中各行文本之间的垂直距离，其默认值为单倍行距，用户可以根据需要重新设置。段落间距决定段落前后空白距离的大小，同样可以根据需要重新设置。

2. 文字方向

选择“布局”→“页面设置”→“文字方向”→“文字方向选项”命令，可以在打开的对话框中进行 Word 文档中文字方向的设置，如图 2-22 所示。需要注意的是，这种方式会将所选文字单独使用一个横向页面来展示。

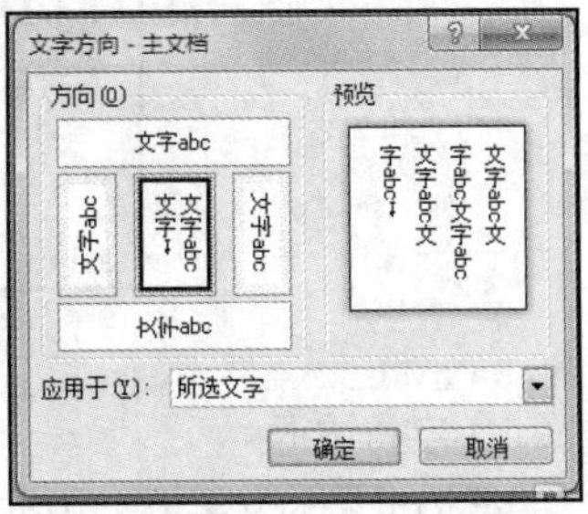

图 2-22　Word 文档中文字方向的设置

3. 选择性粘贴

选择性粘贴的打开方法：在“开始”→“剪贴板”组中，选择“粘贴”下拉按钮中的“选择性粘贴”命令，弹出“选择性粘贴”对话框，如图 2-23 所示。

选择性粘贴的常见使用方法如下。

① 清除所有格式。如复制网页内容，粘贴到 Word 文档中需去除网页上的原始格式时，就可以在“选择性粘贴”对话框中选择“无格式文本”选项，单击“确定”按钮。

② 图形对象转图片。当需要将使用 Word 绘图工具绘制的图形保存为图片时，就可在“选择性粘贴”对话框中选择图片格式，该功能提供了 9 种图片格式，如图 2-24 所示。

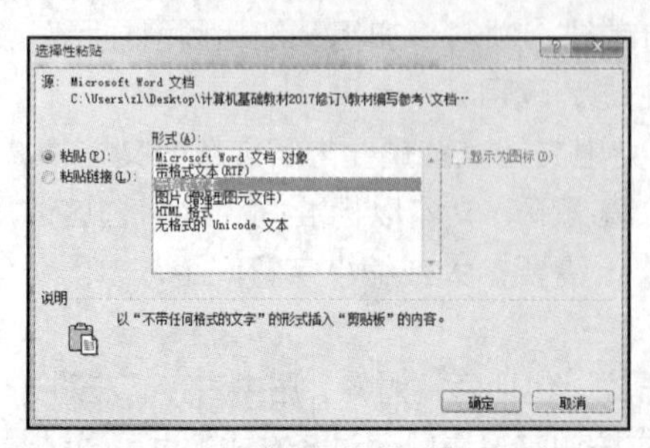

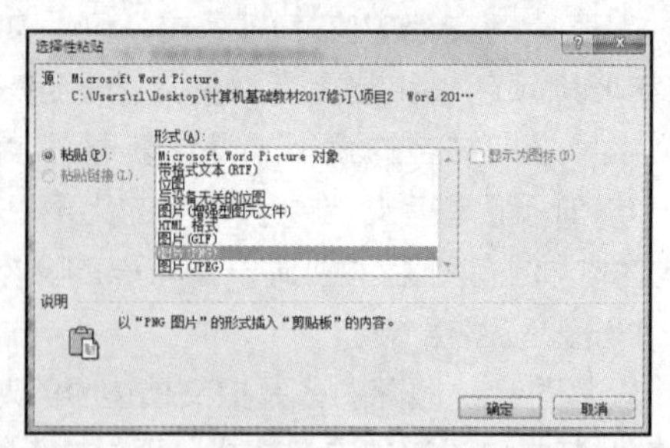

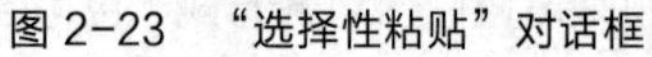

图 2-23 “选择性粘贴”对话框　　图 2-24 “选择性粘贴”对话框中的多种图片格式

4．格式刷的使用

要将多个格式复杂、位置分散的段落或文本设成一致的格式时，可以使用“开始”→“剪贴板”组中的“格式刷”按钮来快速地完成这一复杂的操作，如图 2-25 所示。通过格式刷可以将某一段落或文本的排版格式复制给其他段落或文字，从而达到将所有的段落或文本设置成统一格式的目的。

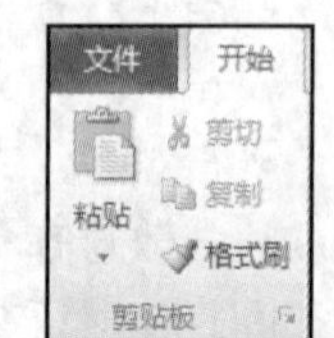

图 2-25 格式刷

具体操作为：选择有格式的文本和段落，单击“开始”→“剪贴板”组中的“格式刷”按钮，鼠标指针形状会变成一把小刷子“🖌I”。用刷子形状的鼠标指针选择要改变格式的文本或段落，相同的格式就被复制了，但文字内容不会发生变化。

单击“格式刷”按钮，复制格式的功能只能使用一次，若需多次使用，则应双击“格式刷”按钮。要取消格式刷时，按“Esc”键或再次单击“格式刷”按钮即可。

5．字符边框、段落边框及页面边框的添加

选择“开始”→“段落”→“边框”→“边框和底纹”命令，打开“边框和底纹”对话框，进行边框的设置，如图 2-26 所示。

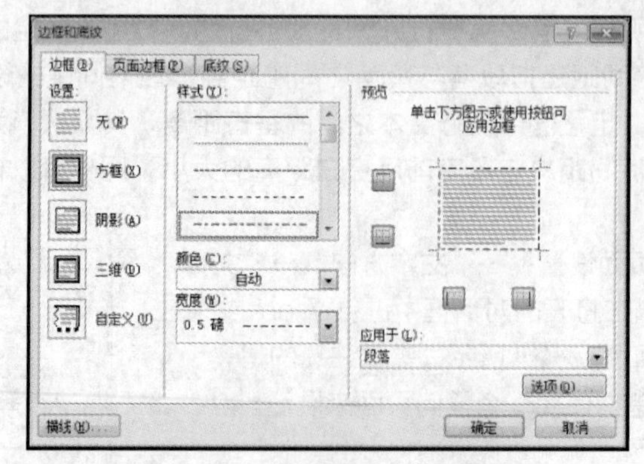

图 2-26 “边框和底纹”对话框

（1）字符边框

字符边框是为文字添加边框，以文字的宽度作为边框的宽度，如超过一行，则会以行为单位添加边框线。字符的边框是同时添加上、下、左、右 4 条边框线，且所有边框线的格式是一致的。

（2）段落边框

段落边框是以整个段落的宽度作为边框宽度的矩形框。段落边框还可以单独设置上、下、左、右 4 条边框线的有无及格式。

（3）页面边框

页面边框是为整个页面添加边框，一般在制作贺卡、节目单等时会用到。

6. 填充与图案详解

在设置底纹时，有“填充”和“图案”两部分，如图 2-27 所示。

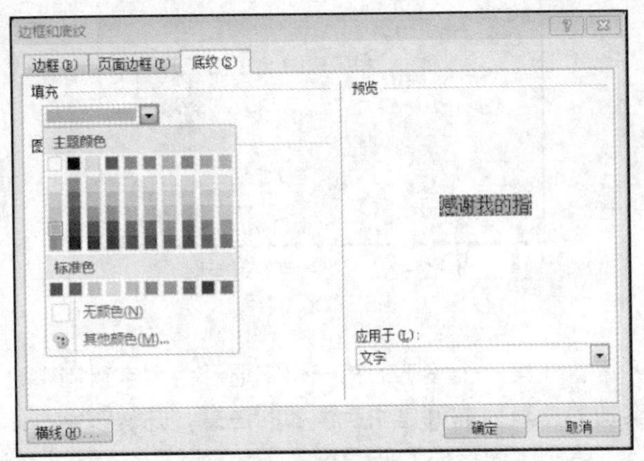

图 2-27　设置填充底纹

“填充”是指对选定范围部分添加背景色；“图案”是指对选定范围部分添加前景色，前景色是广义的，包括各种样式。

“图案”部分的“样式”默认为“清除”，是指没有前景色。“图案”部分的“颜色”默认为“自动”，可以根据需要设置不同的“样式”和“颜色”。

7. 插入文本框

文本框内可以放置文字、图片、表格等内容，文本框可以很方便地改变位置、大小，还可以设置一些特殊的格式。文本框有两种：横排文本框和竖排文本框。

（1）横排文本框

选择“插入”选项卡，在“文本”组的“文本框”下拉列表中选择“绘制文本框”命令，鼠标指针变为“+”形状，使用按住鼠标左键拖曳的方法，可绘制出横排文本框。在文本框内的光标处可以插入文本、图片等各种对象。

（2）竖排文本框

在“文本框”下拉列表中选择“绘制竖排文本框”命令，可绘制出竖排文本框，具体操作与绘制横排文本框类似。

8. 分栏

分栏是文档排版中常用的一种版式，在各种报纸和杂志中被广泛运用。它可在水平方向上将页面分为几个栏，文本是逐栏排列的，填满一栏后才转到下一栏。文档内容分列于不同的栏中，这种分栏方法使页面排版更灵活，让阅读更方便。使用 Word 2016 可以在文档中建立不同版式的分栏，并可以随意更改各栏的栏宽及栏间距。

若要设置分栏，选择文档中要分栏的文本，选择“布局”选项卡，在“页面设置”组中单击“分栏”按钮。在下拉列表中选择预置的分栏样式，如果选择“更多分栏”命令，则会弹出“分栏”对话框，如图 2-28 所示，在“预设”栏中选择分栏数目，在“宽度和间距”栏中选择栏宽和栏间距，根据需要勾选“分隔线”复选框。

我们可以对选择的文字进行如下设置：分为两栏，栏宽相等，应用于所选文字，不设置分隔线，单击“确定”按钮。

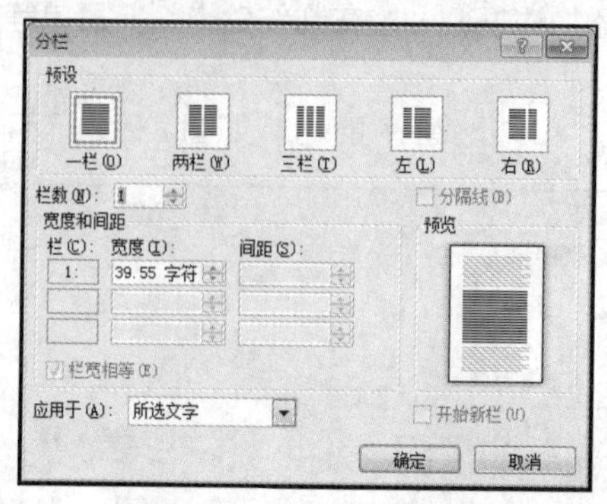

图 2-28　“分栏”对话框

9. 首字下沉

在报刊文章中，经常看到某一个段落的第一个字显示为大字且向下延伸几行，这个效果是通过设置首字下沉来实现的，其目的就是引起读者的注意，并从该字开始阅读。

若要设置首字下沉，首先将光标插入要设置“首字下沉”的段落中，选择“插入”选项卡，单击“文本”组中的“首字下沉”按钮。其下拉菜单中有 3 种预设的方案，可以根据需要选择使用，如图 2-29 所示；如果要进行详细的设置，可以选择“首字下沉选项”命令，在弹出的“首字下沉”对话框中进行设置，如图 2-30 所示。

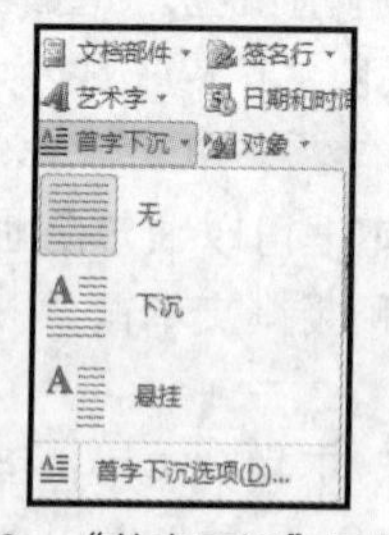

图 2-29　“首字下沉”下拉菜单

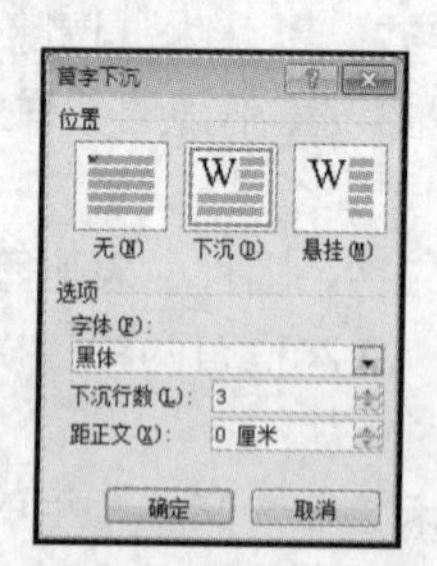

图 2-30　“首字下沉”对话框

可在“位置”栏中设置“下沉”或“悬挂”，在“选项”栏中设置相应的字体、下沉行数及距正文的距离。若要删除已有的下沉或悬挂，操作方法与设置下沉、悬挂方法相同，只要在“首字下沉”对话框的“位置”栏中选择“无”选项即可。

10. 页面背景

（1）水印

水印的作用是给文档加上版权限制，它是页面背景的形式之一。利用水印可以给文档设置“绝密”“严禁复制”“样式”等字样的背景，以提醒读者对文档的正确使用方式。设置水印的具体方法如下。

① 选择“设计”→“页面背景→“水印”命令，在打开的“水印”下拉列表中选择所需的水印即可。若下拉列表中的水印选项不能满足要求，则可选择“水印”下拉列表中的“自定义水印”命令，打开“水印”对话框。

② 在“水印”对话框中，可以选择“图片水印”和“文字水印”两种水印形式。

③ 如果使用“图片水印”，则需要选择用作水印的图片；如果使用“文字水印”，则在“语

言”下拉列表框中选择水印文本的语种，在“文字”下拉列表框中输入或选择水印文本，再分别设置字体、字号、颜色和版式。

④ 单击“确定”按钮完成设置。若要取消水印，可打开“水印”下拉列表，选择“删除水印”命令；或打开“水印”对话框，选中“无水印”单选按钮。

（2）页面颜色

在制作 Word 文档时，为了使文档看起来更加美观，会为其增加背景图或背景颜色。设置页面颜色的方法是选择“设计”→“页面背景”→“页面颜色”命令进行相应设置。我们可以直接选择设置好的主题颜色，也可以选择“其他颜色”命令，在打开的“颜色”对话框中选择背景颜色，如图 2-31 所示。

若需将一幅图片作为页面背景，则需要在打开的下拉菜单中选择“填充效果”命令，在打开的“填充效果”对话框中，选择“图片”选项卡，单击“选择图片”按钮，在“选择图片”对话框中选择自己喜欢的图片来作为背景，选择图片后单击“插入”按钮即可。

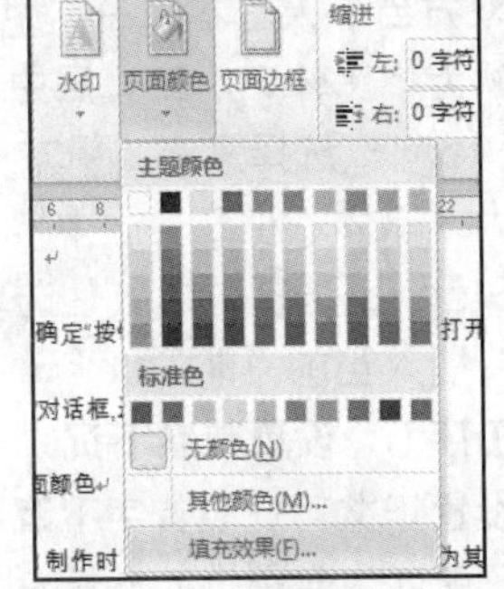

图 2-31　设置页面颜色

任务实施

工序 1：设置合同编号的字体

设置“合同编号”文本为“宋体、小二”，设置“JS20190418”文本为“Calibri、小二”，设置对齐方式为“右对齐”。

Step1：打开“.“..\计算机应用基础教程素材\Word2016\2-2 合同素材.docx”文件，选择“合同编号”文本，选择“开始”选项卡，在“字体”组中设置字体为“宋体、小二”。

Step2：选择“JS20190418”文本，选择“开始”选项卡，在“字体”组中设置字体为“Calibri、小二”。

Step3：再次选择“JS20190418”文本，单击“开始”选项卡中“段落”组中的“对话框启动器”按钮，设置“缩进和间距”→“常规”→“对齐方式”为“右对齐”。

工序 2：设置合同名称格式

空一行设置“锦江麦某龙现购自运有限公司自营商品”为“黑体、一号、加粗；加双下划线、字体位置提升 3 磅；居中，段前段后各一行”。

Step1：选择标题文本“锦江麦某龙现购自运有限公司自营商品”，在“开始”选项卡下“字体”组中的“字体”下拉列表框中选择“黑体”选项，在“字号”下拉列表框中选择“一号”选项；将“字形”设置为“加粗”，将“下划线线型”设置为“双下划线”。字号也可通过浮动工具栏设置，还可以单击“开始”选项卡“字体”组中的“对话框启动器”按钮，打开“字体”对话框进行设置。

Step2：在“字体”对话框中选择“高级”选项卡，在“字符间距”栏的“位置”下拉列表框中选择“提升”选项，设置“磅值”为“3 磅”，单击“确定”按钮即可设置字符的间距。

Step3：单击“开始”选项卡中“段落”组的“对话框启动器”按钮，打开“段落”对话框，在“缩进和间距”选项卡中设置“对齐方式”为“居中”；设置“间距”为“段前 1 行，段后 1 行”。

工序 3：设置竖排文本

设置“供货合同”为竖排文本，设置字体为“华文琥珀、小初”，按照样文效果图与合同名称对齐。

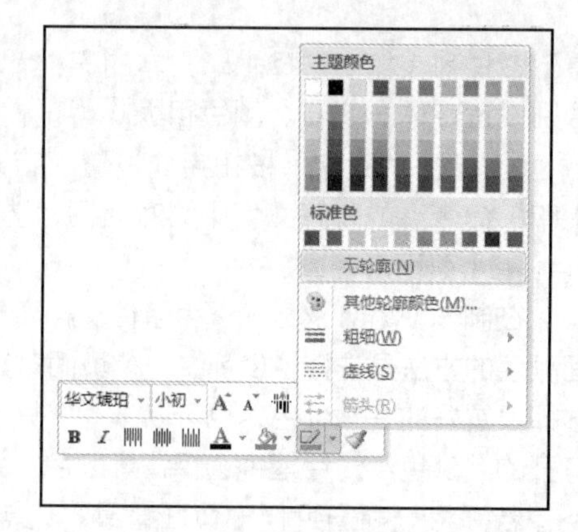

Step1：选择“插入”→“文本”→“文本框”→“绘制竖排文本框”命令，在相应的位置，按住鼠标左键拖曳，绘制竖排文本框；在文本框中输入竖排文本“供货合同”，并设置字体和字号。

Step2：右键单击文本框，在打开的快捷菜单中，设置“形状轮廓”为“无轮廓”，如图 2-32 所示。

工序 4：设置双方当事人基本信息的字体格式，并插入日期

设置双方当事人基本信息“甲方……乙方……”的字体为“黑体、小三、居中”，并插入日期。

Step1：选择文本“甲方……乙方……”，设置字体为“黑体、小三、居中”。

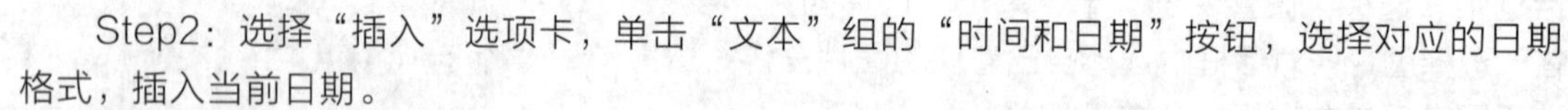

Step2：选择“插入”选项卡，单击“文本”组的“时间和日期”按钮，选择对应的日期格式，插入当前日期。

工序 5：设置首字下沉

设置正文第一段首字下沉 3 行，字体为“方正宋一简体”。

Step1：选择“本协议由以下双方……”文本，选择“插入”→“文本”→“首字下沉”→“首字下沉选项”命令，打开“首字下沉”对话框。

Step2：设置“位置”为“下沉”，“字体”为“方正宋一简体”，“下沉行数”为“3 行”。

工序 6：设置悬挂缩进

设置“甲方提供、乙方提供、业务基本流程”3 个段落为“悬挂缩进 2 字符”，行距为“多倍行距，1.25 磅”。

Step1：选择文档中的内容，单击“开始”选项卡“段落”选项组中的“对话框启动器”按钮，打开“段落”对话框，在“缩进和间距”选项卡中设置“特殊格式”为“悬挂缩进”，“磅值”为“2 字符”，如图 2-33 所示。

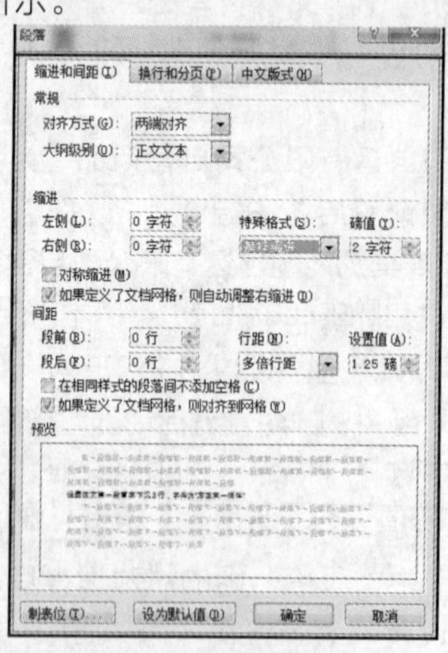

图 2-33　设置段落的特殊格式

Step2：在“间距”栏中，设置“行距”为“多倍行距，1.25 磅”。

工序 7：设置分栏

为落款合同双方设置分两栏排版，并设置分隔线，栏间距为 1 字符。

Step1：选择文档的第 1 段，选择“布局”选项卡，在“页面设置”组中单击“分栏”按钮，在弹出的下拉菜单中选择“更多分栏”选项，打开“分栏”对话框。

Step2：在对话框中设置“预设”栏中的分栏格式为“两栏”，“宽度和间距”栏中“间距”设为“1 字符”，勾选“分隔线”复选框，单击“确定”按钮。

工序 8：设置边框底纹

为首页添加样文效果图所示的页面边框，宽度为 3.0 磅。

Step1：选择“开始”→“段落”→边框→“边框和底纹”命令，打开“边框和底纹”对话框。

Step2：选择“页面边框”选项卡，选择“方框”选项，选择图 2-34 所示的“样式”，“宽度”为“3.0 磅”，“应用于”为“本节-仅首页”，单击“确定”按钮。

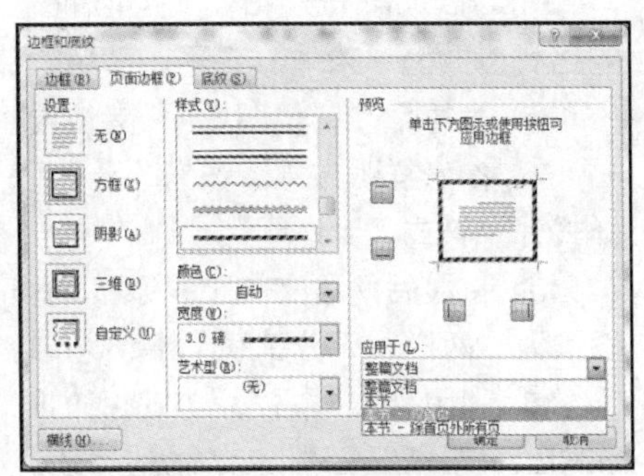

图 2-34　页面边框的设置

自主训练

正规的海报中通常包括活动的性质、主办单位、时间、地点等内容，多用于影视剧和新品宣传中，利用文字、色彩、空间等要素进行信息的整合，以恰当的形式向人们展示宣传信息。本任务灵活运用字符格式设置、段落格式设置、分栏设置、首字下沉等格式化和排版等操作，进行招聘海报的设计，效果如图 2-35 所示。

图 2-35　招聘海报效果图

打开“..\计算机应用基础教程素材\Word2016\2-2 招聘海报素材.docx”文件，并按样文效果图进行如下操作。

① 设置文档的标题“招聘”为“华文琥珀，160 号、红色、居中对齐”，并为标题设置双实线边框和“白色、背景 1、深色 15%”底纹。

② 设置“诚聘精英非你不可”中的“诚”字为“华文新魏，60 号字，加粗，红色，悬挂缩进，2 厘米”。

③ 将“市场营销”“平面设计”“客服专员”“发行助理”4 个标题的格式设置为“宋体、小一、倾斜、深红”，并添加“2.25 磅、深红色、点划线”阴影边框。

④ 将“Marketing”“Graphic Design”“Customer Service”“Circulation Assistant”的格式设置为“宋体、二号、黄色、突出显示深红”。

⑤ 为每个“岗位职责”“岗位要求”文本设置首行缩进 2 字符。

⑥ 参考样张效果，设置“3.0 磅”的斜条纹页面边框，加入文字水印“公司版权所有”，样式为“斜式、半透明”。

⑦ 将最后两段文本“联系我们……”和“电话”的格式设置为“华文琥珀、五号”，分栏设置为“两栏、无分割线”。

⑧ 利用文本框插入“加入我们吧”文本，在页眉添加“YOU ARE NOT ALLOWED TO HIRE THE BEST”文本，利用超链接设置邮箱（提示：“插入”→“文本”→“文本框”→“绘制竖排文本框”）。

任务 3　文档的图文混排

任务描述

企业宣传册和网络软文是企业和一些媒体进行宣传的途径，主要以文字和图片为载体，在形象宣传、产品市场推广与销售、品牌建设等方面起到了不同程度的作用。本任务以了解企业品牌推广为背景，通过制作企业宣讲邀请函，在 Word 文档中插入各种图形化素材，读者能够完成各种图片、艺术字、剪贴画、SmartArt等元素的设置。最终文档效果见“2-3企业宣传.docx”文件，效果如图 2-36 所示。

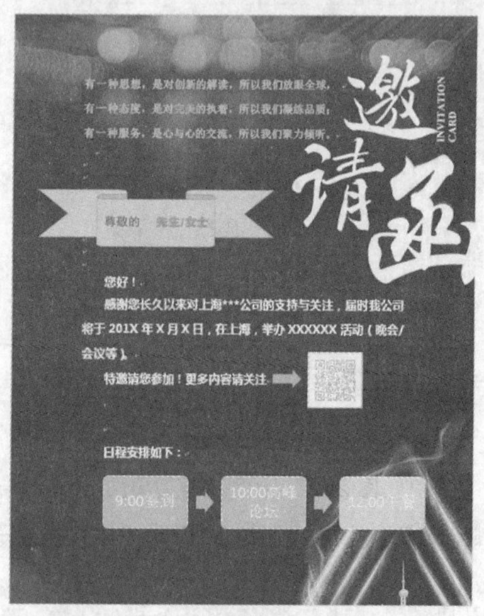

图 2-36　“企业宣讲邀请函”效果图

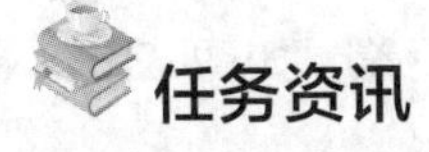

任务资讯

1. 插入图片

在文档中插入图片，可以使文档更加美观、生动。在 Word 2016 中，不仅可以插入系统提供的图片，还可以从其他程序或位置导入图片，也可以从扫描仪或数码相机中直接获取图片。Word 2016 中可以使用的插图，其来源可以是文件、剪贴画或屏幕截图等。

（1）插入来自文件的图片

Word 2016 可以从文件中选择图片插入，不过插入文件中的图片必须在插入之前由用户将此图片保存到本地磁盘中的某文件夹中，之后再从文件夹中选择该图片。使用“插入”选项卡的“插图”组中的“图片”按钮，是 Word 排版中最常用的插入图片的方法之一。

具体操作步骤：先将光标定位于要插入图片的位置；单击“图片”按钮，在弹出的“插入图片”对话框中选择图片所在的位置，选择所要插入的图片（可使用“大图标”的显示方式来查看），最后单击“插入”按钮，如图 2-37 所示。

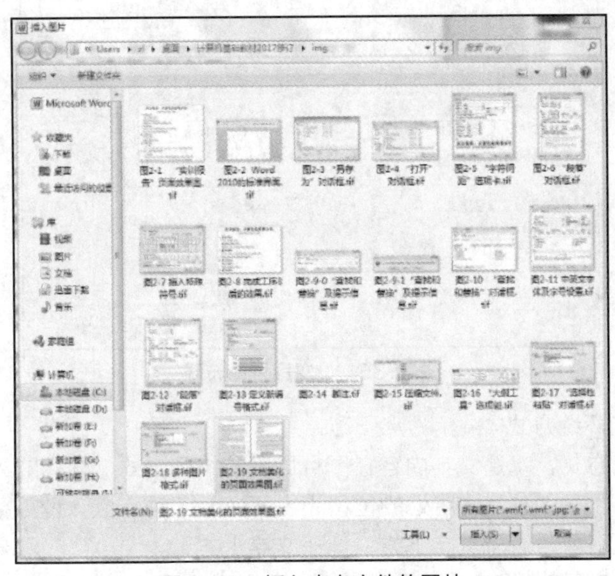

图 2-37　插入来自文件的图片

说明

“图片工具-格式”选项卡上各组工具的功能说明如下。

① “调整”组：用于调整图片，包括更改图片的亮度、对比度、色彩模式，以及压缩图片、更改图片或重设图片。

② “图片样式”组：主要用于更改图片的外观样式。

③ “排列”组：用于设置图片的位置、层次、对齐方式，以及组合和旋转图片。

④ “大小”组：主要用于指定图片大小或裁剪图片。

（2）插入联机图片

Word 2016 可以从联机图片中选择图片插入，插入的图片可以是搜索得到的图片，也可以是浏览个人 OneDrive 账户里的图片。

（3）设置图片格式

单击图片，选择“图片工具-格式”选项卡，可以对图片进行格式的设置，如图 2-38 所示。

图 2-38　图片格式的设置

若选择“排列”→“位置”→“其他布局选项”命令，可以在打开的“布局”对话框中进行水平、垂直等的设置，如图 2-39 所示。

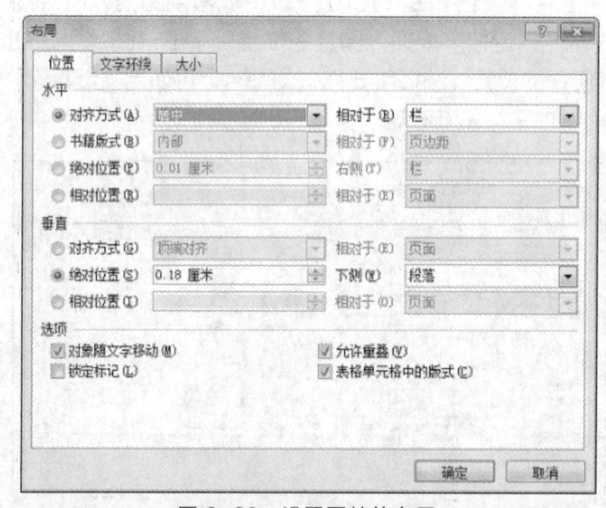

图 2-39　设置图片的布局

（4）设置图片的环绕方式

所谓图片的环绕方式，就是文字内容在图片周围的排列方式。图片的环绕方式决定了文字内容排列在图片的上、下、左、右所处的位置，主要分为 7 种：嵌入型（默认方式）、四周型、紧密型、穿越型、上下型、衬于文字下方、浮于文字上方。

“嵌入型”图片将直接放置在文本的光标处，与文字处于同一个层次。排版时，这类图片被当作一个很大的特殊字符对待，随着文字的移动而移动，因此，可以像对待文字那样对“嵌入型”图片进行各种排版操作。

“浮动型”图片（非嵌入型）则将图片插入图形层，浮动在文字之外，不随文字的移动而移动，可用于实现图文混排效果。

2. 艺术字

Word 2016 提供了艺术字功能，选择“插入”→“文本”→“艺术字”命令，出现图 2-40 所示的艺术字下拉列表，可以选择不同的艺术字样式，还可以在 Word 2016 中对其进行编辑，如图 2-41 所示。艺术字是一种特殊的图形。把文档中需要特别突出的文本以艺术字的形式表示出来，可以使文章更生动、醒目。

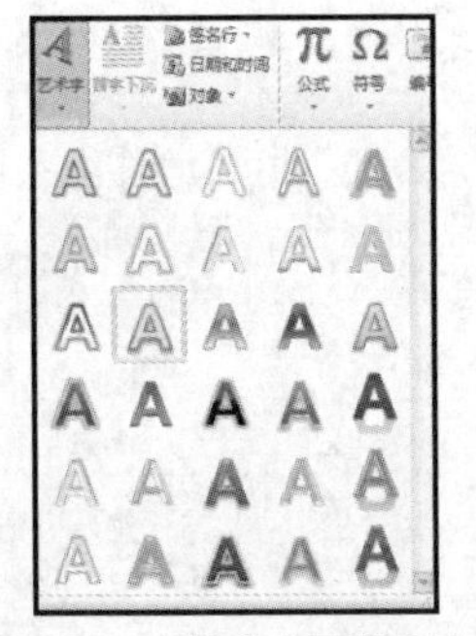

图 2-40　艺术字下拉列表

图 2-41　编辑艺术字

在 Word 2016 中，选择艺术字，系统会自动切换到“绘图工具-格式”选项卡。可以对艺术字设置文本效果、填充效果等属性，如图 2-42、图 2-43 所示，还可以对艺术字进行大小调整、旋转、添加阴影或三维效果等操作，设计效果如图 2-44 所示。

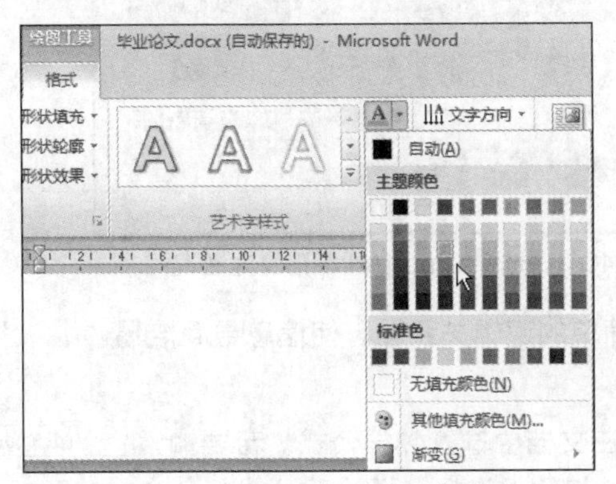

图 2-42　设置“文本填充”颜色

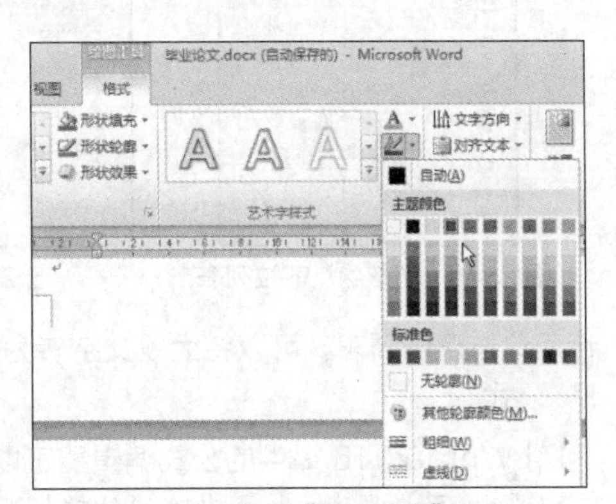

图 2-43　设置“文本轮廓”颜色

图 2-44　艺术字效果

注意

在插入艺术字时，如果剪切文字并粘贴至艺术字文本框，不能将文字后的段落结束符一起剪切。

3. 形状

在 Word 2016 中插入自选图形，例如正方形、圆、箭头、流程图等，能够很好地辅助我们对文档进行必要的展示和说明。

打开 Word 文档，将光标定位在需要插入自选图形的位置。单击“插入”选项卡“插图”组中的“形状”按钮，展开“形状”下拉列表，如图 2-45 所示。

在“形状”下拉列表中，可以选择自己需要的形状。拖曳鼠标绘制需要的图形。如果需要插入圆形、正方形或者等边三角形，我们在绘制时需要按住“Shift”键。

4. SmartArt

SmartArt 使用户可在 Word 2016 中创建各种图形图表。SmartArt 图形是信息和观点的视觉表示形式。单击“插入”选项卡“插图”组中的“SmartArt”按钮，即可插入多种类型的逻辑图表，如图 2-46 所示。

图 2-45　“形状”下拉列表

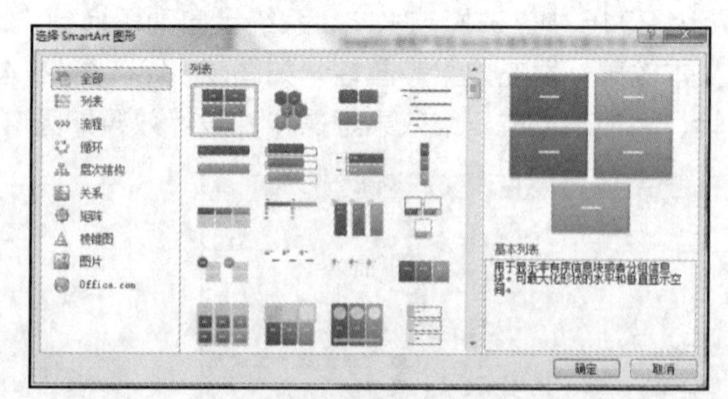

图 2-46　“选择 SmartArt 图形”对话框

运用这些逻辑图表，可以将大段文字转为简单的逻辑关系图，使信息更简洁易懂。

5. 公式

利用 Word 2016 提供的公式编辑器可以在文档中输入数学公式。若要输入$x=\sqrt{(a+b)^2}$，单击“插入”选项卡“符号”组中的“公式”下拉按钮，选择“插入新公式”命令，如图 2-47 所示。文档中就插入了“公式”编辑器窗口，并切换为“公式工具-设计”选项卡，如图 2-48 所示。

图 2-47　选择“插入新公式”命令

图 2-48　切换为“公式工具-设计”选项卡

在编辑状态中输入“X=”，在“公式工具-设计”选项卡中单击“根式”下拉按钮，选择“平方根”模板，如图 2-49 所示。

光标插入“平方根”插槽中后，单击“括号”下拉按钮并选择“圆括号”模板，在模板的插槽中输入“a+b”；用键盘上的方向键移动光标，退出“圆括号”插槽；单击“上下标”下拉按钮并选择“上标”模板，输入“2”；完成公式的输入。

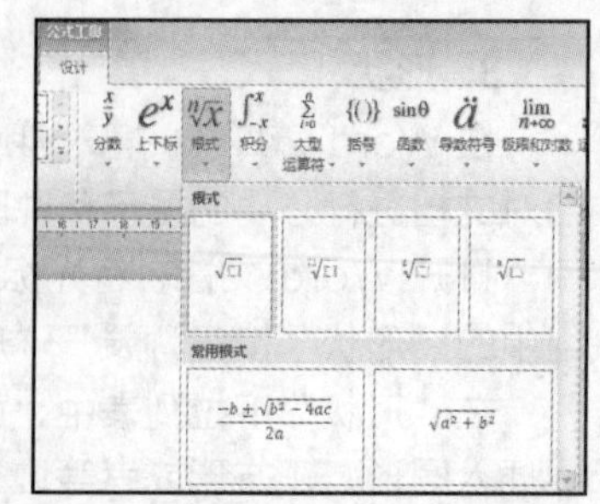

图 2-49　选择“平方根”模板

6. 插入图表

以图形方式来显示数据，可以使数据的表示更加直观，分析更为方便。图形是以数据表格为基础产生的，所以将其称为图表。

Word 2016 中插入图表主要有两种方法。

① 选择“插入”→“文本”→“对象”命令，打开“对象”对话框，在“对象类型”列表框内，选择“Microsoft Graph 图表”选项，单击“确定”按钮。在数据表内输入所需的信

息取代示例数据。单击插入图表的文档窗口，可返回文档。

② 打开 Word 2016 文档窗口，选择“插入”选项卡。在“插图”组中单击“图表”按钮，打开“插入图表”对话框。在对话框的左侧的图表类型列表中选择需要创建的图表类型，在右侧图表子类型列表中选择合适的图表，完成后单击“确定”按钮会同时弹出图表和可以输入数据的“Microsoft Word 中的图表”窗口。我们可以在“Microsoft Word 中的图表”窗口中编辑图表数据。在编辑“Microsoft Word 中的图表”窗口数据的同时，Word 窗口中将同步显示图表结果，如图 2-50 所示。

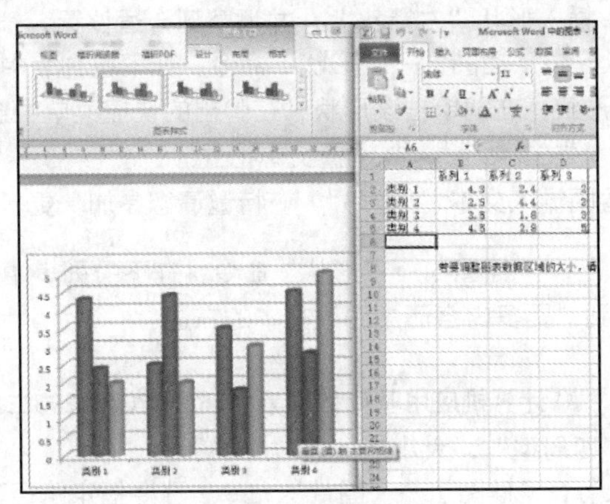

图 2-50 插入图表

7. 对象间的叠放次序

在页面上绘制或插入各类对象，每个对象其实都存在于不同的“层”上，只不过这种“层”是透明的，我们看到的就是这些“层”以一定的顺序叠放在一起的最终效果。若需要某一个对象存在于所有对象之上，就必须选择该对象并右键单击，在弹出的快捷菜单中选择“置于顶层”命令。

任务实施

在 Word 2016 中新建“企业宣讲邀请函.docx”，并按样张要求完成企业宣讲邀请函的制作。

工序 1：插入页面背景

设置页面背景为“..\计算机应用基础教程素材\Word2016\2-3invite.jpg”图片”。

Step1：选择“设计”→“页面背景”→“页面颜色”→“填充效果”命令，打开“填充效果”对话框。

Step2：选择“图片”选项卡，单击“选择图片”按钮，选择指定路径下的“2-3invite.jpg” 图片后，单击“确定”按钮，完成背景设置。

工序 2：插入艺术字

插入艺术字“有一种思想，是对创新的解读，所以我们放眼全球；有一种态度，是对完美的执着，所以我们凝练品质；有一种服务，是心与心的交流，所以我们聚力倾听。”，艺术字样式为“渐变填充-金色，强调文字颜色 4，映像”，字体为“小四”，设置艺术字边框格式为“无填充颜色，无轮廓”，并设其“置于顶层”。

Step1：选择“插入”→“文本”→“艺术字”命令，在打开的艺术字样式列表中选择“渐变填充-金色，强调文字颜色 4，映像”，设置艺术字字号为“小四”。

Step2：输入文本“有一种思想，是对创新的解读，所以我们放眼全球；有一种态度，是对完美的执着，所以我们凝练品质；有一种服务，是心与心的交流，所以我们聚力倾听。”。

Step3：右键单击艺术字，在打开的快捷菜单中设置为“无填充颜色，无轮廓”。

Step4：右键单击艺术字，在打开的快捷菜单中，选择“置于顶层”命令。

工序 3：插入形状

插入形状“前凸带形”，调整合适的大小，并为其添加文字“尊敬的　　先生/女士”，文本格式为“华文琥珀、小三、浅蓝色”。输入文字“您好！……更多内容请关注”，设置其格式为“微软雅黑，小三”。插入形状“右箭头”，并调整到合适位置。

Step1：选择“插入”→“插图”→“形状”命令，在下拉列表中选择“星与旗帜”中的“前凸带形”选项，插入形状，右键单击该形状，在弹出的快捷菜单中选择“添加文字”命令，为其添加文字“尊敬的　　先生/女士”，并设置文本格式。

Step2：按样文效果图输入文本“您好！……特邀请您参加！更多内容请关注”，并设置文本格式。

Step3：选择“插入”→“插图”→“形状”命令，在下拉列表中选择“箭头总汇”中的“右箭头”选项，并调整到“更多内容请关注”文本的右边。

工序 4：插入图片

将给定的素材图片“..\计算机应用基础教程素材\Word2016\2-3二维码.jpg”插入文档，并设置“文字环绕”为“四周型”，大小为“缩放 50%”。

Step1：选择“插入”→“插图”→“图片”命令，选择指定路径下的“2-3 二维码.jpg”图片，单击“插入”按钮。

Step2：右键单击图片，在弹出的快捷菜单中选择“大小和位置”命令，在“布局”对话框中选择“文字环绕”选项卡，如图 2-51 所示，设置“文字环绕”为“四周型”；选择“大小”选项卡，勾选“锁定纵横比”复选框，将缩放“高度”和“宽度”均设置为 50%，如图 2-52 所示，单击“确定”按钮。

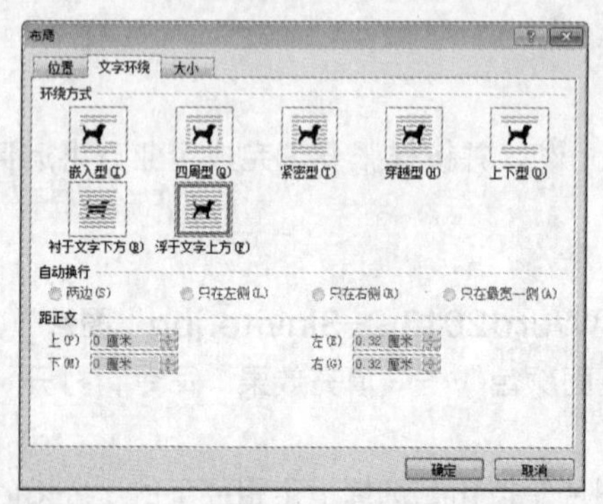

图 2-51　选择“文字环绕”选项卡

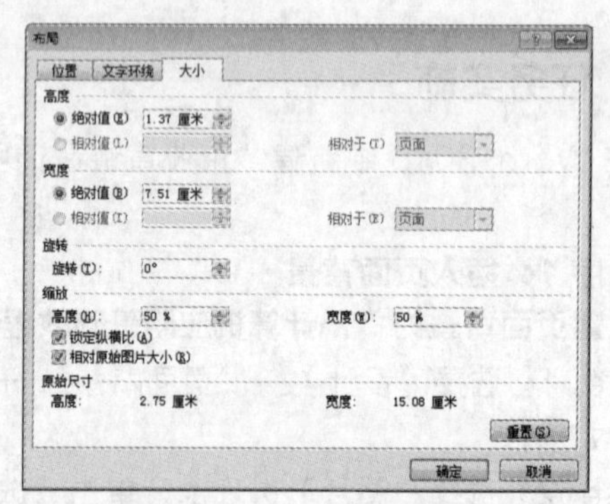

图 2-52　“大小”选项卡

工序 5：插入 SmartArt 图表

插入 SmartArt“基本流程”，按样文效果图输入文字，更改 SmartArt 颜色为“彩色，强调文字颜色”。

Step1：选择“插入”→“插图”→“SmartArt”命令，在打开的“选择 SmartArt 图形”对话框中选择“流程”→“基本流程”选项，并单击“确定”按钮，按照样文效果图输入文本。

Step2：在“SmartArt 工具-设计”选项卡中，选择“SmartArt 样式”→“更改颜色”命令，更改 SmartArt 颜色为“彩色，个性色”，如图 2-53 所示。

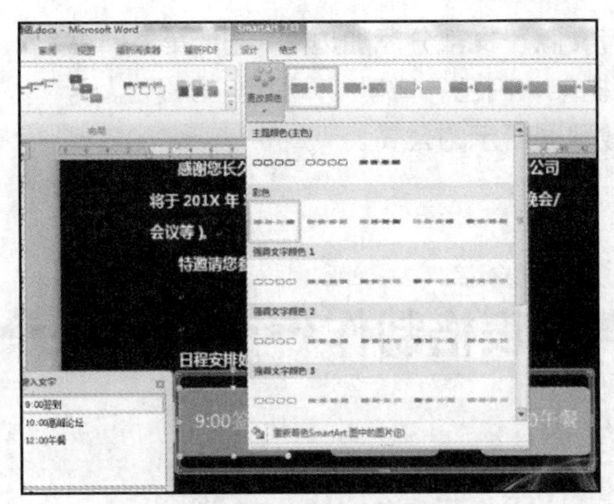

图 2-53　修改 SmartArt 颜色

自主训练

钱彬明年 6 月就要毕业了，他正着手撰写毕业论文，毕业论文由以下几个部分组成：封面、摘要、目录、正文、结束语、参考文献及致谢。为了使论文页面更加丰富、美观，可读性更强，需要对论文进行格式化。Word 文档的美化包括为文字和段落添加边框和底纹、插入图片、设置艺术字等内容。钱彬根据毕业论文的特点，增加了各类美化操作。页面效果如图 2-54 所示。

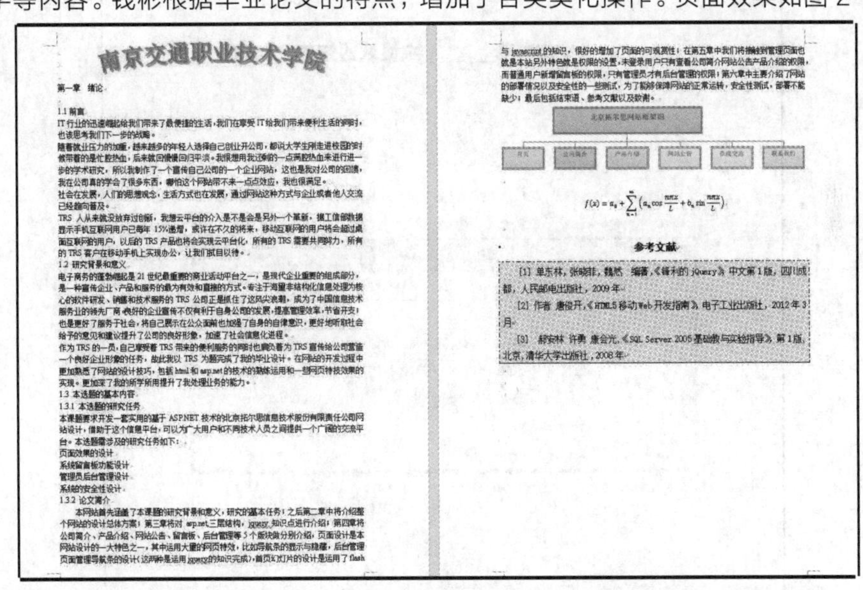

南京交通职业技术学院

第一章　绪论

1.1 前言

IT 行业的迅速崛起给我们带来了最便捷的生活，我们在享受 IT 给我们带来便利生活的同时，也该思考我们下一步的战略。

随着就业压力的加重，越来越多的年轻人选择自己创业开公司，都说大学生刚走进校园的时候带着的是忙腔热血，后来就回慢慢回归平淡。我很想用我还剩的一点满腔热血来进行进一步的学术研究，所以我制作了一个宣传自己公司的一个企业网站，这也是我对公司的回馈，我在公司真的学会了很多东西，哪怕这个网站带不来一点点效应，我也很满足。

社会在发展，人们的思想观念，生活方式也在发展，通过网站这种方式与企业或者他人交流已经趋向普及。

TRS 人从来就没放弃过创新，我想云平台的介入是不是会是另外一个革新，据工信部数据显示手机互联网用户已每年 15%递增，或许在不久的将来，移动互联网的用户将会超过桌面互联网的用户，以后的 TRS 产品也将会实现云平台化，所有的 TRS 需要共同努力，所有的 TRS 客户在移动手机上实现办公，让我们拭目以待。

1.2 研究背景和意义

电子商务的蓬勃崛起是 21 世纪最重要的商业活动平台之一，是现代企业重要的组成部分，是一种宣传企业、产品和服务的最为有效和直接的方式。专注于海量非结构化信息处理为核心的软件研发、销售和技术服务的 TRS 公司正是抓住了这风尖浪潮，成为了中国信息技术服务业的领先厂商。良好的企业宣传不仅有利于自身公司的发展，提高管理效率，节省开支；也是更好了服务于社会，将自己展示在公众面前也加强了自身的自律意识，更好地听取社会给予的意见和建议提升了公司的良好形象，加速了社会信息化进程。

作为 TRS 的一员，自己享受着 TRS 带来的便利服务的同时也肩负着为 TRS 宣传给公司营造一个良好企业形象的任务，故此我以 TRS 为题完成了我的毕业设计。在网站的开发过程中更加熟悉了网站的设计技巧，包括 html 和 asp.net 的技术的熟练运用和一些网页特技效果的实现。更加深了我的所学所用提升了我处理业务的能力。

1.3 本选题的基本内容

1.3.1 本选题的研究任务

本课题要求开发一套实用的基于 ASP.NET 技术的北京拓尔思信息技术股份有限责任公司网站设计，借助于这个信息平台，可以为广大用户和不同技术人员之间提供一个广阔的交流平台。本选题需涉及的研究任务如下：

页面效果的设计

系统留言板功能设计

管理员后台管理设计

系统的安全性设计

1.3.2 论文简介

本网站首先涵盖了本课题的研究背景和意义，研究的基本任务；之后第二章中将介绍整个网站的设计总体方案；第三章将对 asp.net 三层结构，jquery 知识点进行介绍；第四章将公司简介、产品介绍、网站公告、留言板、后台管理等 5 个版块做分别介绍，页面设计是本网站设计的一大特色之一，其中运用大量的网页特效，比如导航条的显示与隐藏，后台管理页面管理导航条的设计（这两种是运用 jquery 的知识完成），首页幻灯片的设计是运用了 flash 与 javascript 的知识，很好的增加了页面的可观赏性；在第五章中我们将接触到管理页面也就是本站另外特色就是权限的设置，未登录用户只有查看公司简介网站公告产品介绍的权限，而普通用户新增留言板的权限，只有管理员才有后台管理的权限；第六章中主要介绍了网站的部署情况以及安全性的一些测试，为了能够保障网站的正常运转，安全性测试，部署不能缺少；最后包括结束语、参考文献以及致谢。

$$f(x)=a_0+\sum_{n=1}^{\infty}\left(a_n\cos\frac{n\pi x}{L}+b_n\sin\frac{n\pi x}{L}\right)$$

参考文献

[1] 单东林，张晓菲，魏然　编著，《锋利的 jQuery》中文第 1 版，四川成都，人民邮电出版社，2009 年

[2] 作者 唐俊开，《HTML5 移动 Web 开发指南》，电子工业出版社，2012 年 3 月

[3] 郝安林 许勇 康会光，《SQL Server 2005 基础教与实验指导》，第 1 版，北京，清华大学出版社，2008 年

图 2-54　文档页面美化效果图

打开文件“..\计算机应用基础教程素材\Word2016\2-3毕业论文素材.docx”，并按样文效果图进行如下操作。

① 在论文正文第一章的最后一段后面插入图片“..\计算机应用基础教程素材\Word2016\网站框架图.png”。设置该图片大小为50%，文字环绕方式为“浮于文字上方”，对齐方式为“水平居中对齐”。

② 将论文封面的“南京交通职业技术学院”设置为艺术字。艺术字样式为第三行第二列的样式，设置轮廓线颜色为“深蓝，文字 2，淡色 40%”，“文本填充”颜色设置为“红色，个性色 2”，文本效果为“转换-上弯弧”。

③ 为毕业论文的参考文献正文部分添加边框。选择第 5 种线型，边框线设置为“黑色 0.5 磅”。底纹为“图案浅色棚架，白色，背景 1，深色 25%”。

④ 为论文插入样文效果图所示的公式。

任务 4　文档的表格制作

任务描述

企业通常会在公司网站（包括各子公司网站）和校园网站上刊登招聘信息。应聘者通过网络投递简历后，企业人力资源（Human Resource，HR）会通过邮件通知应聘者面试时间、公司位置、乘车路线等信息。本任务以了解公司招聘流程为背景，通过 Word 2016 中表格的使用，制作企业面试通知单。在 Word 2016 中进行表格的插入和设置，并通过邮件合并操作，在表格中的固定位置引用 Excel 工作表中的不同行的数据，并且分别打印来进行发放。其页面效果如图 2-55 所示。

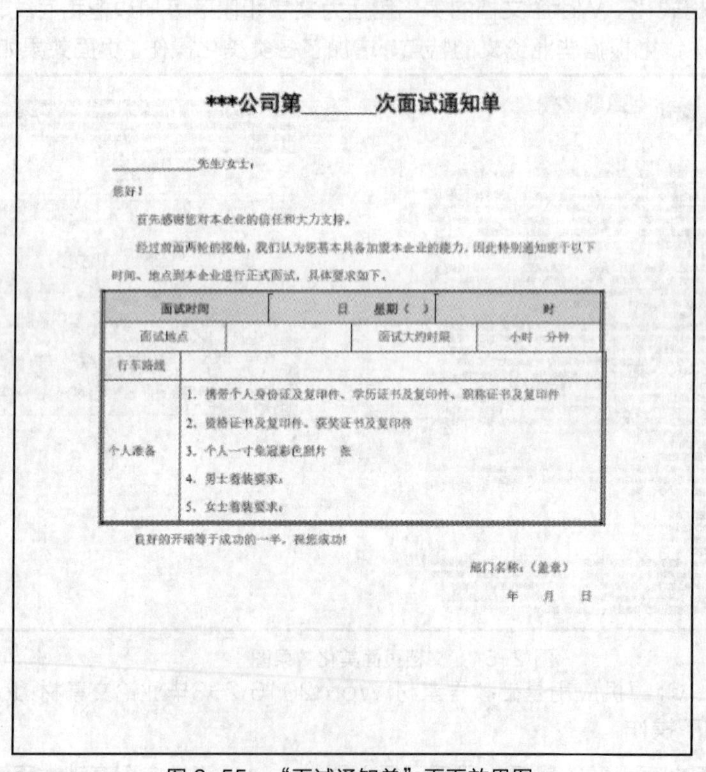

***公司第________次面试通知单

________先生/女士：

您好！

首先感谢您对本企业的信任和大力支持。

经过前面两轮的接触，我们认为您基本具备加盟本企业的能力，因此特别通知您于以下时间、地点到本企业进行正式面试，具体要求如下。

面试时间	日　星期（ ）	时	
面试地点		面试大约时限	小时　分钟
行车路线			
个人准备	1．携带个人身份证及复印件、学历证书及复印件、职称证书及复印件 2．资格证书及复印件、获奖证书及复印件 3．个人一寸免冠彩色照片　张 4．男士着装要求： 5．女士着装要求：		

良好的开端等于成功的一半，祝您成功！

部门名称：（盖章）

年　月　日

图 2-55　“面试通知单”页面效果图

HR 在制作正式面试通知单时，通常会采用规范的模板。根据面试通知的流程，以 Excel 工作表作为数据源，使用“邮件合并”功能批量生成多人的面试通知单，通知各位应聘者参加面试。“邮件合并”功能页面效果如图 2-56 所示。

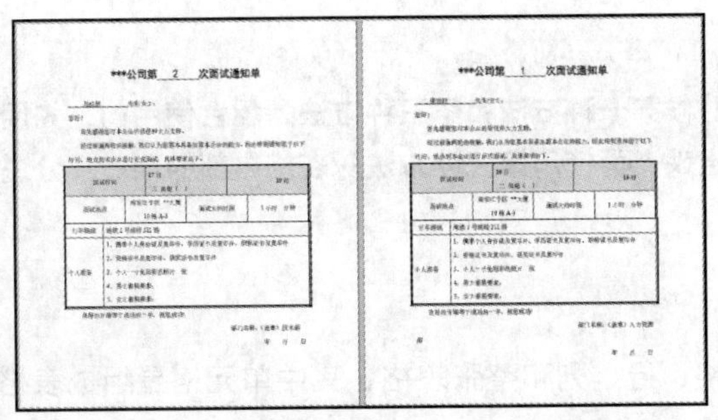

图 2-56 “邮件合并”功能页面效果

任务资讯

1. 创建表格

创建表格的主要方法有 3 种。

① 在“插入”选项卡“表格”组中单击“表格”下拉按钮，拖曳鼠标进行表格行数与列数的设置，完成表格的建立，如图 2-57 所示。用这种方法创建表格会受到行列数目的限制，不适合创建行列数目较多的表格。

② 在“插入”选项卡“表格”组中单击“表格”下拉按钮，选择“插入表格”命令，出现“插入表格”对话框，如图 2-58 所示，可设定表格的尺寸和列宽。插入表格效果如图 2-59 所示。

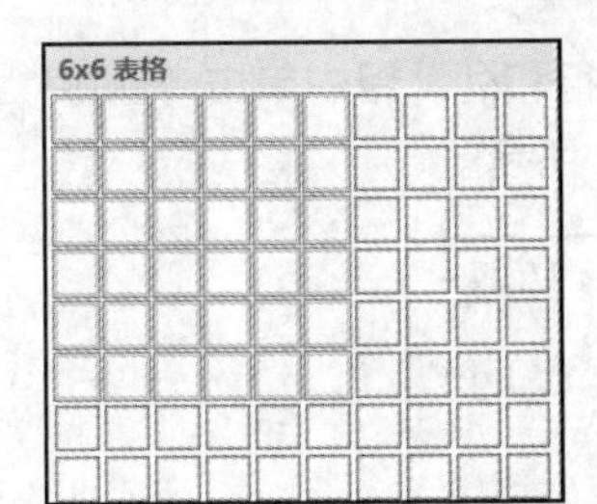

图 2-57 拖曳鼠标插入表格

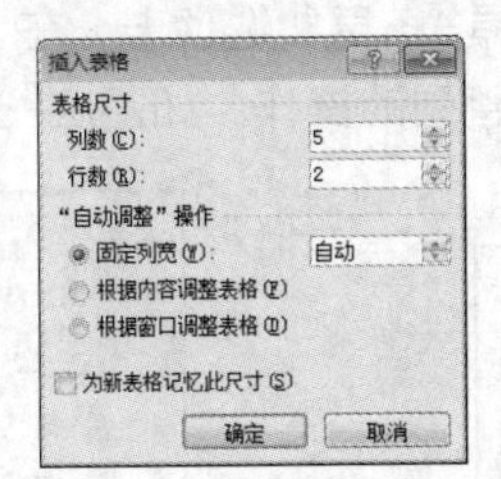

图 2-58 “插入表格”对话框

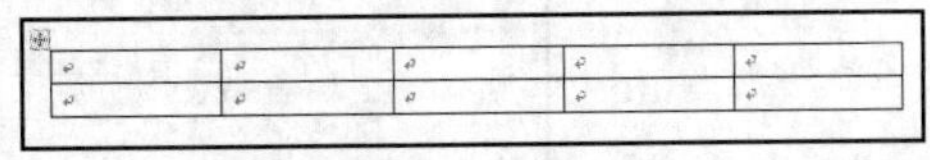

图 2-59 插入表格效果

③ 前两种方法制作的都是规则表格，即行与行、列与列之间距离相等。有时候，我们需要制作一些不规则的表格，这时可以单击“插入”选项卡“表格”组中的“表格”下拉按钮，选择“绘制表格” 命令来完成此项工作，如图 2-60 所示，这个命令可以用来制作简历表等。

图 2-60 绘制表格

小技巧

大多数的时候第一种方法和第三种方法是配合使用的，先用第一种方法将表格的大致框架绘制出来，再使用第三种方法对表格内部的细节部分进行修改。

2. 编辑表格

（1）选择表格对象

表格对象包括单元格、行、列和整张表格，其中单元格是组成表格的最基本单位，也是最小的单位。

① 选择单元格。将鼠标指针移至单元格的左下角，当鼠标指针形状变为指向右上方的黑色箭头时单击，则整个单元格被选择，如果拖曳鼠标指针可以选择多个连续单元格。

② 选择行。将鼠标指针移至表格左边线左侧，鼠标指针形状变为指向右上方的空心箭头时单击，则该行被选择，如果拖曳鼠标指针可以选择多行。

③ 选择列。将鼠标指针移至表格上边线时，鼠标指针形状变为黑色垂直向下的箭头时单击，该列被选择，如果拖曳鼠标指针可以选择多列。

④ 选择整个表格。将光标定在表格中的任意一个单元格内，表格的左上方会出现“⊞”标记，当鼠标指针移近此标记，鼠标指针形状变为“✥”时，单击该标记，则整个表格被选择。

（2）插入或删除行、列和单元格

① 插入与删除行、列或表格。光标定位在任意一个单元格中，选择“表格工具-布局”选项卡，在“行和列”组中单击合适按钮完成插入操作，如图 2-61 所示。

先选择需删除的单元格，选择“表格工具-布局”选项卡，在“行和列”组中单击“删除”下拉按钮，选择合适的按钮完成删除整行或整列的操作，如图 2-62 所示。

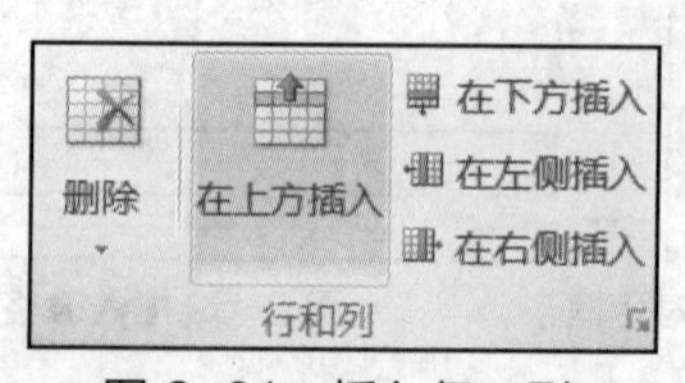

图 2-61　插入行、列

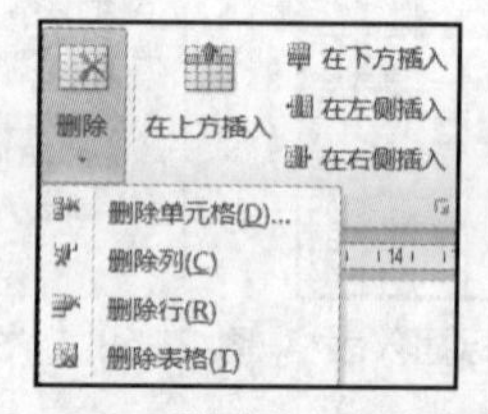

图 2-62　删除行、列或表格

② 插入单元格。选择“表格工具-布局”选项卡，单击“行和列”组右下角的“对话框启动器”按钮，打开“插入单元格”对话框，选择相应的选项，单击“确定”按钮。

③ 合并单元格。选择要合并的相邻单元格（至少两个单元格），在选择的单元格区域上右键单击，然后在弹出的快捷菜单中选择“合并单元格”命令，如图 2-63 所示。单元格合并后，各单元格中数据将全部移至新单元格中并按照分段纵向排列。

④ 拆分单元格。可以将一个单元格拆分成多个单元格，也可以将几个单元格合并后再拆分成多个单元格。选择需要拆分的单元格（只能是一个），在选择的单元格区域上右键单击，然后在弹出的快捷菜单中选择“拆分单元格”命令，在“拆分单元格”对话框中设置拆分后的行、列数，最后单击“确定”按钮，如图 2-64 所示。

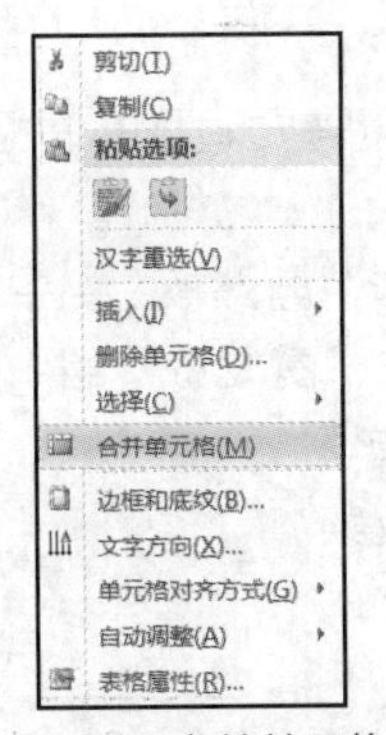

图 2-63　合并单元格

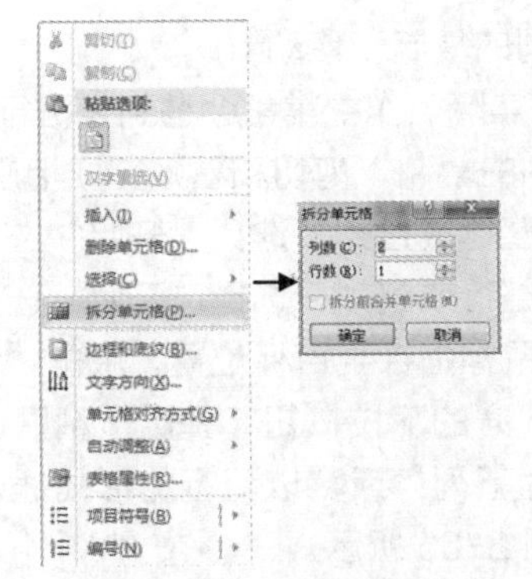

图 2-64　拆分单元格

⑤ 拆分表格。选择表格中的拆分点，选择“表格工具-布局”选项卡，在“合并”组中单击“拆分表格”按钮，表格即从光标所在行起拆分成两个表格。

（3）调整表格的行高和列宽

调整表格的行高、列宽有 3 种途径：按住鼠标左键拖曳、使用“表格属性”对话框和使用“自动调整”功能。这里介绍最常用的第 1 种，通过按住鼠标左键拖曳来调整行高和列宽。

当对行高和列宽的精度要求不高时，可以通过拖曳行或列边线来改变行高或列宽。

鼠标指针移至行边线处时，鼠标指针会变为两条短平等线，并有两个箭头分别指向两侧的形状，按住鼠标左键，屏幕会出现一条横向的长虚线指示当前行高，按住鼠标左键上下拖曳横向的长虚线，即可调整行高。

列宽的调整与行高的调整方法一样，只是鼠标指针会变为“+||+”形状，按住鼠标左键左右拖曳纵向的长虚线即可调整列宽。

（4）在单元格中输入文本

单元格是表格中的水平的“行”和垂直的“列”交叉处的方块。单击需要输入文本的单元格，即可定位光标；也可以使用键盘来快速移动光标。

① “Tab”键：移动到当前单元格的后一个单元格（如果在表格右下角，即最后一个单元格中按“Tab”键，会在表格末尾处新增一行）。

② 上、下、左、右键：在表格中移动光标至需要输入文本的单元格内。

定位光标后，即可输入内容，文本内容既可用键盘输入，也可通过复制操作输入。

（5）单元格对齐方式

选中表格，选择“表格工具-布局”选项卡，在“对齐方式”组中有单元格的多种对齐方式。

表 2-2 中给出了单元格的对齐方式及说明。

表 2-2　单元格的对齐方式及说明

按　钮	说　明	按　钮	说　明
	靠上两端对齐		中部居中
	靠上居中		中部右对齐
	靠上右对齐		靠下两端对齐
	中部两端对齐		靠下居中
	靠下右对齐	—	—

（6）表格行或列的复制和移动

创建表格后，在实际工作中常常会遇到表格行或列的位置需要调整的情况。在 Word 2016 中，可以通过行或列的复制、剪切和粘贴完成相应的操作。

① 复制：选择整行或整列，选择“开始”选项卡，单击“剪贴板”组中的“复制”按钮。

② 剪切：选择整行或整列，选择“开始”选项卡，单击“剪贴板”组中的“剪切”按钮。

③ 粘贴：移动鼠标指针至目标位置，单击“剪贴板”选项组中“粘贴”按钮下方的下拉按钮，弹出“粘贴选项”下拉菜单。可选择“插入为新列”或“以新行的形式插入”方式完成行或列的插入，如图 2-65 所示。

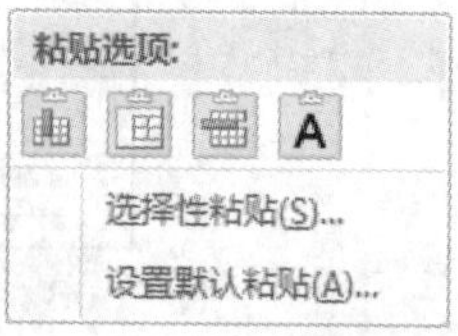

粘贴选项:

选择性粘贴(S)...

设置默认粘贴(A)...

图 2-65 粘贴选项

3. 表格样式

在编辑表格后，通常还需要进行一定的修饰操作，使其更加美观。默认情况下，Word 2016 会自动为表格设置 0.5 磅的单线边框。此外，还可以使用“边框和底纹”对话框，重新设置表格的边框和底纹来美化表格。

Word 2016 提供了大量的表格样式，不同风格的表格样式为美化表格带来了方便。具体操作如下。

① 选择表格，选择“表格工具-设计”选项卡，在“表格样式”组中选择所需的表格样式，即在当前表格得到应用，如图 2-66 所示。

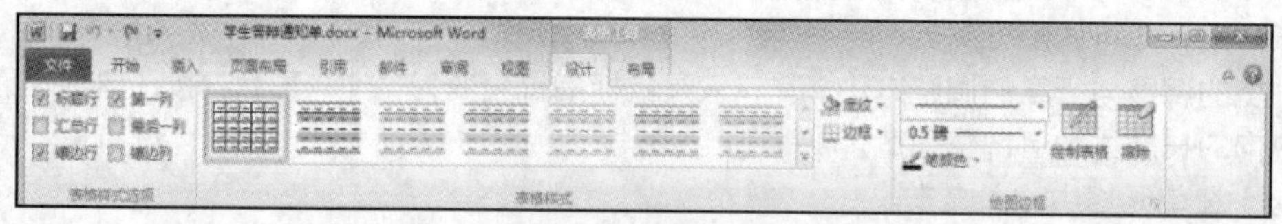

图 2-66 表格样式

② 表格样式应用后，还可以在“表格样式选项”组中根据具体需要加以修改，优化表格外观设置。

4. 表格和文本的转换

Word 2016 中，表格和文本的转换与 Word 之前版本有所不同，转换功能分别设置在不同的选项卡中。具体操作如下。

（1）表格转文本

选择表格，选择“表格工具-布局”选项卡，在“数据”组中单击“转换为文本”按钮，打开“表格转换成文本”对话框，如图 2-67 所示。选择合适的文字分隔符，单击“确定”按钮，完成转换。

（2）文本转表格

选择文本，选择“插入”选项卡，单击“表格”下拉按钮，在弹出的下拉列表中选择“文本转换成表格”命令，打开“将文字转换成表格”对话框，如图 2-68 所示。设置合适的行数、列数、列宽等选项，单击“确定”按钮，完成转换。

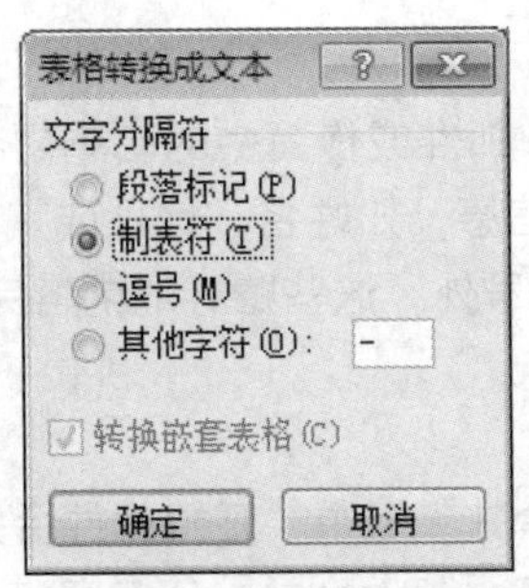

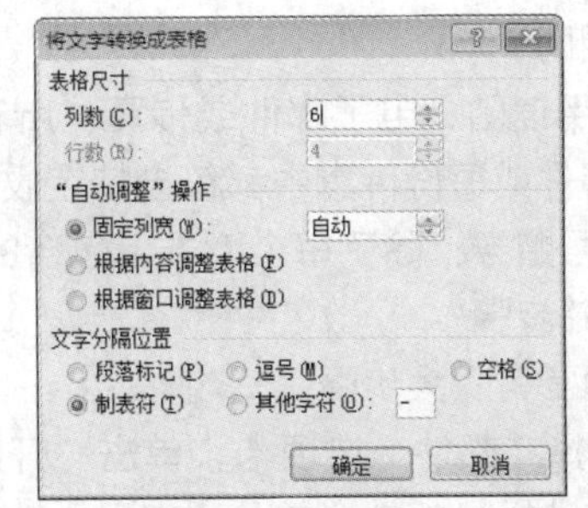

图 2-67 “表格转换成文本”对话框　图 2-68 “将文字转换成表格”对话框

5. 表格数据的计算与排序

（1）数据计算

Word 2016 提供了对表格数据进行求和、求平均值等常用的统计计算功能。利用这些计算功能可以对表格中的数据进行计算。

① 将光标移到存放平均成绩的单元格中。

② 选择“表格工具-布局”→“数据”→“公式”命令，打开“公式”对话框。

③ 在“公式”对话框中输入“=SUM(left)”，表明要计算左边各列数据的总和，而如果要求计算其平均值，应将其修改为“= AVERAGE(left)”，公式名也可以在“粘贴函数”下拉列表框中选择，如图 2-69 所示。

④ 在“编号格式”下拉列表框中选择数值格式，如“0.00”，表示精确到小数点后两位。

（2）数据排序

① 将光标置于要排序的表格中。

② 选择“表格工具-布局”→“数据”→“排序”命令，可以打开“排序”对话框。

③ 在对话框的右边可以选中“升序”或“降序”单选按钮，如图 2-70 所示。

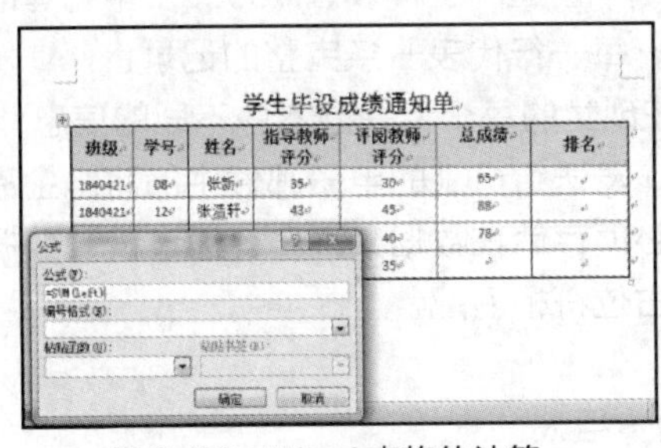

图 2-69 Word 表格的计算

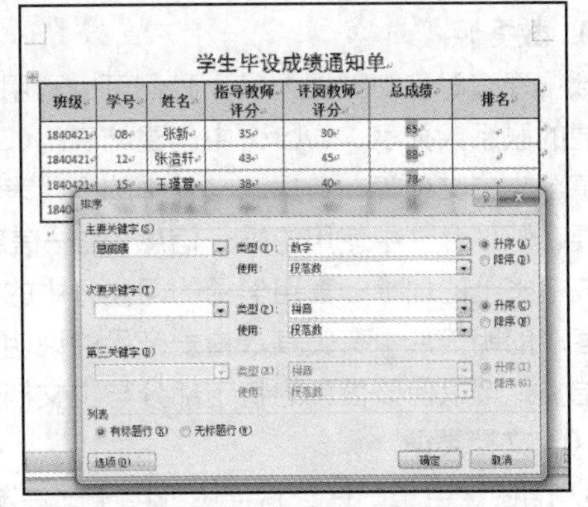

图 2-70 Word 表格的排序

6. 邮件合并

邮件合并最初是在批量处理“邮件文档”时提出的。具体地说就是在邮件文档（主文档）的固定内容中，合并一组与发送信息相关的通信资料（也称为数据源：包括 Excel 工作表、Access 数据库等），批量生成需要的邮件文档，从而大大提高工作效率。“邮件合并”功能除了可以批量处理信函、信封等与邮件相关的文档外，还可以轻松地批量制作标签、工资条、成绩单等。

使用邮件合并功能，可以创建以下项目。

① 一组标签或信封：所有标签或信封上的寄信人地址均相同，但每个标签或信封上的收

信人地址各不相同。

② 一组套用信函、电子邮件或传真：所有信函、邮件或传真中的基本内容都相同，但是每封信、每个邮件或每份传真中都包含特定收件人的信息，如姓名、地址或其他个人数据。

③ 一组编号赠券：除了每个赠券上包含的唯一编号外，这些赠券的内容完全相同。

7. 邮件合并步骤

邮件合并通常有六大步骤。

Step1：选择“邮件”选项卡，单击“开始邮件合并”组中“开始邮件合并”下拉按钮，在弹出的列表中选择“邮件合并分步向导”选择，打开“邮件合并”任务窗格。

文档类型包括信函、电子邮件、信封、标签、目录 5 种。选取文档类型。

Step2：选取主文档。

主文档可设为当前文档、模板、现有文档。

Step3：选择收件人（包括现有列表、Outlook 联系人、键入新列表）。

Step4：撰写信函。

添加收件者信息到信函中，共有以下 4 种方式。

① 地址块（插入格式化地址）。

② 问候语（插入格式化问候语）。

③ 电子邮政（插入电子邮件）。

④ 其他项目（插入合并域，即数据源中的数据字段）。

Step5：预览信函。

Step6：完成合并。

8. 主文档

主文档是指在 Word 2016 的邮件合并功能中，所含文本或者图形相对于合并文档的每个副本都相同的文档。

9. 数据源

数据源有时称为数据列表。我们可以利用许多不同的程序创建数据源文件。例如 Outlook 中创建的联系人列表、Word 中创建的表格、Excel 中创建的工作表、Access 中创建的数据库，甚至文本文件等。数据源文件中的列代表类别，每一行代表一条完整的记录。

要在邮件合并中使用的唯一信息（唯一信息是在创建的每个合并副本中不同的信息。例如，信封或标签上的地址、套用信函的问候行中的姓名、发送给员工的电子邮件中的薪水金额、邮寄给客户的明信片中有关其最喜爱产品的说明等）必须存储在数据文件中。通过设置数据源文件的结构，可以使该信息的特定部分与主文档中的占位符相匹配。

10. 文档类型

① 信函、电子邮件：将信函或电子邮件发送给一组人。

② 信封、标签：打印成组邮件的带地址信封或地址标签。选择这两个文档类型，将打开“信封选项”或“标签选项”对话框，可以在该对话框中对主文档进行设置。

③ 目录：创建包含目录或地址打印列表的单个文档。

11. 选取收件人

如果选择“从 Outlook 联系人中选择”选项，可以从 Outlook 联系人文件夹中选取姓名和地址。

如果还没创建数据源，则可以选择“键入新列表”选项，在弹出的“新建地址列表”对话框中进行创建，新列表以“Microsoft Office 通讯录（*.mdb）”文件的形式保存。在将来的邮件合并中，可以重新使用此文件，还可以通过在合并期间打开“邮件合并收件人”对话框，或在 Access 中打开此文件对记录进行更改。

如果已经准备好包含员工工资信息的 Excel 工作表或 Access 数据库，可单击“使用现有列表”来定位该文件。

12. 域

域是指 Word 2016 在文档中自动插入文字、图形、页码和其他资料的一组代码，也是插入主文档中的占位符（占位符表明唯一信息将出现的位置及其内容），表示合并时在所生成的每个文档副本中显示唯一信息的位置。

在 Word 2016 中有很多可以插入文档中的其他域，可以显示有关文档的信息，执行某些计算或操作，例如文档的创建日期、打印日期、作者的姓名、在文档的某一节中计算和显示页数，或提示文档用户填充文字。例如，“Date”域自动将当前日期添加到套用信函的每个合并副本中。“PrintDate”域和“合并记录#”域将唯一编号添加到发票的每个副本中。“If…Then…Else…”域在信函中打印公司地址或者家庭地址。

为了确保 Word 2016 在数据文件中可以找到与每一个地址或问候元素相对应的列，需要匹配域。

如果向文档中插入地址块域或问候语域，则将提示用户选择喜欢的格式。例如在“编写与插入域”组中单击“问候语”按钮时打开“插入问候语”对话框，可以插入问候语并设置问候语格式，如图 2-71 所示。

如果 Word 2016 不能将每一处问候或地址元素与数据文件中的列相匹配，则将无法正确地合并地址和问候语。为了避免出现问题，需要单击“匹配域”按钮，打开“匹配域”对话框。

匹配域中的地址和问候元素在对话框左侧列出，数据文件的列标题在对话框右侧列出，Word 2016 搜索与每一元素相匹配的列，如图 2-72 所示。Word 自动将数据文件的“姓”列与“姓氏”列匹配。但 Word 无法匹配其他元素。例如，在此数据文件中，Word 不能匹配“名字”列或“地址 1”列。

使用右侧列表，可以从数据文件中选择与左侧元素相匹配的列。“名字”列与“名字”相匹配，“地址”列与“地址 1”相匹配。由于“尊称”和“单位”与所创建的文档无关，因此即使它们都不匹配，也不会存在问题。

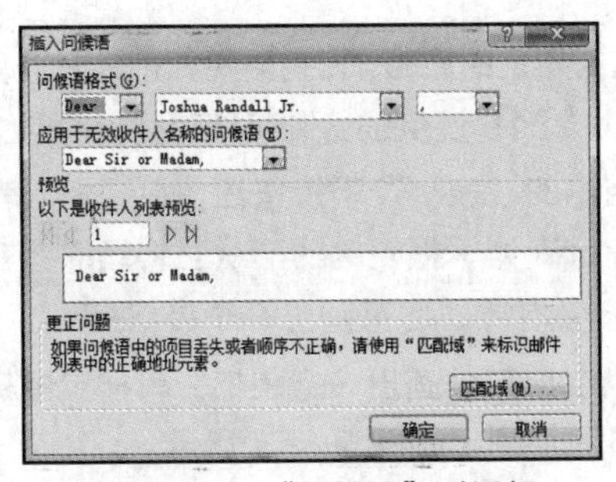

图 2-71 “问候语”对话框

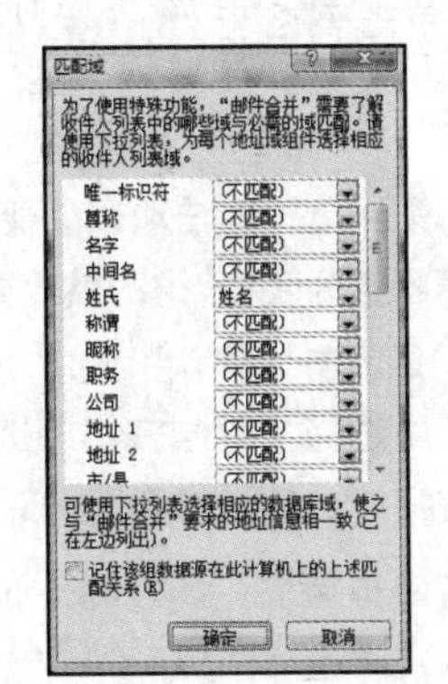

图 2-72 “匹配域”对话框

13. 邮件合并文档的保存

保存的合并文档与主文档是分开的。如果还要将主文档用于其他的邮件合并，需要保存主文档。保存主文档时，除了保存内容和域之外，还将保存与数据文件的链接。下次打开主文档时，将提示您选择是否要将数据文件中的信息再次合并到主文档中。如果单击“是”按钮，则在打开的文档中将包含合并的第一条记录中的信息。如果打开“邮件合并”任务窗格（“邮件”→“开始邮件合并”→“开始邮件合并”→“邮件合并分步向导”），将处于“选择收件人”步骤中，可以单击任务窗格中的超链接来修改数据文件以包含不同的记录集或链接不同的数据文件，然后单击任务窗格底部的“下一步”继续进行合并。如果单击“否”按钮，则将断开主文档和数据文件之间的链接，主文档将变成标准 Word 文档，而域将被第一条记录中的唯一信息替换。

如果想把信函通过电子邮件直接发给客户，可以在“选择文档类型”步骤中选中“电子邮件”单选按钮。不过要注意：数据源表格中必须包含“电子信箱”字段，在“完成合并”步骤，“合并”栏出现的是“电子邮件”超链接，单击超链接后，打开“合并到电子邮件”对话框，单击“收件人”下拉列表框，在弹出的列表中显示了数据源表格中的所有字段，选择“电子信箱”选项，在“主题行”文本框内输入电子邮件的主题，单击“确定”按钮，Word 2016 就启动 Outlook 进行发送邮件的操作了，同时要注意 Outlook 要能正常工作才能完成任务。

任务实施

工序 1：插入表格

制作标题“*公司第　　　　次面试通知单”，要求：“黑体、小二、加粗、居中”。输入其余文字。插入 2 列、4 行的表格，水平居中。**

Step1：在 Word 2016 中打开文档“..\计算机应用基础教程素材\Word2016\2-4面试通知单.docx”；在文档中先输入标题“***公司第　　　　次面试通知单”。

Step2：选择“开始”选项卡，在“字体”组中设置中文字体为“黑体”、字号为“小二”、字形为“加粗”；单击“确定”按钮；在“段落”组中设置标题文字为“水平居中对齐”Step3：在标题行结束处按“Enter”键，将光标置于新的一行，并按照样文效果图输入其余文字。

Step4：选择“插入”选项卡“表格”组，单击“表格”下拉按钮，弹出“插入表格”下拉列表。

Step5：选择“插入表格”选项，打开“插入表格”对话框，设置“列数”为“2”、“行数”为“4”，单击“确定”按钮。

Step6：单击表格左上角的“⊞”标记，选择整个表格，单击“开始”选项卡“段落”组中的“水平居中”按钮，使其水平居中对齐。

说明　**采用上述方法可以创建简单的和格式固定的表格，但有时需要创建一些复杂的或格式不固定的表格，这时就需要用到 Word 2016 提供的绘制表格功能。其具体操作如下。**

① 单击“插入”选项卡“表格”组中的“表格”下拉按钮，在“插入表格”下拉列表中选择“绘制表格”选项，鼠标指针变为一根铅笔的形状。将鼠标指针移至需插入表格的位置，按住鼠标左键并拖动鼠标指针，便可画出一个表格框，表格框大小合适后，放开鼠标左键，便可以在窗口中画出一空表框，再拖曳鼠标指针在空表内画横线即可添加行，画竖线即可添加列，如图 2-73 所示。

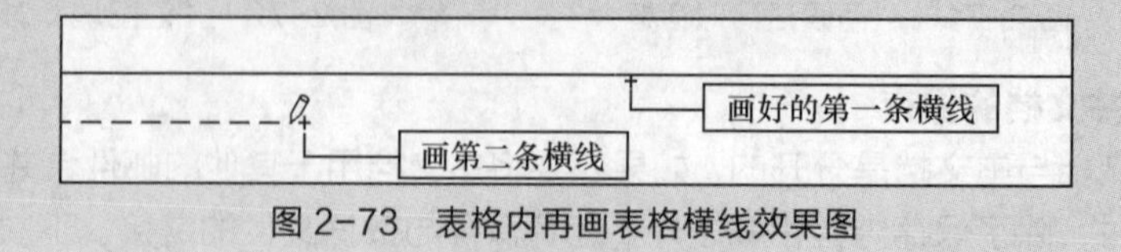

图 2-73　表格内再画表格横线效果图

② 若想删除某一条线，单击“表格工具-布局”选项卡中的“橡皮擦”按钮，如图 2-74 所示，拖曳鼠标指针经过要删除的线即可将其清除。还可以选择“表格工具-设计”选项卡完成对表格线型、颜色、底纹等的设置。

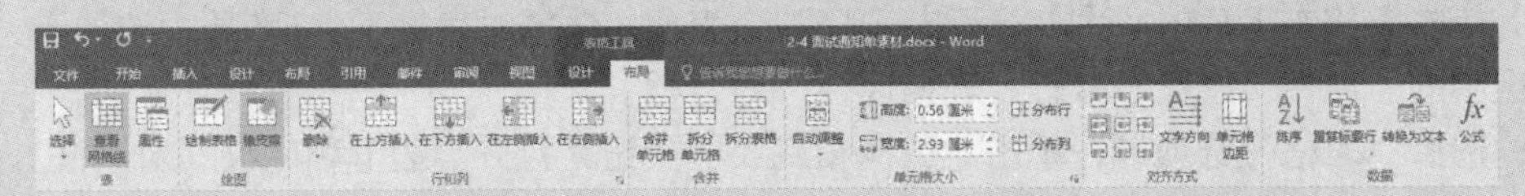

图 2-74　“表格工具-布局”选项卡

表格创建完毕后，单击其中的单元格，可以输入文字或插入图形，也可以在单元格内插入表格，实现表中表（即表格嵌套）。

工序 2：拆分、合并单元格

参照样文效果图，将已插入表格的单元格进行拆分、合并，并输入相应文本。

Step1：合并单元格。

① 选择第 1 行的两个单元格，选择“表格工具-布局”选项卡，在“合并”组中单击“合并单元格”按钮，将其合并为一个大单元格。

② 选择第 2 行的两个单元格，选择“表格工具-布局”选项卡，在“合并”组中单击“合并单元格”按钮，将其合并为一个大单元格。

Step2：拆分单元格。

① 选择第 1 行，选择“表格工具-布局”选项卡，在“合并”组中单击“拆分单元格”按钮，打开“拆分单元格”对话框，设置“列数为 3，行数为 1”。

② 选择第 2 行，选择“表格工具-布局”选项卡，在“合并”组中单击“拆分单元格”按钮，打开“拆分单元格”对话框，设置“列数为 4，行数为 1”。

Step3：输入文本。按照样文效果图输入文本。

工序 3：表格的行高和列宽设置

参照样文效果图，将表格第 1～3 行行高为“0.6 厘米”，并且平均分布各列；将“行车路线”和“个人准备”所在列列宽设置为“2.4 厘米”，剩余列列宽为12.62厘米。

Step1：选择表格前 3 行，选择“表格工具-布局”选项卡，单击“表”组中的“属性”按钮，打开“表格属性”对话框。

Step2：在“行”选项卡中，勾选“指定高度”复选框，在其后的文本框中输入“0.6 厘米”，单击“确定”按钮，如图 2-75 所示。

Step3：选择前三行，在“表格工具-布局”→“单元格大小”组中，单击“分布列”按钮，完成平均分布各列的设置。

Step4：选择“行车路线”和“个人准备”两列，在“表格工具-布局”→“单元格大小”组中，设置“宽度”为“2.4 厘米”；用同样的方法设置剩余列的列宽为12.62厘米。

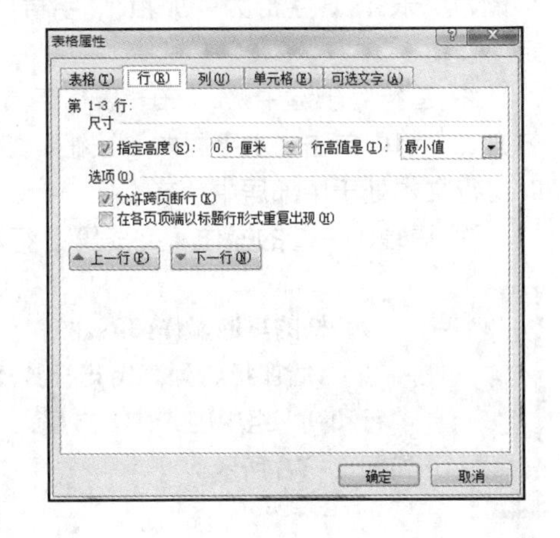

图 2-75　表格行高的设置

工序 4：美化表格

设置表格外边框为“三实线，宽度 0.75 磅”，内边框为“实线，宽度 0.5 磅”，标题行底纹为“黄色”；设置首行文本格式为“宋体，五号，加粗，中部居中”，第二行文本格式为“宋体，五号，中部居中”，最后一行文本格式为“宋体，五号，中部两端对齐”。

Step1：设置表格边框和底纹。

① 单击表格左上角的“⊞”标记，选择整个表格，选择“表格工具-布局”选项卡，单击“表”组中的“属性”按钮，打开“表格属性”对话框。

② 选择“表格”选项卡，单击“边框和底纹”按钮，打开“边框和底纹”对话框。

③ 在“边框”选项卡“设置”区域选择“自定义”，在“样式”列表框中选择“三实线”，在“宽度”下拉列表框中选择“0.75 磅”，在“预览”区域单击图示的所有边框，完成外边框的设置，如图 2-76 所示。

④ 在“宽度”下拉列表框中选择“0.5 磅”，在“预览”区域单击图示的内部边框，完成内边框的设置，单击“确定”按钮。

图 2-76　表格边框的设置

⑤ 选择首行，在“边框和底纹”对话框中选择“底纹”选项卡，在“填充”下拉列表框中选择“黄色”选项，单击“确定”按钮。

Step2：设置文本格式。

① 选择首行文本，选择“开始”选项卡，单击“字体”组中的“对话框启动器”按钮，打开“字体”对话框，设置字体为“宋体”、字形为“加粗”、字号“五号”，单击“确定”按钮。

② 首行处于选中状态，在“表格工具-布局”选项卡“对齐方式”组中单击“水平居中”按钮，如图 2-77 所示。此时首行文本处于中部居中状态。

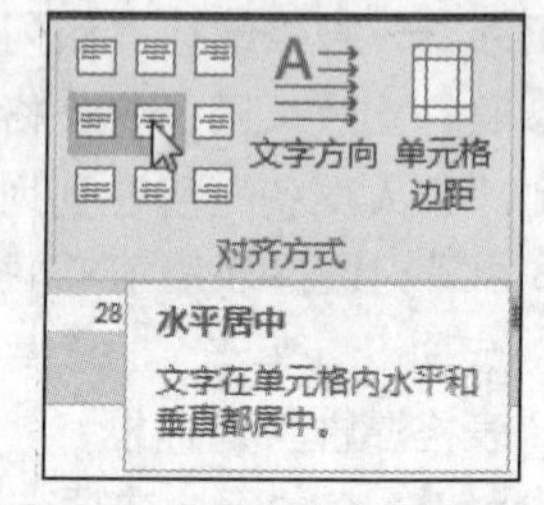

图 2-77　设置文本水平居中对齐

③ 重复①～②的操作，完成第 2 行和最后一行文本格式的设置。

说明

表格的其他操作如下。

① 增加行、列：将光标置于单元格内，选择“表格工具-布局”选项卡，单击“行和列”组中的“在上方插入”“在下方插入”“在右侧插入”“在左侧插入”按钮，如图 2-78 所示。

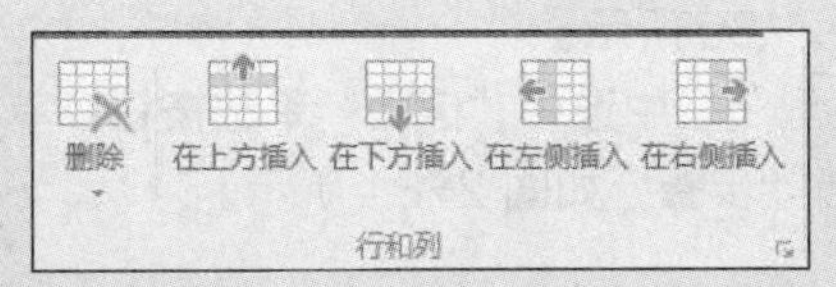

图 2-78　“表格工具-布局”选项卡“行和列”组

② 删除行、列：选择表格，选择“表格工具-布局”选项卡，单击“行和列”组中的“删除”下拉按钮，在弹出的下拉列表中选择“删除单元格”“删除行”“删除列”“删除表格”命令。

③ 如果要在表尾快速地增加几行，可以移动鼠标指针至表尾的最后一个单元格中，按“Tab”键，或移动鼠标指针至表尾的最后一个单元格外，按“Enter”键。

④ 在表格中选择需要设置属性的区域后可以通过以下两种方式打开“表格属性”对话框进行设置。

• 选择“表格工具-布局”选项卡，单击“表”组中“属性”按钮，打开“表格属性”对话框，如图 2-79 所示。

• 选择“表格工具-布局”选项卡，单击“单元格大小”组右下方的“对话框启动器”按钮，打开“表格属性”对话框。

图 2-79　“表格属性”对话框

“表格属性”对话框中的各功能如下。

• “表格”选项卡：主要用于设置表格的对齐方式和文字环绕方式。

• “行”选项卡：主要用于设置行高。

• “列”选项卡：主要用于设置列宽。

• “单元格”选项卡：主要用于设置表格的尺寸。

⑤ 设置表格的多行或多列具有相同的高度或宽度，具体操作如下。

选择多行或多列，选择“表格工具-布局”选项卡，单击“单元格大小”组中“分布行”或“分布列”按钮，即可实现行或列的平均分布。

工序 5：邮件的合并向导

利用邮件合并批量生成面试通知单，在 Word 文档对应的位置，填入“2-4数据源.xlsx”文件中的数据，并将结果保存到指定位置。

Step1：打开“面试通知单.docx”文件，选择“邮件”选项卡，单击“开始邮件合并”组中的“开始邮件合并”下拉按钮，在弹出的下拉列表中选择“邮件合并分步向导”选项，打开

“邮件合并”任务窗格，如图 2-80 所示。

Step2：在“选择文档类型”栏中选中“信函”单选按钮，单击“下一步：正在启动文档”超链接，进入“正在启动文档”步骤，如图 2-81 所示。

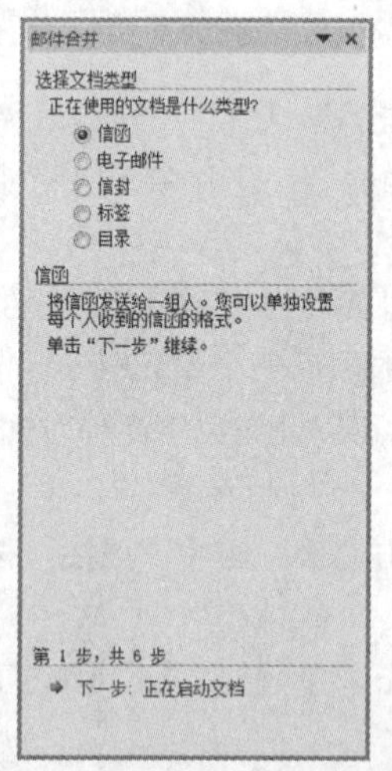

图 2-80　“邮件合并”任务窗格

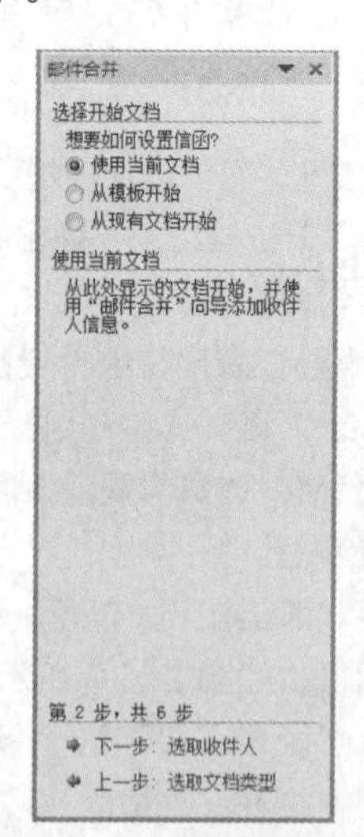

图 2-81　“正在启动文档”步骤

Step3：在“选择开始文档”栏选中“使用当前文档”单选按钮，单击“下一步：选取收件人”超链接，进入“选取收件人”步骤，如图 2-82 所示。

Step4：在“选择收件人”栏选中“使用现有列表”单选按钮，单击“浏览”超链接，打开“选取数据源”对话框，如图 2-83 所示，选择“2-4 数据源”文件。

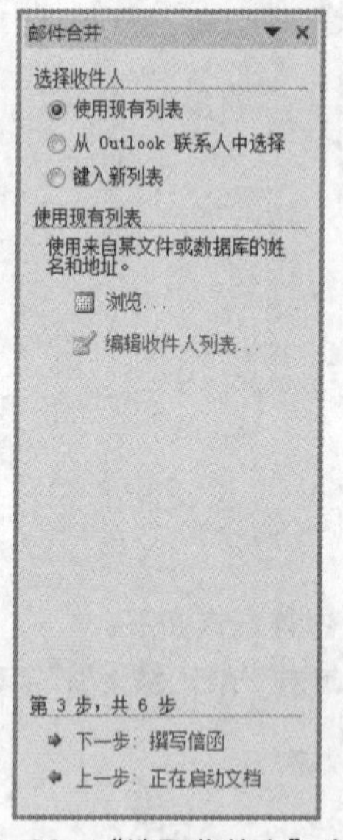

图 2-82　“选取收件人”步骤

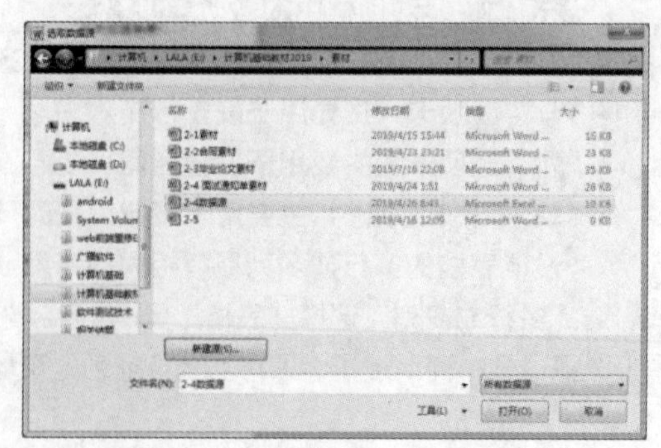

图 2-83　“选取数据源”对话框

Step5：单击“打开”按钮，打开“邮件合并收件人”对话框，单击“确定”按钮，收件人便确定下来，如图 2-84 所示。

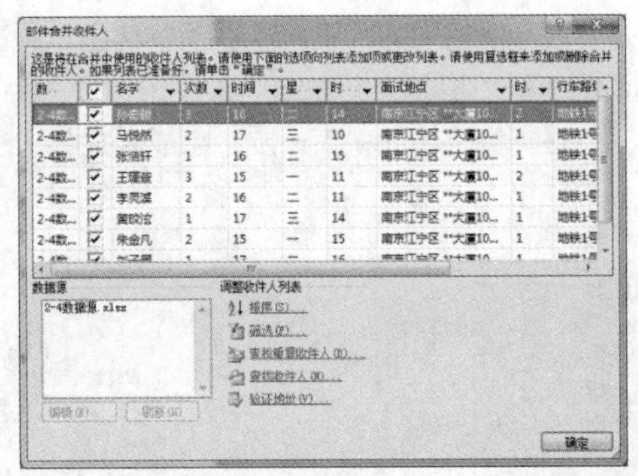

图 2-84 “邮件合并收件人”对话框

Step6：回到“邮件合并”任务窗格，单击“下一步：撰写信函”超链接，出现“撰写信函”步骤，如图 2-85 所示。

Step7：将光标插入至“面试通知单”需要插入处，单击“邮件合并”任务窗格中的“其他项目”超链接，弹出“插入合并域”对话框，如图 2-86 所示；选择需要插入的域，单击“插入”按钮，单击“关闭”按钮后，反复同样的操作多次，完成表格多处域的插入，效果如图 2-87 所示。

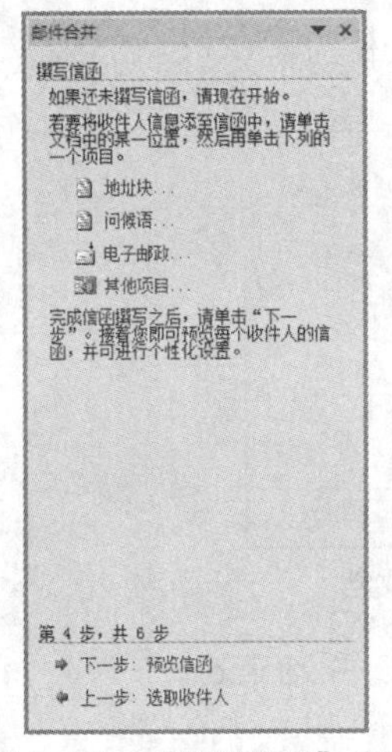

图 2-85 “撰写信函”步骤

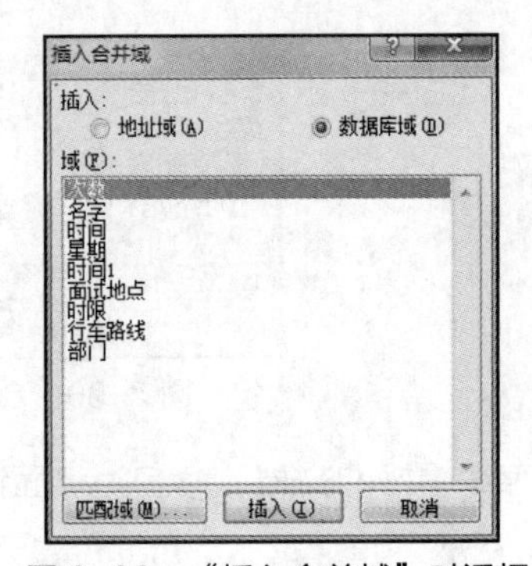

图 2-86 “插入合并域”对话框

***公司第 «次数» 次面试通知单

«名字» 先生/女士：

您好！

首先感谢您对本企业的信任和大力支持。

经过前面两轮的接触，我们认为您基本具备加盟本企业的能力，因此特别通知您于以下时间、地点到本企业进行正式面试，具体要求如下。

面试时间	«时间»日 星期(«星期»)		«时间1»时
面试地点	«面试地点»	面试大约时限	«时限»小时 分钟
行车路线	«行车路线»		
个人准备	1. 携带个人身份证及复印件、学历证书及复印件、职称证书及复印件 2. 资格证书及复印件、获奖证书及复印件 3. 个人一寸免冠彩色照片 张 4. 男士着装要求： 5. 女士着装要求：		

良好的开端等于成功的一半，祝您成功!

部门名称：«部门»（盖章）

年 月 日

图 2-87 插入合并域后的效果图

Step8：单击“邮件合并”任务窗格中的“下一步：预览信函”超链接，转到“预览信函”步骤，如图 2-88 所示；在“预览信函”栏单击向左或向右按钮，预览每一张通知的内容是否完整。

Step9：单击“邮件合并”任务窗格中的“下一步：完成合并”超链接，进入图 2-89 所示的“完成合并”步骤。

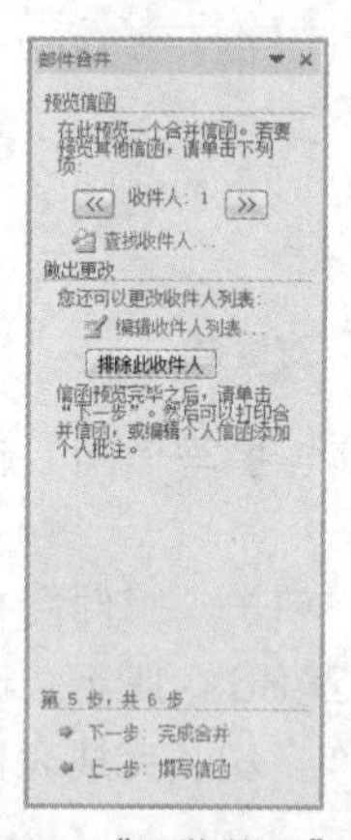

图 2-88　“预览信函”步骤　　图 2-89　“完成合并”步骤

Step10：单击“编辑单个信函”超链接，打开“合并到新文档”对话框，如图 2-90 所示，在“合并到新文档”对话框中选中“全部”单选按钮，单击“确定”按钮，所需的面试通知单就全部制作完成。

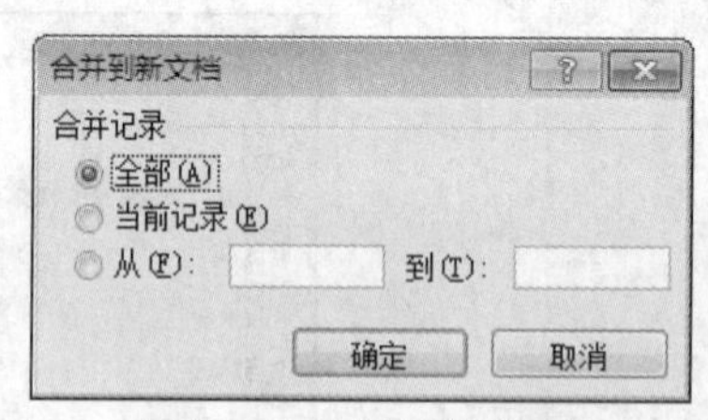

图 2-90　合并到新文档

Step11：保存编辑好的文档，命名为“面试通知汇总.docx”。

说明　**① 邮件合并既可以用上面所述的任务窗格中的邮件合并向导来完成，也可以用“邮件”选项卡中的“开始邮件合并”“编写和插入域”“预览结果”“完成”组来完成，如图 2-91 所示，其步骤同邮件合并向导。**

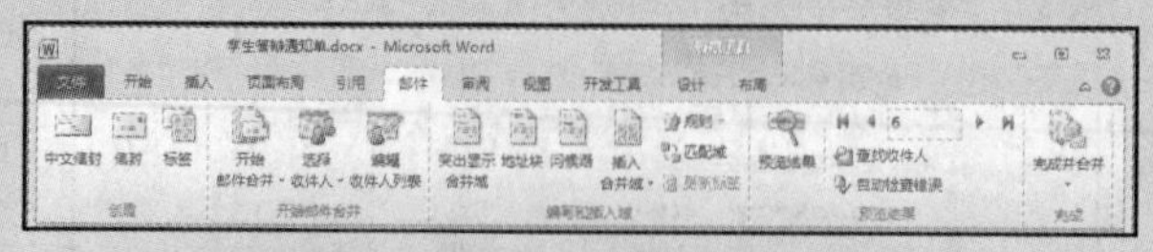

图 2-91　“邮件”选项卡

② 在上面的第 2 个步骤中，如果已选择过数据源，则打开的窗口中不会出现“浏览”超链接，而是出现“选择另外的列表”超链接和“编辑收件人列表”超链接，若仍要使用曾选择过的列表，则单击“编辑收件人列表”超链接；若重新选择数据源，则单击“选择另外的列表”超链接。

自主训练

个人简历是求职者投递给招聘单位的一份简要介绍，包含自己的基本信息、自我评价、工作经历、学习经历、荣誉与成就、求职愿望、对这份工作的简要理解等，以简洁重点为最佳标准。本任务以设计完成个人简历为目标，利用 Word 2016 所提供的文档表格，设计一份整洁大方的个人简历，页面效果如图 2-92 所示。

打开 Word 2016，在桌面新建文档“简历.docx”，并模仿样文效果图进行操作。

① 在 Word 2016 中新建表格，行列如图 2-93 所示。

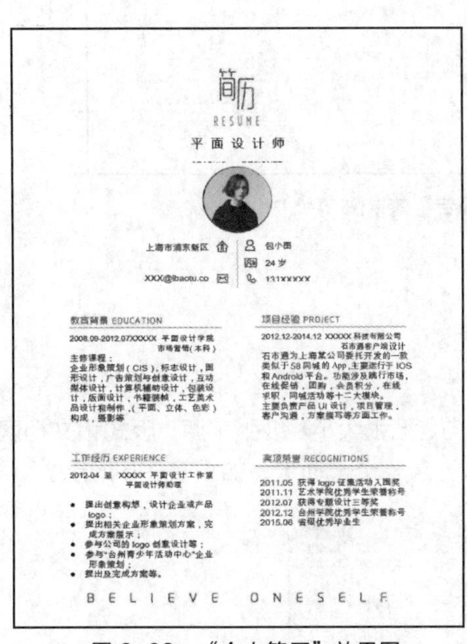

图 2-92 “个人简历”效果图

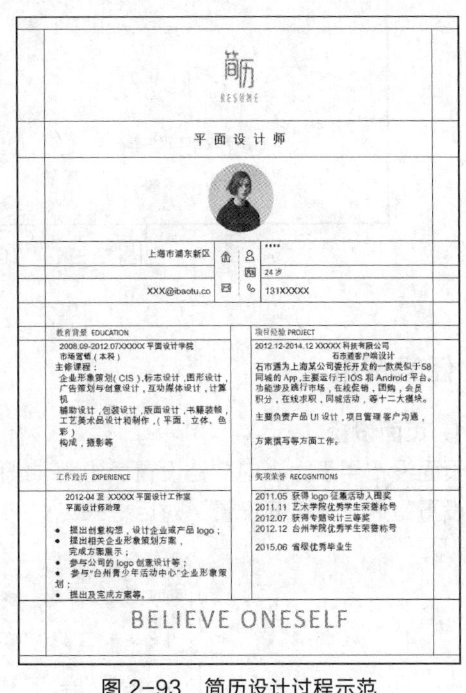

图 2-93 简历设计过程示范

② 按照效果进行表格的拆分和合并。

③ 设置合适的行高、列宽。

④ 按照“..\计算机应用基础教程素材\Word2016\2-4简历素材库.rar”中的“2-4 简历素材.txt”输入文字，设置字体、段落等。

⑤ 仿照样文效果图，插入照片、特殊符号等，所需素材均来自“..\计算机应用基础教程素材\Word2016\2-4简历素材库.rar”。

⑥ 设置表格边框为“无框线”。

任务 5 文档的页面设置与打印

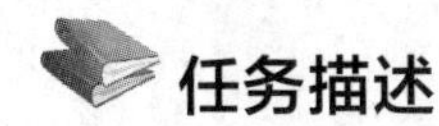

任务描述

为深入贯彻落实全国教育大会精神，各类高职院校正在按照国家要求，加快培育创新创业人才。本任务以激发大学生创新创业热情，展示创新创业教育成果为背景，在编写创新创业方案的文稿后，利用 Word 2016 所提供的样式快速设置相应的格式，利用具有大纲级别的标题自动生成目录，并插入分节符、页眉页脚、页码、脚注、尾注等，对页面设置进行相应的设置，完成对创新报告的排版，页面效果如图 2-94 所示。

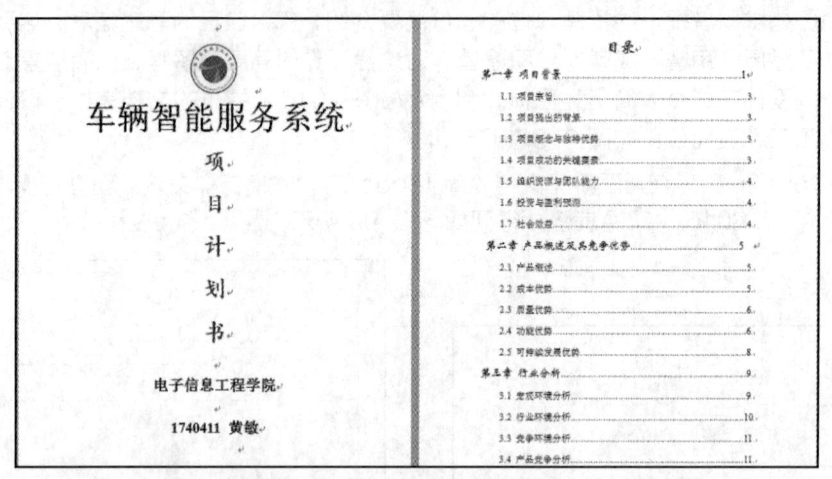

车辆智能服务系统

项

目

计

划

书

电子信息工程学院

1740411 黄敏

目录

第一章 项目背景……1
1.1 项目宗旨……3
1.2 项目提出的背景……3
1.3 项目理念与独特优势……3
1.4 项目成功的关键要素……3
1.5 组织资源与团队能力……4
1.6 投资与盈利预测……4
1.7 社会效益……4
第二章 产品概述及其竞争优势……5
2.1 产品概述……5
2.2 成本优势……5
2.3 质量优势……6
2.4 功能优势……6
2.5 可持续发展优势……8
第三章 行业分析……9
3.1 宏观环境分析……9
3.2 行业环境分析……10
3.3 竞争环境分析……11
3.4 产品竞争分析……11

图 2-94 “创新报告”效果图

任务资讯

1. 页面设置

页面设置用于为当前文档设置页边距、纸张方向、纸张大小、纸张来源、版式和文档网络。页面设置是通过“页面设置”对话框来完成的，它包含 4 个选项卡，如图 2-95 所示。

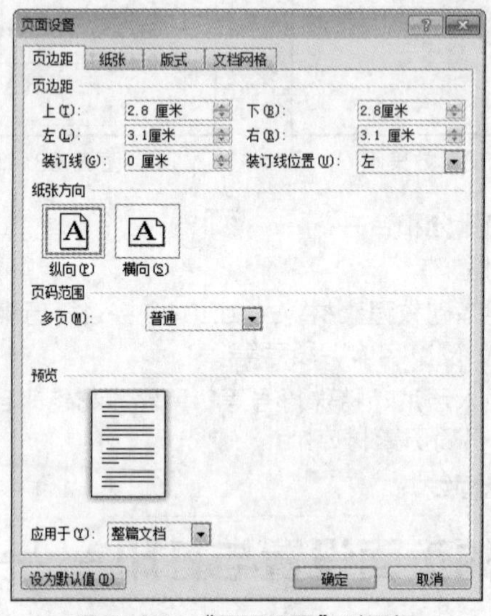

图 2-95 “页面设置”对话框

（1）页边距

页边距就是页面上打印区域之外的空白空间。如果页边距设置得太窄，打印机将无法打印纸张边缘的文档内容，导致打印不全，所以在打印文档前应先设置文档的页边距。页边距区域中可以放置页眉、页脚和页码等项目。在“页边距”选项卡中，可以修改上、下、左、右的边距值，更改打印纸张的方向，还可以根据需要设置其他选项等。

（2）纸张

可以在“纸张”选项卡中选择所用打印机支持的纸张尺寸，如图 2-96 所示。如果没有合适的纸张可以选择，则可以在“纸张大小”下拉列表框中选择“自定义大小”选项，然后在“宽度”和“高度”文本框中输入纸张尺寸。

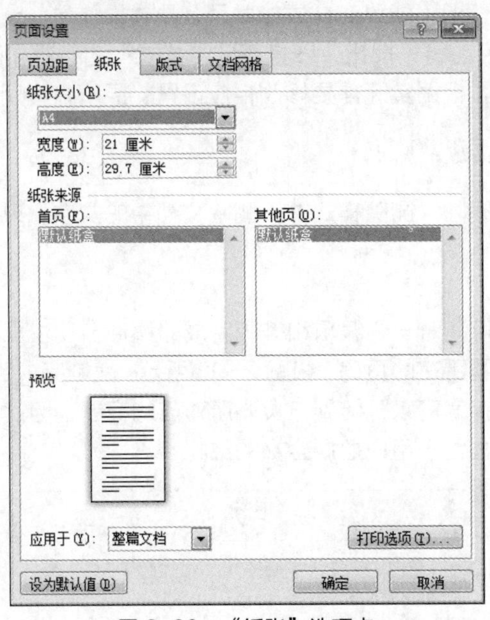

图 2-96 “纸张”选项卡

（3）版式

可以在“版式”选项卡中选择页眉、页脚的方式方法，设置文字在整个版面中的垂直对齐方式，设置行号等，并且可以把所做的设置应用于“整篇文档”或“插入点之后”。

（4）文档网络

可以在“文档网络”选项卡中对文字的排列方向与栏数、网格、字符数、每页的行数等进行设置。

2. 样式

样式就是一组已经命名的字符格式或段落格式，它的方便之处在于可以把它应用于一个段落或者段落中选定的字符中，按照样式的格式，能批量地完成段落或字符格式的设置，如图 2-97 所示。

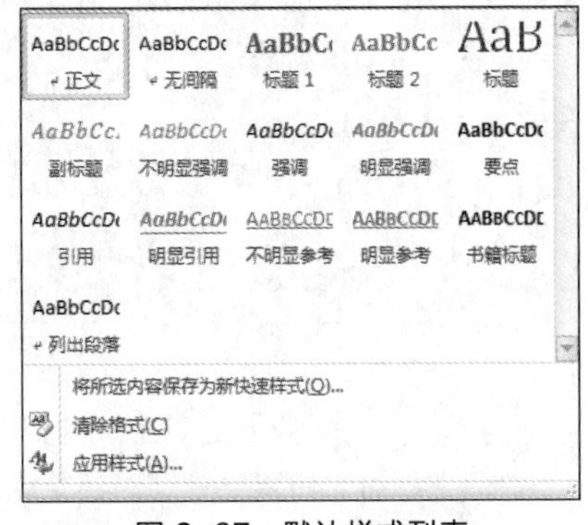

图 2-97 默认样式列表

样式有内置样式和自定义样式两种。内置样式是由 Word 2016 预先定义的，用户可以方便地应用内置样式对自己的文档进行格式化。自定义样式是用户根据自己的排版需求而设置的样式，一般供自己的文档使用。

（1）新建样式

选择设置过格式的文字或段落，选择“开始”选项卡，单击“样式”组中的“对话框启动器”按钮，在打开的“样式”对话框中单击“新建样式”按钮，打开“根据格式设置创建新样式”对话框，在“名称”文本框中输入新样式名，按“Enter”键即可。

（2）应用样式

应用样式前应该先选择要应用样式的文字或段落。对段落应用样式时，应将光标移到该段落的任意位置，或选择该段落的所有文字；对文字应用样式时，应选择需要使用该样式的正文。

（3）修改样式

可以修改已有的样式，但不能改变样式的类型。具体操作是：选择“开始”选项卡，单击“样式”组中的“对话框启动器”按钮，在打开的“样式”对话框中单击“管理样式”按钮，打开“管理样式”对话框，根据实际需要修改相应设置，原所有应用该样式的对象自动进行相应修改。

（4）删除样式

可以将不需要的样式删除，删除样式并不删除文档中的文字，只是去掉了样式应用在这些文字中的格式。

3. 目录

在 Word 2016 中，可以对一个编辑和排版完成的稿件自动生成目录。目录的作用是列出文档中各级标题及每个标题所在的页码，如图 2-98 所示。编制完成目录后，只需要按住“ctrl”键单击目录中的某个页码，就可以跳转到该页码所对应的标题。因此，目录可以帮助用户迅速查找文档中的内容，同时有助于用户把握全文的结构。

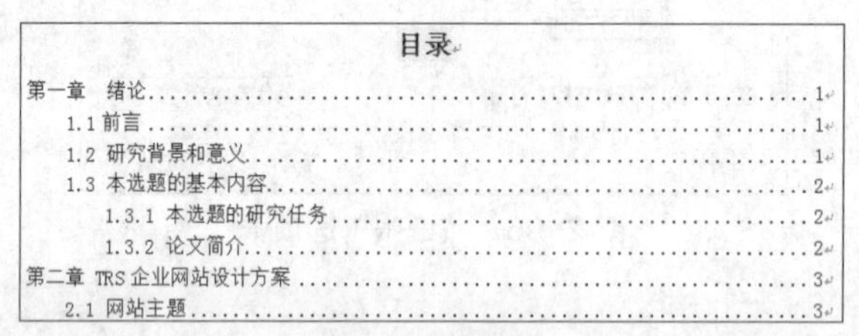

目录

第一章　绪论..1

1.1 前言..1

1.2 研究背景和意义..1

1.3 本选题的基本内容..2

1.3.1 本选题的研究任务..2

1.3.2 论文简介..2

第二章 TRS 企业网站设计方案..3

2.1 网站主题..3

图 2-98　目录

说明　① 在自动生成目录后，如果文档内容被修改，例如内容被增减或对章节进行了调整，页码或标题就有可能发生变化，目录中的相关内容也随之变化，只要在目录区中右键单击，在弹出的快捷菜单中选择“更新域”命令，打开“更新目录”对话框，如图 2-99 所示。如果只是文章中正文发生变化，则选中“只更新页码”单选按钮；如果标题也有所改变，则选中“更新整个目录”单选按钮，单击“确定”按钮，就可以自动更新目录。

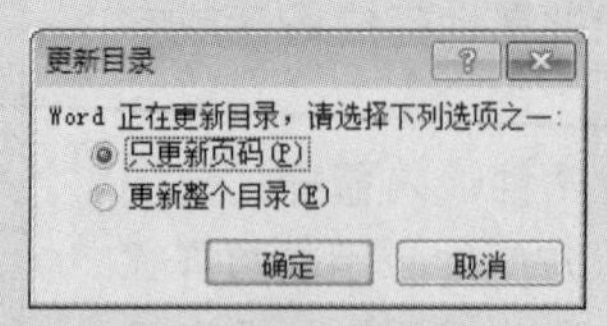

图 2-99　“更新目录”对话框

② 如果要对生成的目录格式做统一修改，则和普通文本的格式设置方法一样操作即可；如果要分别对目录中的标题 1、标题 2 和标题 3 进行不同的设置，则需要修改目录样式。

4. 域的概念

域是 Word 2016 中的一种特殊命令，它由花括号{ }、域名（如 DATE 等）及域开关构成。

域是 Word 2016 的精髓，它的应用非常广泛，Word 2016 中的插入对象、页码、目录、索引、表格、公式计算等都使用了域的功能。

5. 目录中的常见错误及解决方案

（1）未显示目录，却显示{TOC}

目录是以域的形式插入文档中的。如果看到的不是目录，而是类似于{ TOC }这样的代码，则说明显示的是域代码，而不是域结果。若要显示目录内容，可右键单击该域代码，在弹出的快捷菜单中选择“切换域代码”命令。

（2）显示“错误！未定义书签”

需要更新目录。在错误标记上右键单击，在弹出的快捷菜单中选择“更新域”命令，在“更新目录”对话框中选择更新的方式。

（3）目录中包含正文内容

显示“错误！未定义书签”时，需要选择错误生成目录的正文内容，重新设置其大纲级别为“正文文本”。

6. 节

节：文档的一部分，可在不同的节中更改页面设置或页眉和页脚等属性，使用节时只需在 Word 文档中插入“分隔符”中的“分节符”。

分节符：表示节的结尾而插入的标记；分节符包含节的格式设置元素，例如页边距、页面的方向、页眉和页脚，以及页码的顺序；将文档分成若干节，然后根据需要设置每节的格式。

具体操作：选择“布局”选项卡，在“页面设置”组中单击“分隔符”下拉按钮，可以看到“分隔符”下拉列表中 4 种不同类型的“分节符”，如图 2-100 所示。

- “下一页”：插入一个分节符，新节从下一页开始。
- “连续”：插入一个分节符，新节从同一页开始。
- “奇数页”或“偶数页”：插入一个分节符，新节从下个奇数页或偶数页开始。

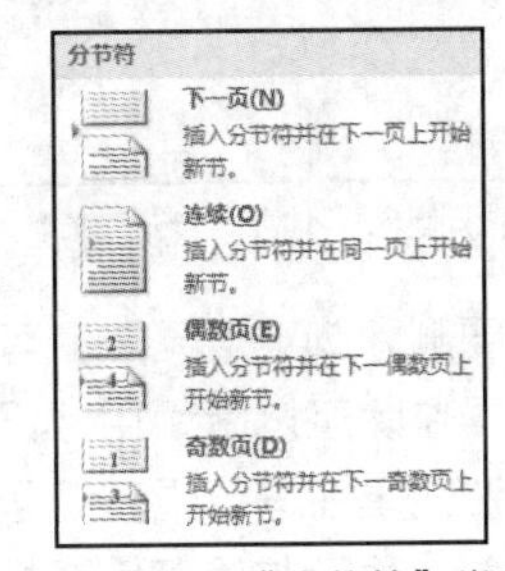

图 2-100 “分节符”类型

节中可设置的格式类型：页边距、纸张大小或方向、打印机纸张来源、页面边框、垂直对齐方式、页眉和页脚、分栏、页码编排、行号、脚注和尾注。

> **说明** **分节符控制其前面文字的节格式。如删除某个分节符，其前面的文字将合并到后面的节中，并且采用后者的格式设置。注意，文档的最后一个段落标记控制文档最后一节的格式（如果文档没有分节，则控制整个文档的格式）。**

7. 页眉和页脚

页眉和页脚通常位于文档中每个页面页边距的顶部和底部区域，用于显示文档的附加信息，例如页码、时间和日期、作者名称、单位名称、公司徽标或章节名称等。

Word 2016 提供了强大的文档页眉和页脚设置功能，使用该功能可以给文档的每一页建立相同的页眉和页脚，也可以交替更新页眉和页脚，即在奇数页和偶数页上建立不同的页眉和页脚。

8. 页码

当文档页数超过一页时通常要设置页码，以便于区分每一页。在 Word 2016 中，设置普通的页码方法比较简单，只需单击“插入”选项卡下的“页眉和页脚”组中的“页码”按钮，然后选择页码插入位置和页码样式即可。

① 选择“插入”→“页眉和页脚”→“页码”→“页面底端 → 普通数字 2”命令，则文档的每一页都成功插入页码。

② 插入的页码，默认字号为“小五”，如果觉得太小，可以右键单击页码，在弹出的面板中单击“字号”下拉按钮，在弹出的下拉列表中选择一种字号。

9. 删除页眉线

插入页眉后，在其底部会加上一条页眉线，如不需要，可自行删除。具体操作为：进入“页眉和页脚”视图，将页眉上的内容选中，选择“开始”选项卡，单击“段落”组中的“边框”下拉按钮，选择“边框和底纹”选项，在“边框”选项卡的“设置”中选择“无”，单击“确定”按钮即可。

10. 脚注和尾注

在文档中，有时要为某些文本内容添加注解以说明该文本的含义和来源，这种注解和说明在 Word 2016 中就称为脚注和尾注。脚注一般位于每一页文档的底端，可以对本页的内容进行解释，适用于对文档中的难点进行说明，如图 2-101 和图 2-102 所示；而尾注一般位于文档的末尾，常用来列出文章或书籍的参考文献等。

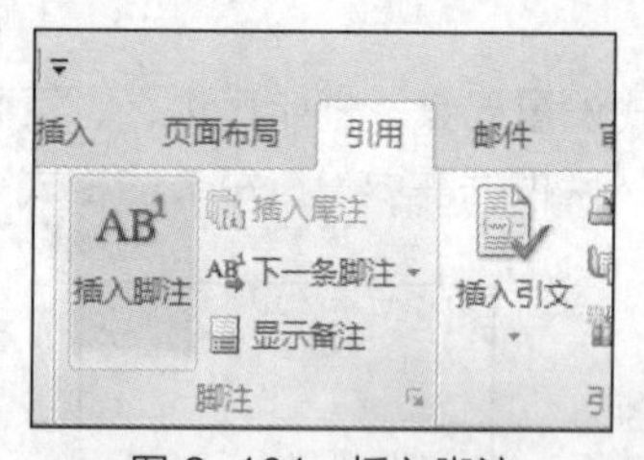

图 2-101　插入脚注

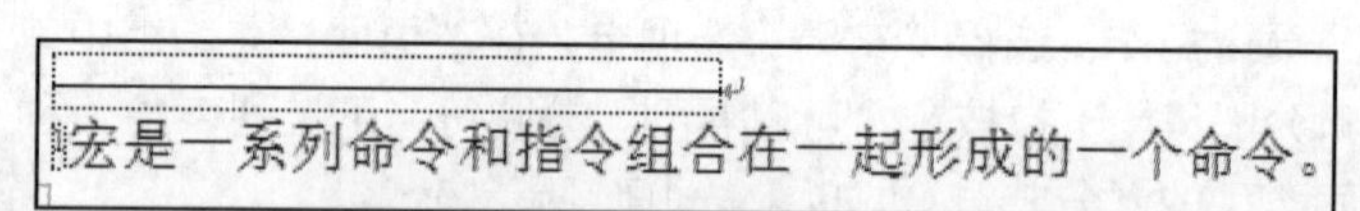

图 2-102　脚注

要删除脚注或尾注，可在文档正文中选择脚注或尾注的引用标记，按“Delete”键删除。这个操作除了删除引用标记外，还会将页面底部或文档结尾处的文本删除，同时会自动对剩余的脚注或尾注进行重新编号。

11. 显示与隐藏编辑标记

所谓的编辑标记，是指在 Word 2016 文档屏幕上可以显示，但打印时却不被打印出来的字符，如空格符、回车符、制表位等。在屏幕上查看或编辑 Word 文档时，利用这些编辑标记可以很容易地看出在单词之间是否添加了多余的空格，或段落是否真正结束等。

如果要在 Word 2016 窗口中显示或隐藏编辑标记，可以选择“文件”选项卡，选择“选项”命令，在弹出的“Word 选项”对话框中，选择“显示”选项卡，在“始终在屏幕上显示这些格式标记”部分勾选或取消勾选要显示或隐藏的编辑标记复选框，如图 2-103 所示。

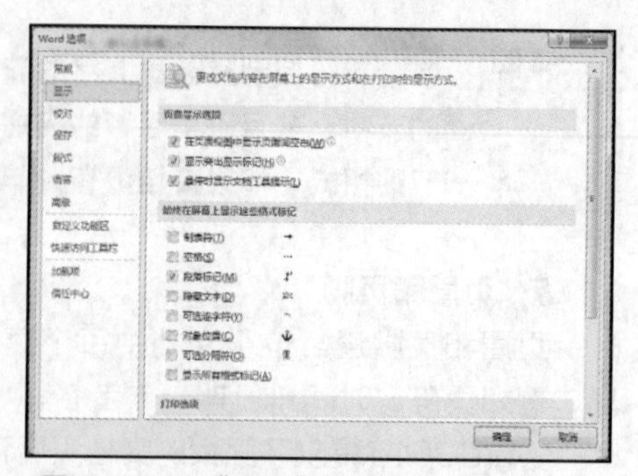

图 2-103　“显示”选项卡中的段落标记

12. “审阅”选项卡

批注是作者或审阅者为文档添加的注释，Word 2016 在文档的左右页边距中显示批注。在编写文档时，利用批注可方便修改和添加注释。

（1）显示批注

在“批注”组中单击“显示批注”按钮，使其处于开启状态，就能看到文档中的所有批注，再次单击该按钮，可以暂时关闭文档中的批注。在“修订”组中可以对修订标记显示状态进行设置。

（2）记录修订轨迹

在对文档进行编辑时，单击“修订”组中的“修订”下拉按钮并选择相应选项，可记录下所有的编辑过程，并以各种修订标记显示在文档中，供接收文档的用户查阅。

（3）接收或拒绝修订

打开带有修订标记的文档时，可单击“更改”组中的“接收”或“拒绝”下拉按钮来有选择地接收或拒绝别人的修订。

13. 添加批注

在有疑问或内容需要修改的地方插入批注，如给正文标题“（一）宏”中的“宏”插入批注，批注内容为“宏是一系列命令和指令组合在一起形成的一个命令。”

（1）在正文标题“（一）”处，选择“宏”文本。

（2）在“审阅”选项卡的“批注”组中单击“新建批注”按钮，在右侧批注框中输入内容，如“宏是一系列命令和指令组合在一起形成的一个命令。”完成后的效果如图 2-104 所示。

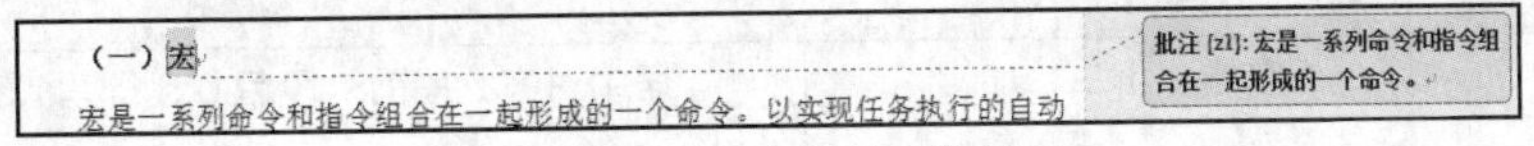

图 2-104　插入批注后的效果

14. 字数统计

字数统计功能是 Word 2016 中的统计当前 Word 文档字数的功能，统计结果包括字数、字符数（不记空格）、字符数（记空格）3 种类型。在 Word 2016 中，用户单击“审阅”→“校对”→“字数统计”按钮，打开“字数统计”对话框，就可以看到“字数”“字符数”等统计信息，如图 2-105 所示。

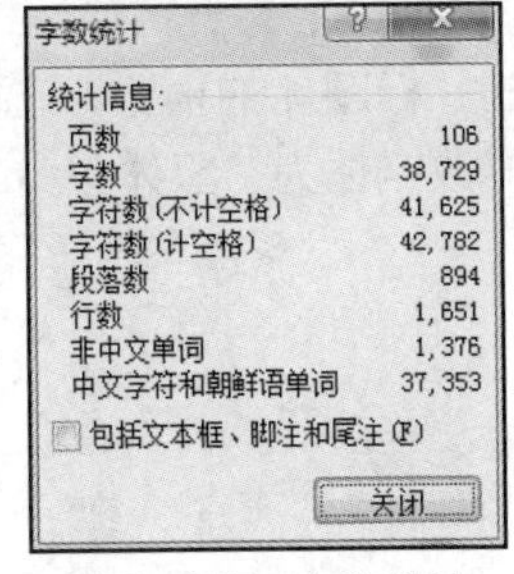

图 2-105　字数统计

15. 题注

题注功能可以用于 Word 文档中的图片排序。在 Word 2016 中，用户可以选择“引用”→“题注”→“插入题注”命令，在需要编号的图片下方插入题注。此后，每插入一张图片，选择“插入题注”命令，题注编号就会自动更新。

任务实施

创新创业报告内容长达几十页，文档中需要处理封面、生成目录，为正文中各对象设置相应格式，因此需要对 Word 2016 进行更深入的学习和实践。打开“2-5 互联网创新创业计划书素材.docx”文档，进行操作。

工序 1：设置页边距

打开文档“2-5互联网创新创业计划书.docx”，另存到桌面并将文件命名为“互联网创

新创业计划书（修订稿）.docx”，将上、下、左、右页边距均设为“2.5 厘米”。

Step1：打开“..\计算机应用基础教程素材\Word2016\2-5 互联网创新创业计划书.docx”文档，选择“文件”选项卡，选择“另存为”命令，在弹出的“另存为”对话框中输入新的文件名“互联网创新创业计划书（修订稿）.docx”。

Step2：在“互联网创新创业计划书（修订稿）.docx”中，选择“布局”选项卡，在“页面设置”选项组中单击“对话框启动器”按钮，在弹出的“页面设置”对话框中，设置上、下、左、右页边距均为“2.5 厘米”。

工序 2：使用样式

应用内置样式，将一级标题（即第一章、第二章……设置为“标题 1”、二级标题（即 1.1、1.2……）设置为“标题 2”。

Step1：选择“开始”选项卡，单击“样式”组中的“其他”按钮 ，即可弹出默认样式列表。

Step2：将光标插入要应用样式的各级标题中，单击默认样式列表中的“标题 1”等相应样式。

工序 3：修改内置样式

上述操作只是应用了 Word 2016 的内置样式，但这并不完全符合学校对创新方案格式的要求，为此需要对内置样式进行修改，具体要求如表 2-3 所示，自定义样式操作步骤如下。

表 2-3　修改内置样式要求

样式名称	字体格式	段落格式
标题 1	黑体，小二，加粗	居中对齐，段前、段后 0.5 行，1.5 倍行距
标题 2	黑体，小三，加粗	左对齐，段前、段后 12 磅，单倍行距

Step1：选择“开始”选项卡，单击“样式”组中的“对话框启动器”按钮，打开“样式”对话框，在对话框中单击“管理样式”按钮，如图 2-106 所示。

Step2：打开“管理样式”对话框，在选择要编辑的“样式”列表中选择“标题 1”选项，单击“标题 1 的预览”选项右侧的“修改”按钮，打开“修改样式”对话框，在“格式”选项区修改字体为“黑体、小二、加粗”，如图 2-107 所示。

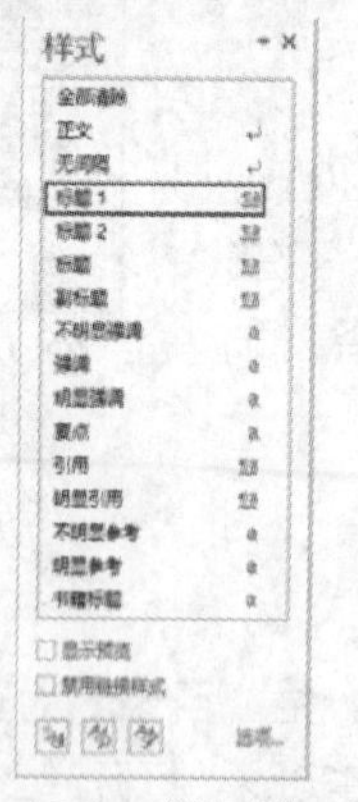

图 2-106　“样式”对话框

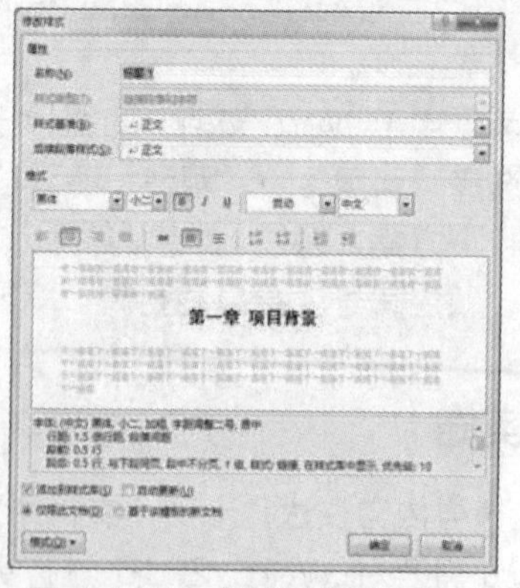

图 2-107　“修改样式”对话框

Step3：单击左下角的“格式”按钮，在弹出的列表中选择“段落”选项，在打开的“段落”对话框中设置段落格式为“居中对齐，段前、段后 0.5 行，1.5 倍行距”。

Step4：按照表 2-3 所示的内容重复 Step1～3，修改标题 2 的样式。

注意 

只要修改样式，就可以修改所有应用了该样式的文本对象，避免了逐一对文本进行更改的重复工作。

工序 4：自定义样式

根据“创新方案格式”中的要求，为论文正文自定义样式。新建一个名称为“论文正文”的样式，要求：宋体，小四，1.5 倍行距，首行缩进 2 字符，段前、段后 0 行，1.5 倍行距。

Step1：将光标置于任意正文文本中；选择“开始”选项卡，单击“样式”组中的“对话框启动器”按钮，打开“样式”对话框，在对话框中单击“新建样式”按钮；打开“根据格式设置创建新样式”对话框，在“名称”文本框中输入“论文正文”，在“样式基准”下拉列表框中选择“正文”选项，在“格式”选项组中选择字体为“宋体、小四”，如图 2-108 所示；在“段落”对话框中设置“首行缩进 2 字符、段前、段后 0 行、1.5 倍行距”。

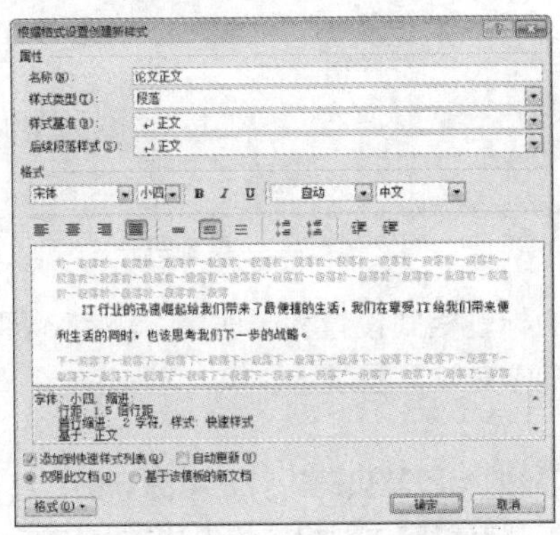

图 2-108　新建正文样式

Step2：将光标置于论文正文中，单击“样式”组中的“论文正文”样式，则对光标所在段落应用了该样式。

工序 5：添加目录

利用二级标题样式生成创新方案目录，要求：目录中含有“标题 1”“标题 2”。其中“目录”的标题格式为“居中、小二、黑体”。目录的正文格式为“小四、宋体”。

Step1：将光标置于封面部分最后，按“Enter”键另起一行，在“开始”选项卡中的“字体”组中，单击“清除所有格式”按钮，清除光标所在处的所有格式。

Step2：选择“插入”选项卡，单击“页面”组中的“分页”按钮。

Step3：此时光标位于新的一页，输入文本“目录”并按“Enter”键。

Step4：选择“视图”选项卡，在“显示”组中勾选“导航窗格”复选框，如图 2-109 所示。

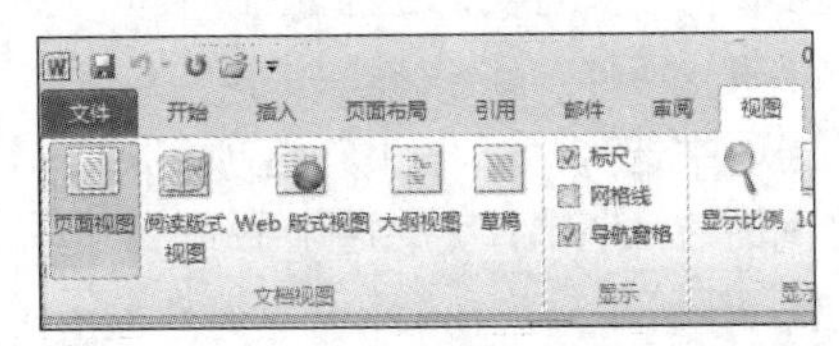

图 2-109　勾选“导航窗格”复选框

Step5：打开导航窗格，在窗格中可以查看文档的结构。

Step6：若文档的结构无误，将光标放置于新一页的“目录”下一行，选择“引用”选项卡，单击“目录”组中的“目录”按钮，在弹出的列表中选择“自定义目录”选项，打开“目录”对话框，在“显示级别”文本框中输入“2”，单击“确定”按钮，在文本“目录”之后便自动生成文章的目录，如图 2-110 所示。

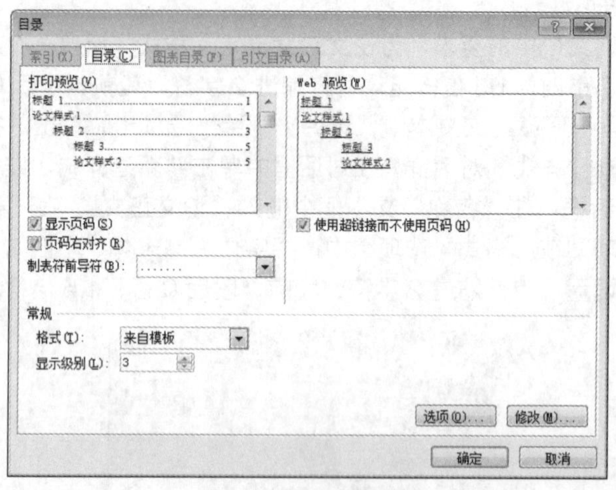

图 2-110　目录预览

Step7：将文本“目录”的标题格式设置为“居中、小二、黑体”，将目录的正文格式设置为“小四、宋体”，目录效果如样文效果图所示。

小技巧　**① 目录中包含相应的标题及页码，只要将鼠标指针移到目录处，按住“Ctrl”键的同时单击某个标题，就可以定位到相应的位置。**

② 如果要将整个目录复制到另一个文件中单独保存或者打印，必须要将其与原来的文本断开链接，否则在保存或打印时会出现页码错误。具体操作是：选择整个目录，按“Ctrl+Shift+F9”组合键断开链接，取消文本下划线及颜色，即可正常进行保存和打印。

工序 6：插入分节符

在目录与正文之间插入“分节符”，将创新方案分为两节，其中封面、摘要和目录作为一节，正文之后的内容作为一节。

Step1：将光标放置在正文“第一章 项目背景”文字的前面，选择“布局”选项卡，单击“页面设置”组中的“分隔符”下拉按钮可以看到“分节符”子选项，如图 2-111 所示。

Step2：在“分节符”子选项中选择“下一页”选项，分节符随即出现在光标之前，同时在 Word 状态栏中节号由原来的“1 节”变为了“2 节”。

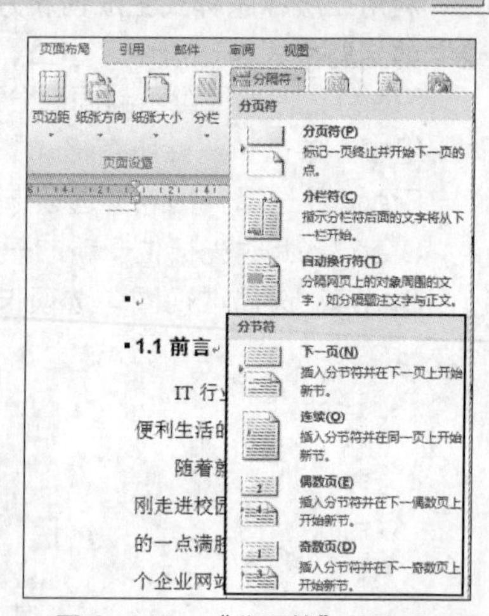

图 2-111　“分隔符”子选项

> **说明**
>
> ① 如果目录之后存在“分页符”，应将其删除，否则再插入一个“分节符”，就会新增一张空白页。
>
> ② 在“大纲视图”下，可以清楚地看到分页符和分节符在外观上的区别：分页符是单虚线，分节符为双虚线。
>
> ③ 若要删除多余的分页符或分节符，可在“普通视图”下，选择分页符或分节符，然后按“Delete”键。

工序 7：插入页眉和页脚

为创新方案的正文部分（即第 2 节）的奇偶页设置不同的页眉：奇数页的页眉设置为学院名称在左侧、报告题目在右侧，如图 2-112 所示；偶数页的页眉设置为报告题目在左侧、学院名称在右侧，如图 2-113 所示。

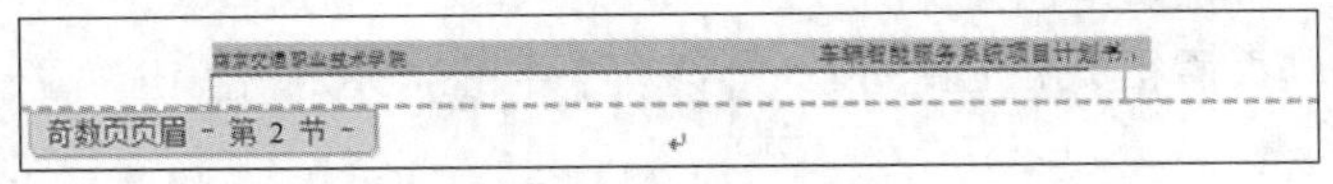

图 2-112　奇数页页眉

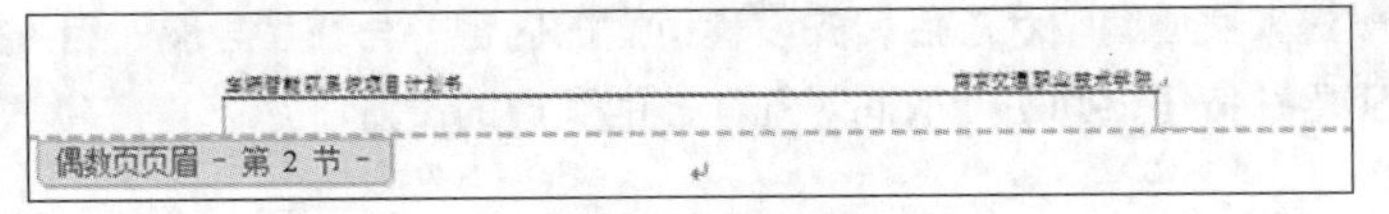

图 2-113　偶数页页眉

Step1：将视图切换至“页面视图”下，光标置于论文正文所在的节中，即第 2 节的任意位置。

Step2：选择“插入”选项卡，单击“页眉和页脚”组的“页眉”按钮，如图 2-114 所示。

图 2-114　单击“页眉”按钮

Step3：在打开的“页眉”下拉列表中选择“编辑页眉”选项，如图 2-115 所示，进入页眉编辑状态，如图 2-116 所示。

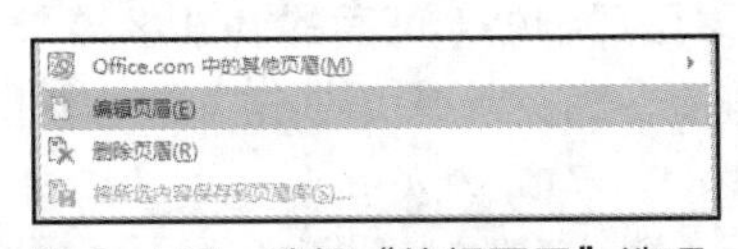

图 2-115　选择“编辑页眉”选项

图 2-116　进入页眉编辑状态

Step4：在“页眉和页脚工具-设计”选项卡“选项”组中勾选“奇偶页不同”复选框，如图 2-117 所示，单击“确定”按钮。

Step5：在“导航”组中单击“链接到前一条页眉”按钮，如图 2-118 所示；当该按钮处于未开启状态时，页面右上角“与上一节相同”的字样消失，断开了第 2 节的奇数页与第 1 节奇数页页眉的链接。

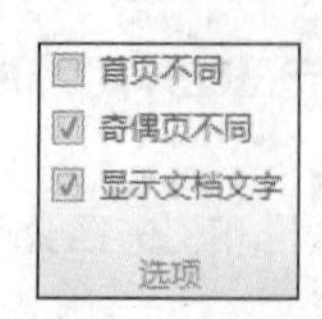

图 2-117 勾选“奇偶页不同”复选框

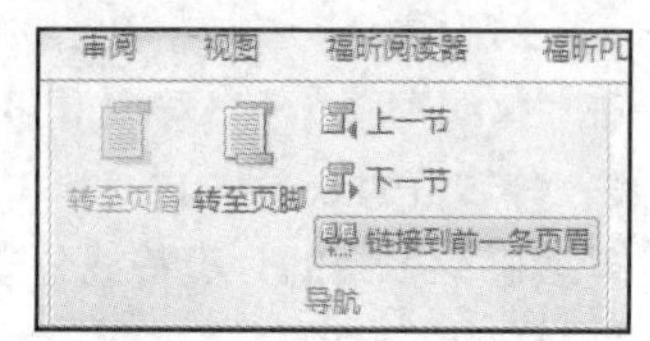

图 2-118 单击“链接到前一条页眉”按钮

Step6：在“开始”选项卡的“段落”组中单击“两端对齐”按钮，将光标置于页眉左端，输入“南京交通职业技术学院”文本。按两次“Tab”键，将光标移至页眉右端，输入报告题目“车辆智能服务系统”文本。

Step7：以上操作只是完成了奇数页页眉的制作，而偶数页的页眉需要再制作一次；重复步骤 5 和步骤 6，在偶数页上插入页眉。

Step8：单击“页眉和页脚工具-设计”选项卡中的“关闭”按钮，退出页眉和页脚编辑状态。

注意　**如果进入页眉编辑状态后，先设置页眉的内容，再在“导航”组中单击“链接到前一条页眉”按钮，则不能取消对前面节的页眉的设置。**

小技巧　**① 若要删除页眉页脚，则只需要进入页眉和页脚编辑状态后，选取要删除的内容后，按“Delete”键即可。**

② 若要删除页眉中的横线，可将光标置于页眉处，在“开始”选项卡的“字体”组中单击“清除格式”按钮。

工序 8：设置页码

仅在创新方案的第 2 节设置页码，页码位置为“页面底端（页脚）”，对齐方式为“外侧”，格式为“1，2，3…”，起始页码为 1。

Step1：选择“插入”选项卡，单击“页眉和页脚”选项组中的“页眉”按钮，在打开的“页眉”下拉列表中选择“编辑页眉”选项，进入编辑状态。

Step2：在“导航”组中单击“转至页脚”按钮，将光标移至页脚处（页面的底部区域）。

Step3：断开所有奇偶页中第 1 节和第 2 节之间的页脚链接，确保所有页脚右端的“与上一节相同”字样消失。

Step4：将光标置于论文正文的任意位置，即“第 2 节”中；选择“插入”选项卡，在“页眉和页脚”组中单击“页码”按钮，打开“页码”下拉列表，如图 2-119 所示。

Step5：在“页码”下拉列表中设置“页面底端”为“普通数字 1”，在“对齐方式”下拉列表中选择“外侧”选项，单击“设置页码格式”按钮，打开“页码格式”对话框，如图 2-120 所示；在“编号格式”下拉列表框中选择“1，2，3…”选项，在“页码编号”栏中选中“起始页码”单选按钮，将“起始页码”设置为“1”，单击“确定”按钮。

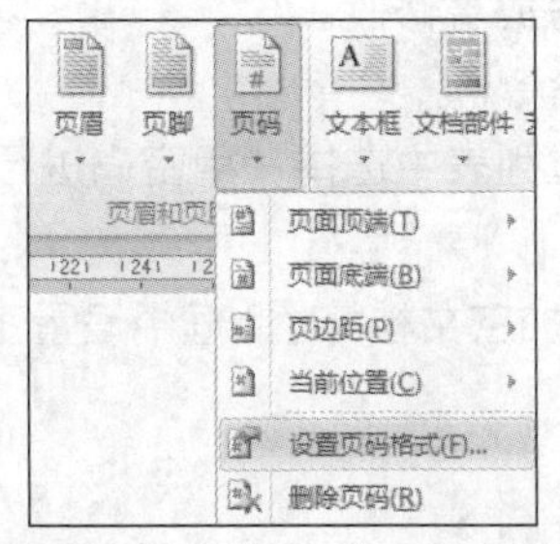

图 2-119 “页码”下拉列表

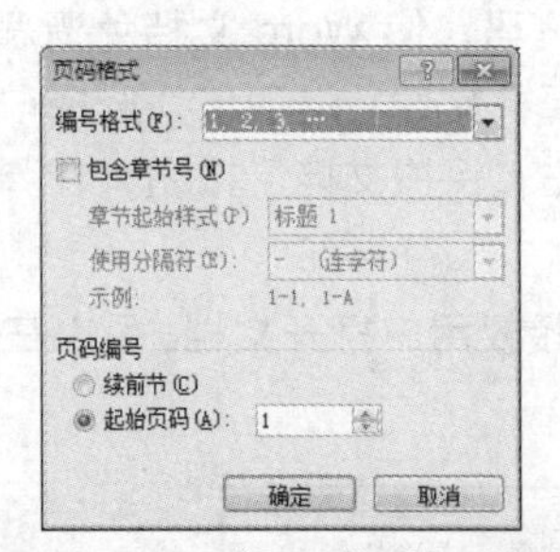

图 2-120 “页码格式”对话框

说明　**页码的起始页是从创新方案的第 2 节（即正文部分）开始的，与实际纸张的页码有出入。为保持论文排版的实用性，即使得目录中的页码与新设置的页码相吻合，需要将目录页码进行更新。更新目录页码的具体操作见“任务资讯”。**

工序 9：添加脚注尾注

为报告正文 1.3 节中的“创新报告的意义”插入脚注“中国‘互联网+’大学生创新创业大赛的有关报道”。

Step1：将光标置于文本“创新报告的意义”之后。

Step2：选择“引用”选项卡，单击“插入脚注”按钮，光标自动置于页面底部的脚注编辑位置。

Step3：输入脚注内容“中国‘互联网+’大学生创新创业大赛的有关报道”，单击文档编辑窗口任意处，退出脚注编辑状态，完成脚注插入，效果如图 2-121 所示；为创新报告添加尾注，操作步骤同脚注。

Step4：要对脚注和尾注的默认设置进行修改，可以在“引用”选项卡的“脚注”选项组中单击“对话框启动器”按钮，弹出“脚注和尾注”对话框，分别设置“位置”“格式”等参数，单击“插入”按钮，如图 2-122 所示。

① 中国“互联网+”大学生创新创业大赛的有关报道。

图 2-121 插入脚注后的效果图

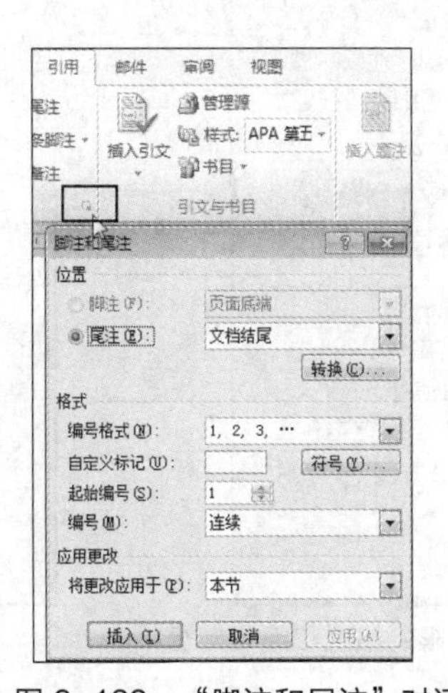

图 2-122 “脚注和尾注”对话框

工序 10：设置文档密码

为文档设置密码，使 Word 文档免遭恶意的攻击或者修改。

Step1：选择“文件”选项卡，选择“信息”命令。

Step2：单击“保护文档”按钮，在弹出的下拉列表中选择“用密码进行加密”选项，如图 2-123 所示。

为了防止非授权用户打开文档，可以在弹出的“加密文档”对话框中设置密码，如图 2-124 所示。

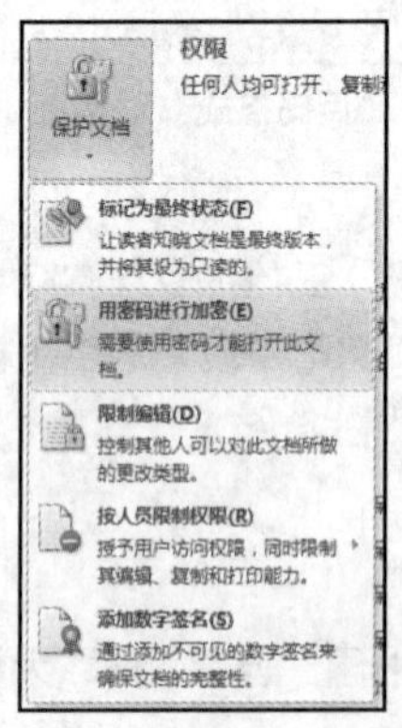

图 2-123　“用密码进行加密”选项

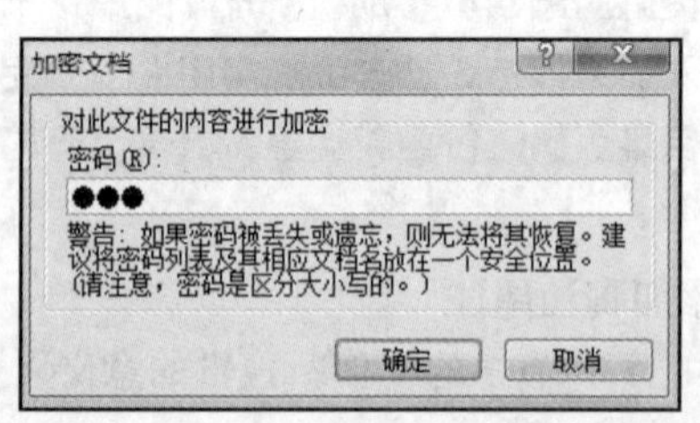

图 2-124　“加密文档”对话框

工序 11：编辑限制

给编辑完成的文稿进行编辑限制，对文档进行保护。

Step1：单击“保护文档”按钮，在弹出的下拉列表中选择“限制编辑”选项。

Step2：在“限制格式和编辑”窗格中可以进行格式设置限制、编辑限制，如图 2-125 所示；设定完成后，在“3.启动强制保护”下，单击“是，启动强制保护”按钮；在弹出的“启动强制保护”对话框中设定密码后，单击“确定”按钮，如图 2-126 所示。

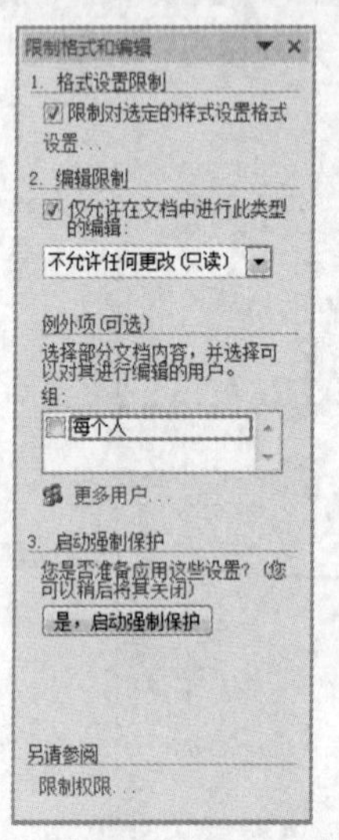

图 2-125　“限制格式和编辑”窗格

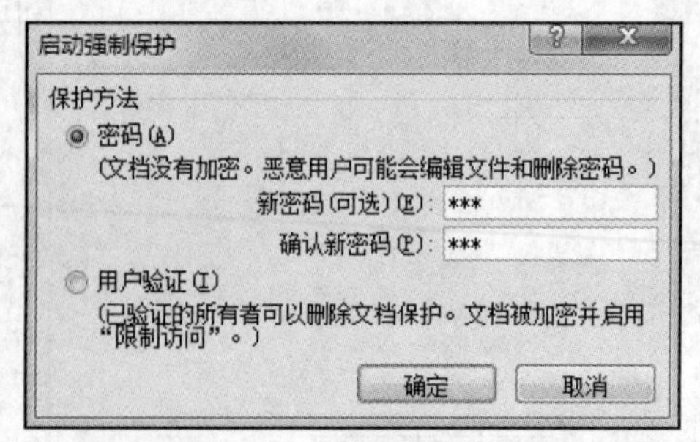

图 2-126　“启动强制保护”对话框

自主训练

软件需求说明书的作用在于方便用户、开发人员进行理解和交流，作为软件开发工作的基础和依据，并作为确认测试和验收的依据。本任务中需要处理封面、生成目录，为正文中各对象设置相应格式。

打开文档“..\计算机应用基础教程素材\Word2016\2-5《车联网App》软件需求说明书素材.docx”，完成软件需求规格说明书封面和目录的制作，效果如图 2-127 所示。

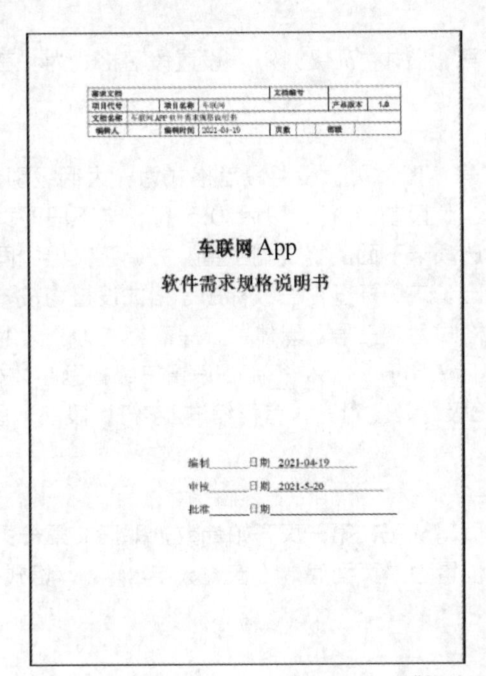

需求文档			文档编号			
项目代号		项目名称	车联网		产品版本	1.0
文档名称	车联网 APP 软件需求规格说明书					
编辑人		编辑时间	2021-04-19	页数	密级	

车联网 App

软件需求规格说明书

编制______日期 2021-04-19

审核______日期 2021-5-20

批准______日期______

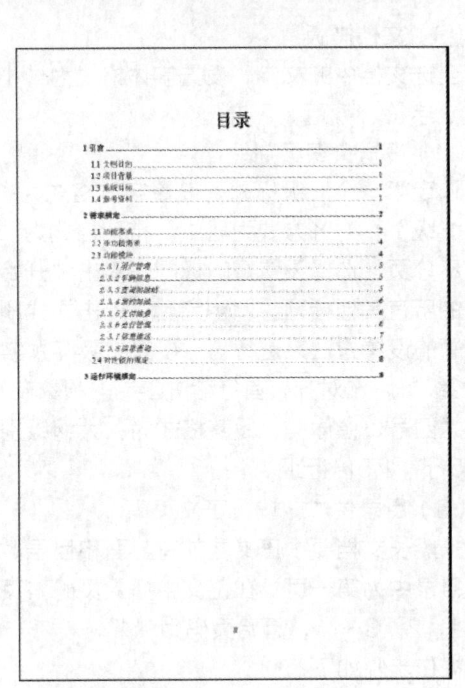

目录

1 引言……1
1.1 文档目的……1
1.2 项目背景……1
1.3 系统目标……1
1.4 参考资料……1
2 需求规定……2
2.1 功能需求……2
2.2 非功能需求……4
2.3 功能模块……4
2.3.1 用户管理……5
2.3.2 车辆信息……5
[illegible]
2.4 对性能的规定……8
3 运行环境规定……8

图 2-127 “软件需求规格说明书”效果图

（1）制作封面

插入图 2-128 所示封面表格，完成软件需求规格说明书的版本设计表格，要求文本格式为“宋体、小四”，标题部分“加粗”。

需求文档				文档编号			
项目代号		项目名称	车联网			产品版本	1.0
文档名称	车联网 App 软件需求规格说明书						
编辑人		编辑时间	2021-04-19	页数		密级	

图 2-128 封面表格

（2）将封面中的下划线长度设为一致

① 选取文本。按住“Alt”键同时拖曳鼠标指针选择多余的下划线，即一矩形区域，如图 2-129 所示。

② 按“Delete”键清除选择的内容，得到整齐的下划线。

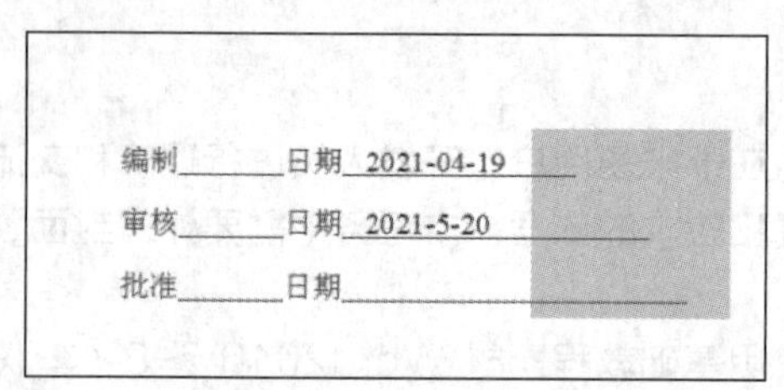

图 2-129　封面下划线长度对齐

（3）文档排版

全选文档中的文字，设置字体格式为“小四号、楷体 GB2312”；设置段落格式为“首行缩进 2 字符、行距 1.5 倍”。

（4）设置大纲级别

选定第一个一级标题，设置字体格式为“二号、黑体”。设置段落格式为：大纲级别为“1 级”；对齐方式为居中；特殊格式为“无”；段前 1 行，段后 0.5 行；与下段同页，段中不分页。选择设置好的标题，双击“开始”选项卡下面的格式刷工具，去调整文档中同级别的所有其他标题，调整完后，单击格式刷退出。二级标题、三级标题等格式设置均按一级标题的设置方法来进行。　设置二级标题字体格式为“三号、黑体”，段落格式为：大纲级别“2级”，左对齐，首行缩进2字符，段前、段后0.5行，1.5倍行距。设置三级标题字体格式为“四号、黑体”，段落格式为：大纲级别“3级”，左对齐，首行缩进2字符，段前、段后0.5行，1.5倍行距。

（5）目录生成，设置正文页码

一般长文档要求正文之前有封面和目录，且页码从正文第一页开始计数，即正文第一页为在目录中为第一页。在正文中插入页码，页码位置为“页面底端（普通数字2）”，格式为“1，2，3…”，起始页码为“1”。

操作步骤如下。

① 将光标定位在文档最开头，单击“布局”选项卡“页面设置”组中的“分隔符”下拉按钮，选择“下一页”选项，出现分页符，这时文档会在正文前面插入一空白页面，这一页面即为封面。

② 将光标定位在封面最开头，单击“插入”选项卡“页面”组中的“分页”按钮，出现分节符。

③ 将光标定位在第一页开头（分页符前），输入封面文字、插入图片。

④ 将光标定位在第二页开头（分节符前），单击“引用”选项卡内“目录”组中的“目录”按钮，选择“自动目录”（或“插入目录”）选项。

⑤ 将光标定位在正文第一页，单击“插入”选项卡“页眉和页脚”组中的“页码”按钮，选择“页面底端”（或其他）、“普通数字 2”（或其他）选项，此时单击“页眉和页脚工具-设计”选项卡中的“导航”组中的“链接到前一条页眉”按钮，以断开正文与前两页之间的链接。单击页码，设置页码格式，“起始页码”为“1”。

⑥ 跳转到封面页、目录页，删除页码，关闭页眉和页脚工具。

（6）保存文件

（7）查看导航窗格

导航窗格如图 2-130 所示。

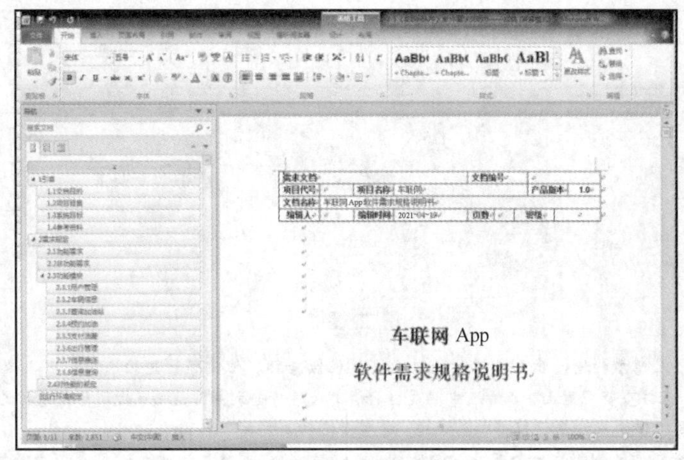

图 2-130 导航窗格

注意事项如下。

① 封面在分页符前制作，目录在分节符前制作。

② 当文档内容有修改，特别是内容所在页面有变动时，可以自动更新目录：在目录处右键单击，在弹出的快捷菜单中选择“更新目录”命令，即可视情况选择“只更新页码”或“更新整个目录”选项进行目录更新。

综合训练

训练一

在 Word 2016 中打开“..\计算机应用基础教程素材\Word2016\画鸟的猎人.docx”文档，按下列要求设置、编排文档的版面，如图 2-131 所示。

① 页面设置：设置页边距为上、下各 2 厘米，左、右各 3 厘米。

② 艺术字：标题“画鸟的猎人”设置为艺术字，艺术字样式为第 2 行第 4 列；字体为华文行楷、字号为 44；形状为桥型；发光效果为红色、柔化边缘 3 磅，透明度 50%；轮廓线为紫色实线，0.5 磅；环绕方式为嵌入型。

③ 分栏：将除正文第一段外的其余各段设置为两栏格式，栏间距为 3 个字符，加分隔线。

④ 边框和底纹：为正文最后一段设置底纹，图案样式 10%；为最后一段添加双波浪形边框。

⑤ 图片：在样文所示位置插入“..\计算机应用基础教程素材\Word2016\郁金香.jpg”图片；图片缩放为 20%；环绕方式为紧密型。

⑥ 脚注和尾注：为第 2 行“艾青”两个字插入尾注“艾青：（1910～1996）现、当代诗人，浙江金华人。”。

⑦ 页眉和页脚：按样文添加页眉文字，插入页码，并设置相应的格式。

散文欣赏　　第1页

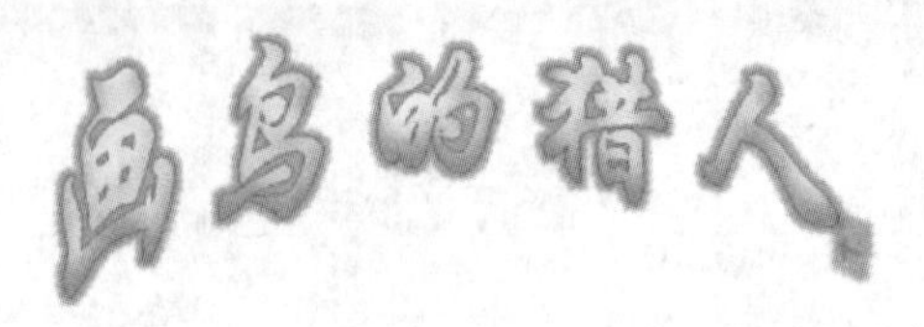

艾 青

一个人想学打猎，找到一个打猎的人，拜他做老师。他向那打猎的人说："人必须有一技之长，在许多职业里面，我所选中的是打猎，我很想持枪到树林里去，打到那我想打的鸟。"

于是打猎的人检查了那个徒弟的枪，枪是一支好枪，徒弟也是一个有决心的徒弟，就告诉他各种鸟的性格和有关瞄准与射击的一些知识，并且嘱咐他必须寻找各种鸟去练习。

那个人听了猎人的话，以为只要知道如何打猎就已经能打猎了，于是他持枪到树林。但当他一进入树林，走到那里，还没有举起枪，鸟就飞走了。

于是他又来找猎人，他说："鸟是机灵的，我没有看见它们，它们先看见我，等我一举起枪，鸟早已飞走了。"

猎人说："你是想打那不会飞的鸟吗？"

他说："说实在的，在我想打鸟的时候，要是鸟能不飞该多好呀！"

猎人说："你回去，找一张硬纸，在上面画一只鸟，把硬纸挂在树上，朝那鸟打——你一定会成功。"

那个人回家，照猎人所说的做了，试验着打了几枪，却没有一枪能打中。他只好再去找猎人。他说："我照你说的做了，但我还是打不中画中的鸟。"猎人问他是什么原因，他说："可能是鸟画得太小，也可能是距离太远。"

那猎人沉思了一阵向他说："对你的决心，我很感动，你回去，把一张大一些的纸挂在树上，朝那纸打——这一次你一定会成功。"

那人很担忧地问："还是那个距离吗？"

猎人说："由你自己去决定。"

那人又问："那纸上还是画着鸟吗？"

猎人说："不。"

那人苦笑了，说："那不是打纸吗？"

猎人很严肃地告诉他说："我的意思是，你先朝着纸只管打，打完了，就在有孔的地方画上鸟，打了几个孔，就画几只鸟——这对你来说，是最有把握的了。"

[1]艾青：（1910～1996）现、当代诗人，浙江金华人。

图 2-131　图文混排

注意

① 调整文字格式之前需要选中文字。

② 调整段落格式需要将光标插入要调整格式的段落中。

训练二

毕业将至，为了感谢在校期间各位老师的关心和帮助，毕业生朱娟特地制作了“答谢卡”送给各位老师。采用 Word 2016 的邮件合并功能，利用表 2-4 所示的主文档和素材中提供的数据源完成相应的操作。

主文档：

老师：

感谢您在三年的学习生活中给了我知识和力量，在毕业来临之际，朱娟祝您万事大吉！生活幸福！

学生：朱娟

2021.6.1

表 2-4　数据源（表格）

教师姓名
李平
张辉
高瑞雪
张新林
黄兴
李前林
王明

项目3
Excel 2016应用

Excel 2016 是 Microsoft 公司推出的 Office 2016 办公自动化软件的核心组件之一，是一个功能强大的电子表格处理软件。我们可以使用 Excel 2016 快速创建工作簿（电子表格集合）并设置工作簿的格式，以便进行数据计算、分析和统计等，还可以迅速地生成图表，可广泛地应用于人事管理、财务、金融、学生管理等领域。本项目以学校某班级学生成绩表的制作为例，通过 5 个具体任务的实现，全面讲解电子表格制作软件 Excel 2016 的应用。通过本项目的学习，读者能系统掌握 Excel 2016 中的数据输入、格式化设置、公式和函数的使用、数据统计与分析、图表制作及数据表输出等知识点，方便、快捷、直观地从原始的数据中获得丰富、准确的信息，从而满足日常办公所需。

项目学习目标

- 掌握 Excel 2016 工作簿的创建、打开、数据输入和保存。
- 掌握 Excel 2016 工作表的复制与格式设置。
- 掌握 Excel 2016 公式及函数的使用。
- 掌握 Excel 2016 的数据排序、筛选、分类汇总、合并计算及数据透视表操作。
- 掌握 Excel 2016 图表的创建与编辑。
- 掌握 Excel 2016 的页面设置及电子表格打印。

任务 1　数据表的创建与编辑

任务描述

学期结束，电子信息工程学院 1840111 班学生的各科考试成绩已经出来，班主任王老师需要把所有学生的各科成绩用 Excel 2016 进行统计，以备下一学期初评奖学金时使用。通过 Excel 2016 制作电子表格“学生成绩表”，进行格式调整后的表格效果如图 3-1 所示。

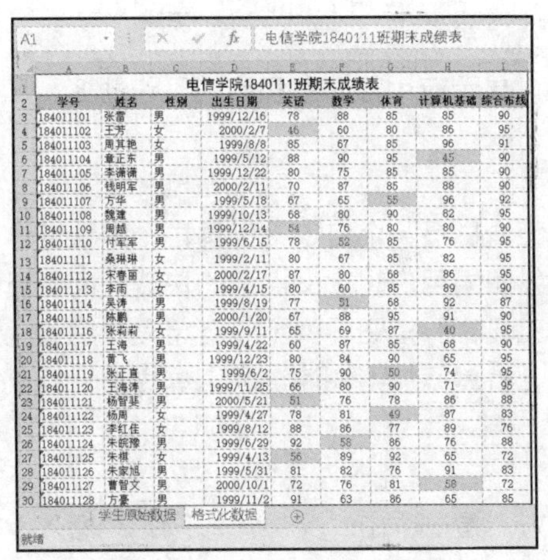

电信学院1840111班期末成绩表								
学号	姓名	性别	出生日期	英语	数学	体育	计算机基础	综合布线
184011101	张雷	男	1999/12/16	78	88	85	85	90
184011102	王芳	女	2000/2/7	46	60	80	86	95
184011103	周其艳	女	1999/8/8	85	67	85	96	91
184011104	章正东	男	1999/5/12	88	90	95	45	90
184011105	李潇潇	男	1999/12/22	80	75	85	85	90
184011106	钱明军	男	2000/2/11	70	87	85	88	90
184011107	方华	男	1999/5/18	67	65	55	96	92
184011108	魏建	男	1999/10/13	68	80	90	82	95
184011109	周越	男	1999/12/14	54	76	80	80	90
184011110	付军军	男	1999/6/15	78	52	85	76	95
184011111	桑琳琳	女	1999/2/11	80	67	85	82	95
184011112	宋春丽	女	2000/2/17	87	80	68	86	95
184011113	李雨	女	1999/4/15	80	60	85	89	90
184011114	吴涛	男	1999/8/19	77	51	68	92	87
184011115	陈鹏	男	2000/1/20	67	88	95	91	90
184011116	张莉莉	女	1999/9/11	65	69	87	40	95
184011117	王海	男	1999/4/22	60	87	85	68	90
184011118	黄飞	男	1999/12/23	80	84	90	65	95
184011119	张正直	男	1999/6/2	75	90	50	74	95
184011120	王海涛	男	1999/11/25	66	80	90	71	95
184011121	杨智斐	男	2000/5/21	51	76	78	86	88
184011122	杨周	女	1999/4/27	78	81	49	87	83
184011123	李红佳	女	1999/8/12	88	86	77	89	76
184011124	朱皖豫	男	1999/6/29	92	58	86	76	88
184011125	朱棋	女	1999/4/13	56	89	92	65	72
184011126	朱家旭	男	1999/5/31	81	82	76	91	83
184011127	曹智文	男	2000/10/1	72	76	81	58	72
184011128	方豪	男	1999/11/2	91	63	86	65	85

图 3-1 “学生成绩表”效果图

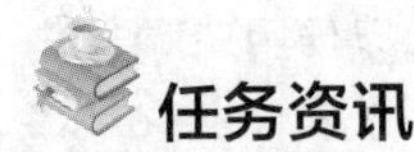

任务资讯

1. Excel 2016 的启动与退出

（1）启动 Excel 2016

启动 Excel 2016 通常有以下几种方法。

① 选择“开始”→“Excel 2016” 启动 Excel 2016，选择“空白工作簿”模板，即可创建一个空白工作簿“工作簿 1”。

② 双击建立在 Windows 7 桌面上的或快速启动栏中的“Excel 2016”快捷方式图标即可启动 Excel 2016。

③ 双击任意已经创建好的 Excel 文件，在打开该文件的同时启动 Excel 2016。

（2）退出 Excel 2016

在退出 Excel 2016 之前，必须先保存好文件。退出 Excel 2016 通常有以下几种方法。

① 单击 Excel 2016 窗口右上角的“关闭”按钮。

② 按“Alt+F4”组合键。

2. 认识 Excel 2016 工作界面

启动 Excel 2016，创建一个空白工作簿“工作簿 1”，其工作界面由标题栏、快速访问工具栏、功能区、编辑栏、工作表编辑区、状态栏等组成，如图 3-2 所示。

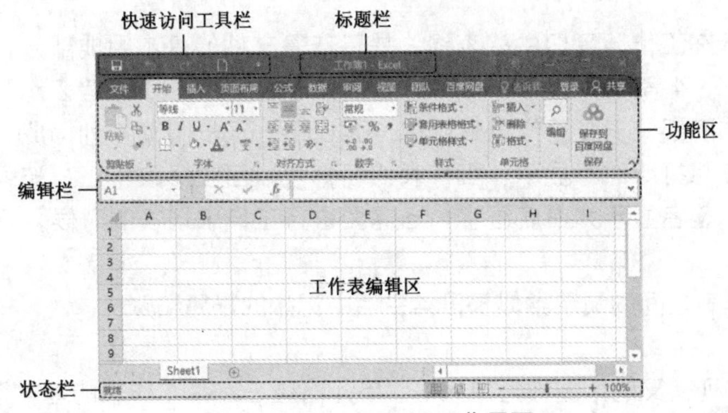

图 3-2 Excel 2016 工作界面

（1）标题栏

标题栏位于窗口的顶部，显示应用程序名和当前工作簿名。Excel 2016 默认新建工作簿名称为“工作簿 1”。

（2）快速访问工具栏

Excel 2016 快速访问工具栏是一个自定义工具栏，默认包含有“保存”“撤销”“恢复”等工具按钮，方便用户使用。如果用户想定义自己的快速访问工具栏，可以单击快速访问工具栏右侧的“自定义快速访问工具栏”按钮，弹出“自定义快速访问工具栏”下拉列表，在列表中勾选需要添加的工具按钮，将其添加到快速访问工具栏上。相反，如果需要删除某个工具按钮，取消勾选即可。

（3）功能区

功能区位于标题栏的下方，是一个由“文件”“开始”“插入”等多个选项卡组成的区域。Excel 2016 将用于处理数据的所有命令组织在不同的选项卡中。选择不同的选项卡，可切换功能区中显示的工具命令。在每一个选项卡中，命令又被分类放置在不同的组中，组的右下角通常都会有一个“对话框启动器”按钮，用于打开与该组命令相关的对话框，以便用户对要进行的操作做进一步的设置。

（4）编辑栏

编辑栏的左端是名称框，用来显示当前选择单元格的地址，中间是工具按钮，右端是数据编辑区，主要用于输入和编辑活动单元格中的数据。当一个单元格被选中时，其地址（例如 A6）随即会显示在名称框中，同时用户可以在数据编辑区中直接输入或编辑该单元格的内容。当在工作表的某个单元格中输入数据时，数据编辑区也会同步显示输入的内容。

（5）工作表编辑区

工作表编辑区用于显示或编辑工作表中的数据。

（6）状态栏

状态栏位于窗口底部，用来显示当前编辑区的状态。Excel 2016 支持 3 种显示模式，分别为“普通”“页面布局”“分页预览”模式，单击右下角的相应按钮可进行显示模式的切换。

3. 基本概念

（1）工作簿

在 Excel 2016 中，一个工作簿就是一个 Excel 文件，用来存储并处理数据，其扩展名为“.xlsx”。在默认的情况下，一个工作簿包含一张工作表，可以根据实际工作的需要插入或删除工作表，最多可包含 255 张相互独立的工作表。

（2）工作表

工作表是显示在工作簿窗口中的表格，是工作簿文件的基本组成部分，由行和列组成，行用数字 1、2、3、4 等来表示行号，列用英文字母 A、B、C、D 等表示列标，以标签的形式排列在工作簿的底部。一张工作表默认由 1048576 行、16384 列构成，工作表中的网格线是虚拟线条，实际打印时不显示。工作表的名称可以自由修改，正在被编辑的工作表称为活动工作表，其标签名显示为白底绿字，当需要进行工作表切换的时候，只需要单击相应工作表标签即可。

工作簿与工作表之间的关系类似于日常生活中记账的账簿和账页。

（3）单元格

工作表中行和列交叉的区域称为单元格。单元格是 Excel 工作表的基本组成单位，一个工作表最多有 1048576×16384 个单元格。每个单元格都对应有一个由行号和列标组成的地址，称为单元格地址，如 B6、X24 等。为区分不同工作表中的单元格，可在单元格坐标前加上工作表名，例如“Sheet2!B6”，表示该单元格为 Sheet2 工作表中的 B6 单元格。

（4）活动单元格

单击工作表中某一单元格时，该单元格的周边就会显示绿色粗边框，表示该单元格已被选取（或称为激活），可进行输入或编辑操作，称为活动单元格，此时编辑栏的名称框中将显示该单元格的地址，数据编辑区中显示该单元格的内容。

一组被选中的单元格称为单元格区域，该区域可以是相邻的，也可以是彼此分离的。对一个单元格区域进行操作就是对该区域中所有单元格执行相同的操作。连续的单元格区域表示方法为“左上角单元格地址:右下角单元格地址”，注意单元格地址和其中的冒号为英文半角符号。例如“B3:C4”表示由 B3、C3、B4、C4 单元格组成的矩形区域。

4．常用输入数据类型

在 Excel 2016 中输入的数据有多种类型，最常用的输入数据类型有文本型、数值型、日期时间型等。

（1）文本型

文本型数据包括汉字、英文字母、数字、空格和符号等，默认对齐方式为左对齐。当输入的文本长度超出了当前单元格列宽且右边相邻单元格里没有数据时，允许覆盖相邻单元格显示；如果右边单元格已有数据，则超出部分就会被隐藏起来，只有调整单元格列宽才能显示出来。

如果要输入的字符串全部由数字组成，如邮政编码、电话号码、存折账号等，为了避免 Excel 2016 把它按数值型数据处理，在输入时可以先输一个单引号“'”（英文符号）作为前导符，再接着输入具体的数字。例如，要在单元格中输入电话号码“02586115098”，应连续输入“'02586115098”，再按“Enter”键，出现在单元格里的就是“02586115098”，并自动左对齐。

（2）数值型

数值型数据包括 0～9 中的数字及含有由正号、负号、货币符号、百分号等任意一种符号组成的数据，默认对齐方式为右对齐。当输入的数值型数据长度超过单元格列宽，系统将自动以科学记数法表示，若单元格中填满了“#”符号，说明该单元格所在列宽不足以显示这个数值，需要改变单元格列宽。当输入的数值长度超过 11 位时，则自动转换为科学记数格式，如“3.123456E+12”。

在单元格输入数值过程中，有以下两种情况需要注意。

① 正负数：输入正数时，正号“+”可以忽略；输入负数时，应在数值前加一个“-”号或把数值放在括号里，例如“-66”或“(66)”，按“Enter”键就可以在单元格中显示“-66”。

② 分数：输入分数时，应先输入一个“0”加一个空格，再输入分数，否则 Excel 2016 会把分数当作日期处理，例如，输入“0 2/3”，表示三分之二。

（3）日期时间型

在 Excel 2016 中，日期和时间均作为特殊类型的数值，这些数值的特点是采用了日期或时间的格式。在单元格中输入可识别的时间和日期数据时，单元格的格式自动从“通用”转换为相应的“日期”或者“时间”格式，而不需要人为设置。输入的日期和时间数据自动右对齐。如果输入的日期和时间系统不能识别，则作为文本数据处理。

在 Excel 2016 中，日期和时间的格式取决于 Windows 中区域选项的设置。一般情况下，日期用“/”表示，时间用“:”表示。系统默认时间用 24 小时制表示，若要用 12 小时制表示，可以在时间后面输入 a 或 p，用来表示上午或下午，但与时间之间要用空格隔开。

可以利用组合键快速输入当前的系统日期和时间，具体操作如下：按“Ctrl+;”组合键可以在当前光标处输入当前日期；按“Ctrl+Shift+;”组合键可以在当前光标处输入当前时间。

5. 单元格与区域的选择

（1）选择单个单元格

将鼠标指针置于要选择的单元格上单击，即可选择该单元格，此时其边框以绿色粗线标识。

（2）选择连续的单元格区域

将鼠标指针置于单元格区域的左上角，按鼠标左键并拖曳至右下角单元格，释放鼠标左键，即可选择连续的单元格区域。如果要选取的是较大单元格区域，先单击左上角单元格，然后按住“Shift”键的同时单击右下角单元格，即可选择相应的单元格区域。

（3）选择不相邻的多个单元格或区域

先选择需要的第一个单元格或区域，然后在按住“Ctrl”键的同时，选择其他单元格或区域。

（4）选择整行、整列或不相邻的多行或列

单击行号或列标，可以选择整行或整列，按住“Ctrl”键单击可以加选不相邻的行或列。

（5）选择整张工作表

单击行号与列标的交叉处，即工作表的全部选定按钮，或按“Ctrl+A”组合键，即可选择整张工作表。

6. 数据的自动填充

在 Excel 2016 数据表格制作过程中，对于相同数据或有规律的数据，可以利用其自动填充功能实现快速有效的数据录入，大大提高用户的工作效率。在 Excel 2016 中，选择一个单元格或区域后，在其右下角会出现一个绿色小方块，称为填充柄。

（1）通过填充柄直接填充

选择填有数据的起始单元格，将鼠标指针移动至填充柄上时，鼠标指针会变为细实心“+”，按住鼠标左键向下或向右填充所有目标单元格后松开，就会在目标区域实现相同数据的快速填充；如果在拖动的同时按住“Ctrl”键，就会在目标区域实现有规律数据的快速填充。例如，在 A1 单元格中输入 1，直接拖曳填充柄至 A9 单元格，则复制单元格，填充效果如图 3-3 所示；如果在拖曳时按住“Ctrl”键，则填充序列，填充效果如图 3-4 所示。

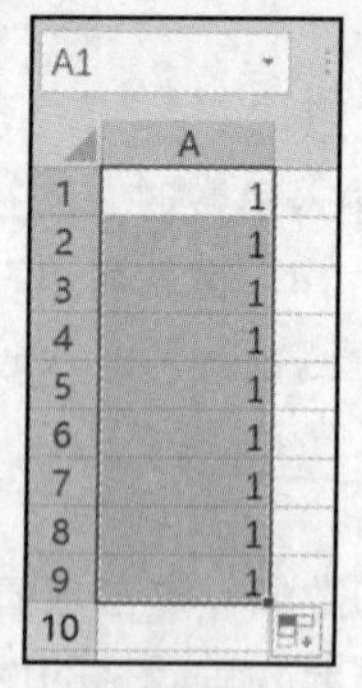

图 3-3　直接拖曳填充柄

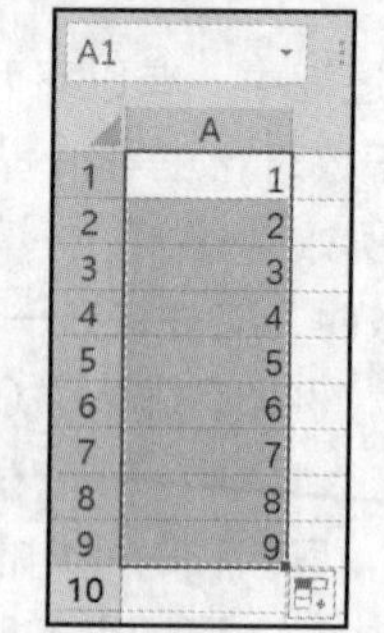

图 3-4　按住“Ctrl”键拖曳

（2）通过“自动填充选项”下拉列表填充

选择填有数据的起始单元格，拖曳填充柄至填充所有目标单元格后松开，目标区域的右下角会出现“自动填充选项”单选按钮组，单击右侧下拉按钮，根据实际需要选中相关单选按钮，实现数据的快速填充，如图 3-5 所示。

（3）通过“序列”对话框填充

选择填有数据的起始单元格，按住鼠标右键拖曳填充柄至填充所有目标单元格后松开，在弹出的快捷菜单中选择“序列”命令，打开“序列”对话框，如图 3-6 所示，在“序列”对话框中根据实际需要进行相关设置，实现数据的快速填充。

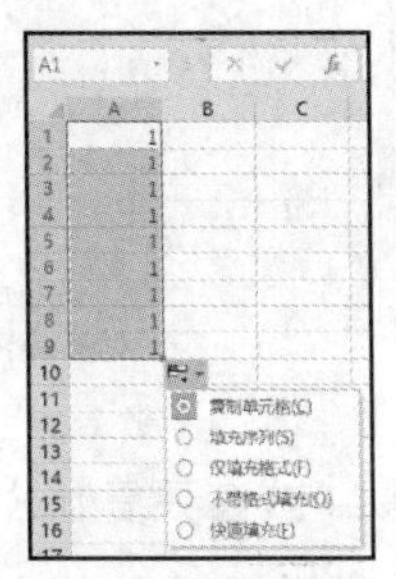

图 3-5 “自动填充选项”下拉列表

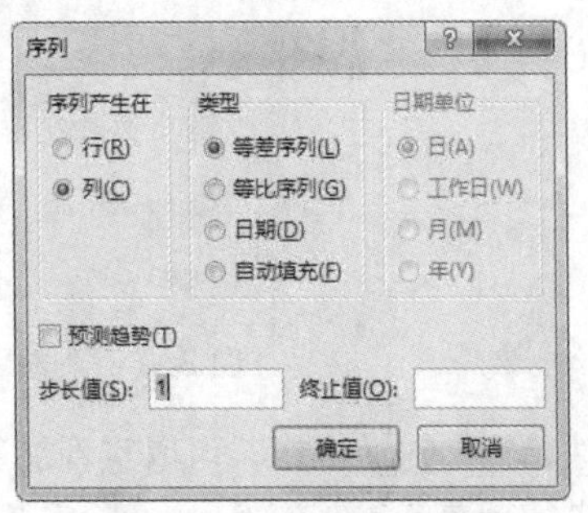

图 3-6 “序列”对话框

小技巧 **通过组合键“Ctrl+Enter”可实现快速输入相同数据：先选择要输入数据的所有单元格，在被选择的最后一个单元格中输入数据，按组合键“Ctrl+Enter”，选择的所有单元格中就会出现相同的数据，实现相同数据的快速填充。**

7. 单元格、行或列的相关操作

（1）移动、复制单元格数据

在 Excel 2016 中，数据的移动或复制与在 Word 2016 中类似，可通过以下几种操作来实现。

① 利用“开始”选项卡中的命令复制或移动数据。单击“开始”选项卡“剪贴板”组中的“剪切”“复制”“粘贴”按钮，可以方便地移动或复制单元格中的数据。在粘贴数据时，应注意要选择与复制数据单元格区域相同的单元格区域或者选中区域左上角的第 1 个单元格进行粘贴。

② 利用鼠标指针的拖曳来移动或复制数据。如果移动或复制的源单元格和目标单元格之间的距离较近，直接使用鼠标指针就可以快速地实现移动和复制数据。选择要移动的单元格或单元格区域，将鼠标指针移动到所选择的单元格区域的边缘，当鼠标指针变成十字箭头状时按住鼠标左键不放拖曳鼠标指针，到达目标位置后释放鼠标左键，则数据被移到新的位置。如果在按鼠标左键的同时按住键盘上的“Ctrl”键，在箭头状的鼠标指针旁边会出现一个加号“+”，表示现在进行的是复制操作而不是移动操作，此时可实现数据的复制。

③ 使用“选择性粘贴”命令复制数据。当进行复制粘贴的时候，如果并不需要将源区域中的所有内容全部粘贴到目标区域，则可以使用“选择性粘贴”命令来有选择地进行数据的复制。复制源区域的数据，选择目标区域中的第一个单元格，单击“开始”选项卡“剪贴板”组中的“粘贴”下拉按钮，选择“选择性粘贴”选项，打开“选择性粘贴”对话框，如图 3-7 所示。在“选择性粘贴”对话框中选择要粘贴的方式，单击“确定”按钮。

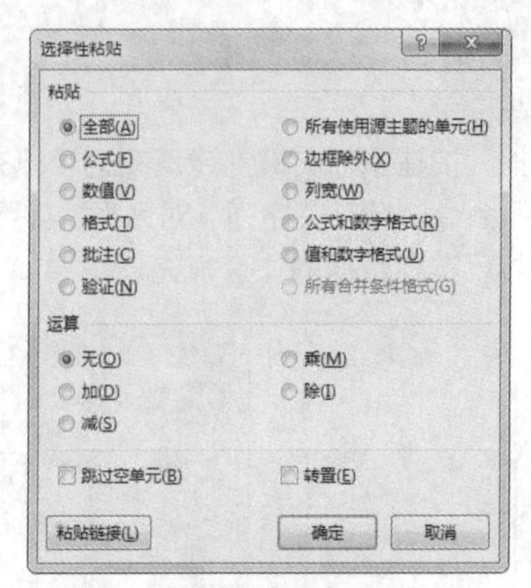

图 3-7　“选择性粘贴”对话框

在“选择性粘贴”对话框中，可以实现加、减、乘、除运算，或者只复制公式、数值、格式等，还可以进行转置的复制操作。

（2）插入或删除单元格、行或列

① 插入或删除单元格：根据需要插入的单元格位置与数量确定选择的单元格区域，右键单击选定区域，在弹出的快捷菜单中选择“插入”命令，选择单元格插入方式即可插入。删除单元格方法类似。

② 插入或删除行或列：根据需要插入行（或列）的位置与数量确定选择的单元格区域，右键单击选定区域，在弹出的快捷菜单中选择“插入”命令，选择插入行（或列）即可，默认状态下会在当前单元格的上方（或左侧）插入整行（或整列）。删除行（或列）方法类似。

（3）显示与隐藏行或列

① 隐藏行或列：选择需要隐藏的行或列并右键单击，在出现的快捷菜单中选择“隐藏”命令即可。

② 取消行或列的隐藏：选择包含隐藏行或列的区域并右键单击，在弹出的快捷菜单栏中选择“取消隐藏”命令即可。

（4）批注

在 Excel 2016 中，可以通过插入批注来对单元格添加注释。添加注释后，可以编辑批注中的文字，也可以删除不再需要的批注。

右键单击需要插入批注的目标单元格，在弹出的快捷菜单中选择“插入批注”命令，打开“批注”文本框，如图 3-8 所示。在文本框中输入批注的内容，单击其他空白处即可完成，关闭文本框后单元格的右上角出现一个红色的三角形。将鼠标指针放在建有批注的单元格上，即可显示批注的内容，效果如图 3-9 所示。右键单击含有批注的单元格，在弹出的快捷菜单中选择“编辑批注”命令，可以在打开的批注文本输入框中编辑批注，如果选择“删除批注”命令，则可以删除此批注。

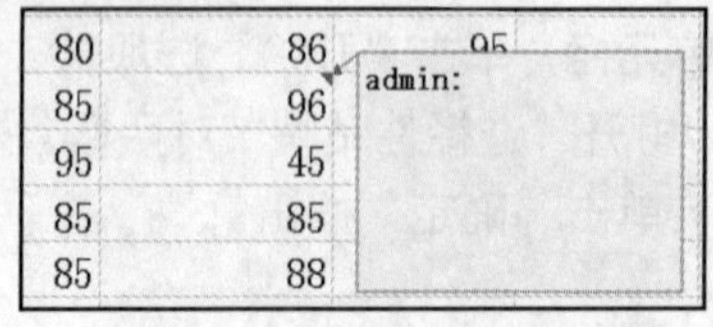

图 3-8　“批注”文本框

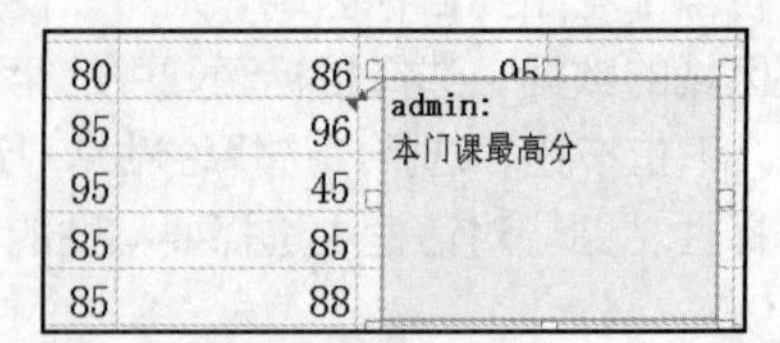

图 3-9　显示批注的内容

8. 工作表基本操作

（1）插入工作表

工作表的插入可通过以下操作来实现。

① 单击工作表标签栏右侧的“新工作表”按钮，可以在当前工作表后面插入一个新的工作表。如果要插入多张工作表，可连续单击该按钮，每单击一次，增加一张新工作表。

② 右键单击任意工作表标签，在弹出的快捷菜单中选择“插入”命令，弹出“插入”对话框，单击“工作表”图标，单击“确定”按钮。

③ 单击“开始”选项卡“单元格”组中的“插入”下拉按钮，在弹出的下拉列表中选择“插入工作表”选项，如图 3-10 所示。

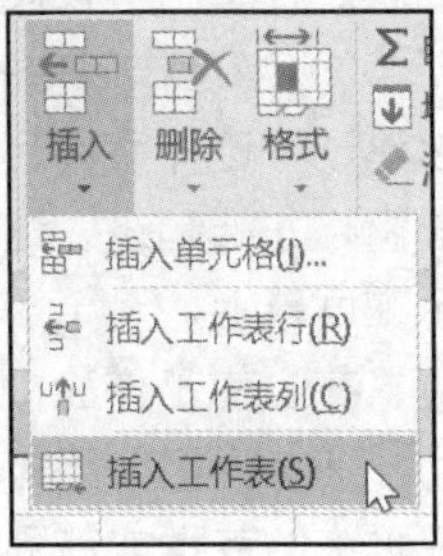

图 3-10　插入工作表

（2）移动或复制工作表

工作表的移动或复制可通过以下操作来实现。

① 按住鼠标左键直接拖曳工作表标签即可完成工作表的移动。复制工作表则是选择要复制的工作表标签，同时按住“Ctrl”键，将复制的工作表拖曳到指定位置。

② 右键单击目标工作表标签，在弹出的快捷菜单中选择“移动或复制”命令，打开“移动或复制工作表”对话框，在“下列选定工作表之前”列表框中选择相应工作表，单击“确定”按钮完成移动操作。如果将“建立副本”复选框勾选，则可实现工作表的复制。

（3）删除工作表

右键单击需要删除的工作表标签，在弹出的快捷菜单中选择“删除”命令即可完成。

（4）重命名工作表

工作表重命名可通过以下操作来实现。

① 双击目标工作表标签，使工作表名称处于灰底黑字状态（可编辑状态），输入新的工作表名。

② 在目标工作表标签上右键单击，在弹出的快捷菜单中选择“重命名”命令，输入新的工作表名。

说明　**用户可以修改工作表标签的颜色：右键单击目标工作表标签，在弹出的快捷菜单中将鼠标指针放在“工作表标签颜色”命令上，弹出“主题颜色”面板，从中选择需要的颜色即可。**

（5）隐藏与恢复工作表

当工作簿中包含的工作表数量较多时，为了避免对重要数据的误操作，可以将这些暂时不用的工作表隐藏起来，也便于用户对其他工作表进行操作；如果想对隐藏的工作表进行编辑，还可以恢复显示隐藏的工作表。

右键单击目标工作表标签，在弹出的快捷菜单中选择“隐藏”命令，即可隐藏该工作表；如果要取消隐藏工作表，只需右键单击任意一个工作表的标签，在弹出的快捷菜单中选择“取消隐藏”命令，弹出“取消隐藏”对话框，选择需要恢复显示的工作表，单击“确定”按钮即可。

（6）拆分与冻结工作表

① 工作表拆分是把当前工作表窗口拆分成几个窗格，每个窗格都可以使用滚动条来调整并显示工作表的各个部分，这样可以在一个文档窗口查看工作表的不同部分。既可以对工件表进行水平拆分，也可以进行垂直拆分。

选择单元格（拆分分割点），单击“视图”选项卡“窗口”组中的“拆分”按钮，以选定单元格为拆分的分割点，将当前工作表拆分成 4 个独立的窗口；若要取消拆分，恢复窗口原来的状态，单击“视图”选项卡“窗口”组中的“拆分”按钮，即可取消当前拆分操作。

② 当工作表中有很多数据时，如果使用垂直或水平滚动条浏览数据，行或列标题也会随之滚动，这样查看起来很不方便，此时可使用冻结功能将工作表中包含行、列标题的上窗格和左窗格冻结起来，这样，当使用滚动条浏览数据时，标题行将不会随着一起滚动，而是一直显示在屏幕上。

在当前工作表中选择特定单元格（冻结的分割点），单击“视图”选项卡中“窗口”组中的“冻结窗格”下拉按钮，在其下拉列表中选择“冻结拆分窗格”选项，如图 3-11 所示。若只需冻结首行或首列，直接选择“冻结首行”或“冻结首列”选项即可；若要取消冻结窗格，单击“视图”选项卡“窗口”组中的“冻结窗格”下拉按钮，在其下拉列表中选择“取消冻结窗格”选项，工作表即可恢复原样。

（7）工作表的保护

为防止工作表中的内容被别人修改，可以对当前工作表进行保护。选择需要保护的工作表，单击“审阅”选项卡“更改”组中的“保护工作表”按钮，弹出“保护工作表”对话框，如图 3-12 所示，选择需要保护的选项，输入密码，单击“确定”按钮。如果要取消对保护工作表的保护，可单击“审阅”选项卡“更改”组中的“撤销工作表保护”按钮（如果事先设置了密码，将弹出“撤销工作表保护”对话框，输入密码，单击“确定”按钮即可取消保护。）。

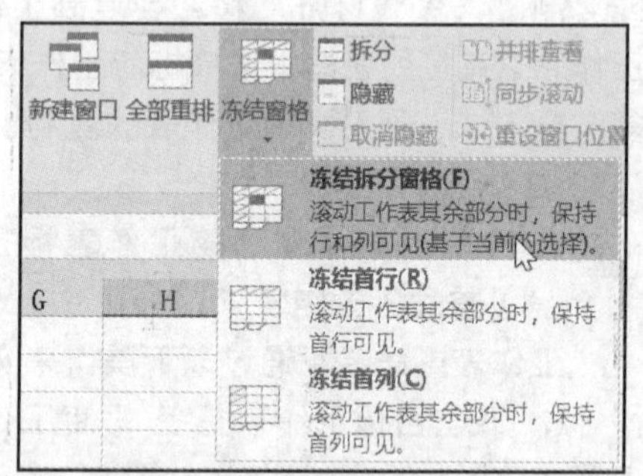

图 3-11　工作表的冻结

说明　工作簿的保护与撤销操作与工作表类似，这里将不再做过多说明。

9. 格式化工作表

（1）设置单元格格式

在“开始”选项卡中，单击“单元格”组中的“格式”下拉按钮，在弹出的下拉列表中选择“设置单元格格式”选项，即可打开“设置单元格格式”对话框。通过“设置单元格格式”对话框中的“数字”“对齐”“字体”“边框”“填充”“保护”6 个选项卡，可以实现对单元格格式的设置，如图 3-13 所示。

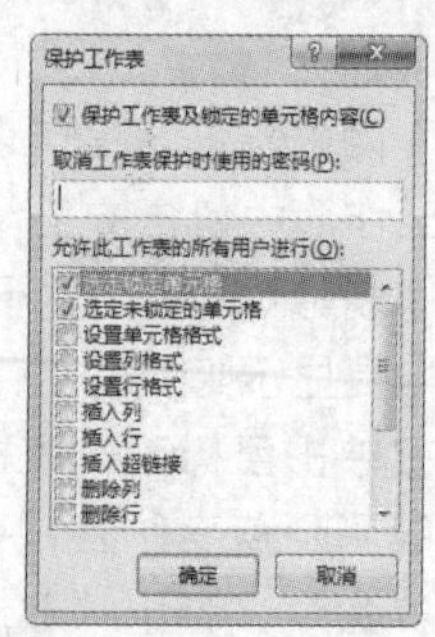

图 3-12　“保护工作表”对话框

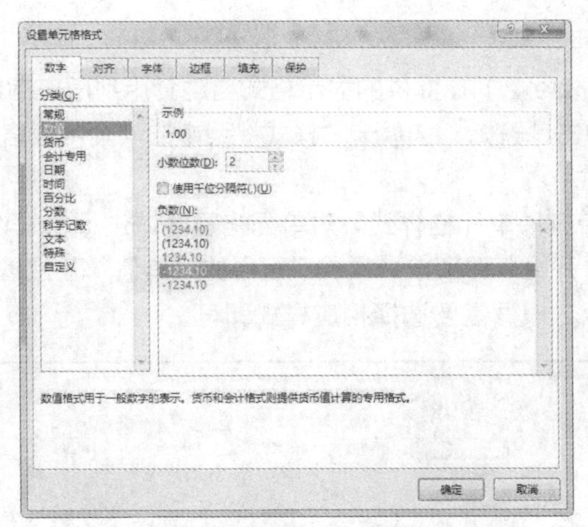

图 3-13 “设置单元格格式”对话框

① 设置数字格式可以利用“设置单元格格式”对话框中的“数字”选项卡，可以设置数字（包含日期）的显示形式，主要有常规、数值、分数、日期、时间、货币等，同时还可以设置小数点后的位数。默认情况下，数字格式是“常规”格式。

② 设置对齐方式可以利用“设置单元格格式”对话框中的“对齐”选项卡，可以设置单元格中内容的水平对齐、垂直对齐，还可以完成相邻单元格的合并或取消。

③ 设置字体格式可以利用“设置单元格格式”对话框中的“字体”选项卡，可以设置单元格中内容的字体、颜色、下划线和特殊效果等。

④ 设置边框格式可以利用“设置单元格格式”对话框中的“边框”选项卡，可以选择线条的样式和颜色，可以通过“预置”栏来设置或取消单元格或单元格区域的外边框和内部框线，还可以通过“边框”栏来单独设置上边框、下边框、左边框、右边框和斜线等。

⑤ 设置填充方式可以利用“设置单元格格式”对话框中的“填充”选项卡，可以设置单元格或单元格区域背景色和图案，以达到突出显示的效果。

⑥ 设置单元格保护方式可以利用“设置单元格格式”对话框中的“保护”选项卡，可以锁定单元格或隐藏单元格公式（只有在“保护工作表”功能开启下才有真正有效）。

（2）设置行高与列宽

设置行高有 3 种调整方式。

① 拖曳鼠标调整：将鼠标指针移到要调整行高的行号分隔线上，此时鼠标指针变成垂直双向箭头形状，按住鼠标左键并拖曳至合适高度，松开鼠标左键可实现行高的粗略调整。

② 自动调整：将鼠标指针移到要调整行高的行号分隔线上，此时鼠标指针变成垂直双向箭头形状，双击，该行的高度将自动调整为最合适的行高。

③ 精确调整：选择需要调整行高的单元格或单元格区域，单击“开始”选项卡“单元格”组中的“格式”下拉按钮，在弹出的下拉列表中选择“行高”选项，打开“行高”对话框，如图 3-14 所示，在“行高”文本框中输入要设置的行高值即可。

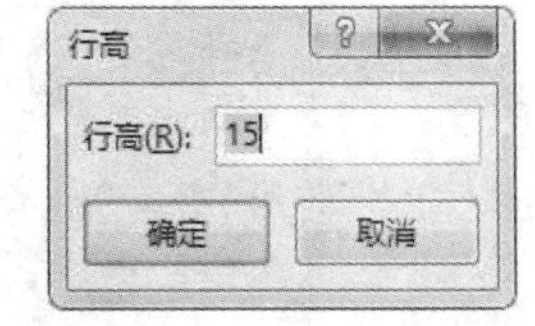

图 3-14 “行高”对话框

设置列宽与设置行高类似，这里将不再过多描述。

（3）设置条件格式

条件格式可以对含有数值、公式或其他内容的单元格应用某种条件来决定数据的显示格式，通过单击“开始”选项卡“样式”组中的“条件格式”按钮来完成。

（4）自动套用格式

自动套用格式是把 Excel 2016 提供的显示格式自动套用到用户指定的单元格区域，起到美观、醒目的效果，通过单击“开始”选项卡“样式”组中的“套用表格样式”按钮来完成。

（5）设置单元格样式

① Excel 2016 自带多种单元格样式，对单元格及区域进行格式设置时可以直接套用。选择某单元格区域，单击“开始”选项卡“样式”组中的“其他”下拉按钮，弹出“单元格样式”列表框，如图 3-15 所示，根据需要选择相应样式即可。

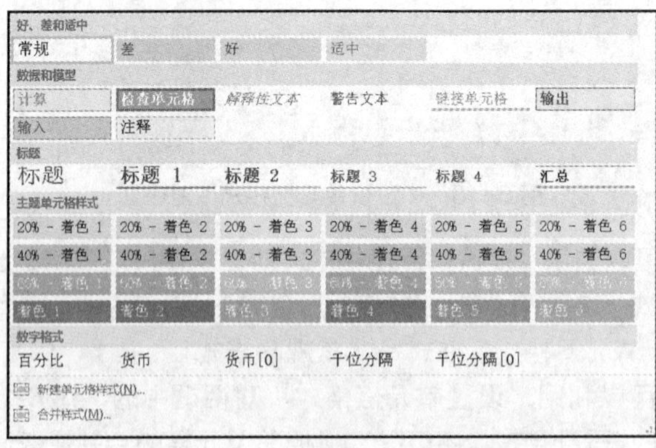

图 3-15 “单元格样式”列表框

② 当内置单元格样式不能满足需要时，可以自定义单元格样式。选择“单元格样式”列表框中的“新建单元格样式”命令，弹出“样式”对话框，如图 3-16 所示。根据实际需要，设置各项格式具体参数，在“样式名”文本框中可以输入特定的名称，单击“确定”按钮。创建完成后，即可在“单元格样式”列表框的上方出现该样式名称。

③ 自定义的单元格样式，只会保存在当前工作簿中。如果需要在其他工作簿中使用该样式，可以使用合并样式来实现。打开包含自定义样式的工作簿，激活需要应用该样式的工作簿，单击“开始”选项卡“样式”组中的“其他”下拉按钮，弹出“单元格样式”列表框，选择“合并样式”命令，弹出“合并样式”对话框，如图 3-17 所示，选择包含自定义样式的工作簿名，单击“确定”按钮，即可将自定义样式复制到当前工作簿中。

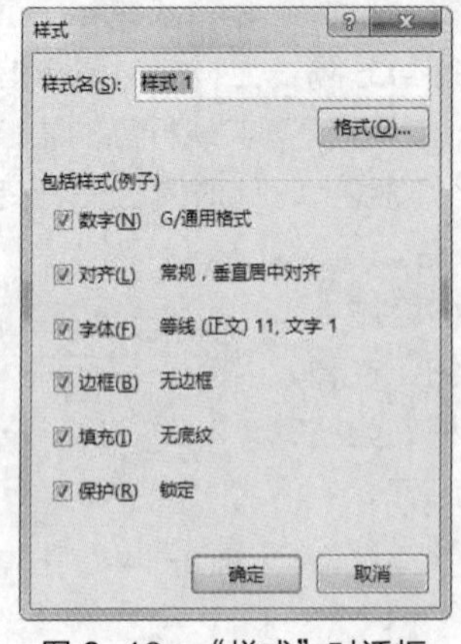

图 3-16 “样式”对话框

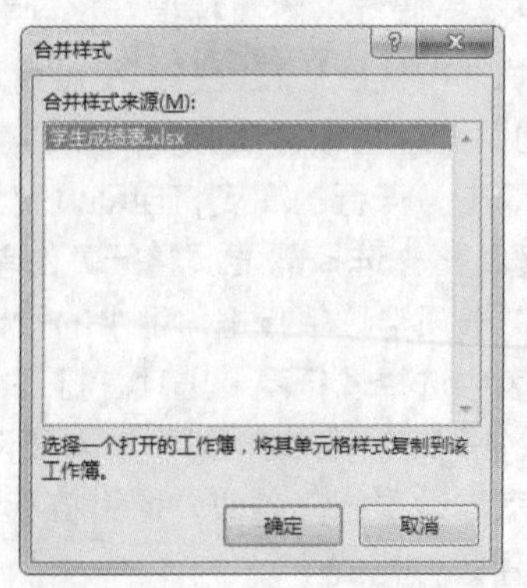

图 3-17 “合并样式”对话框

任务实施

工序 1：新建 Excel 文档

建立 Excel 工作簿，命名为“学生成绩表.xlsx”并保存至目标文件夹中。

Step1：单击“开始”按钮后单击“Excel 2016”图标，即可启动 Excel 2016 并自动创建一个空白工作簿“工作簿 1”。

Step2：单击“快速访问工具栏”上的“保存”按钮，打开“另存为”对话框，在“保存位置”下拉列表框中选择目标文件夹，在“文件名”文本框中输入“学生成绩表”，单击“保存”按钮即可，系统将自动添加“.xlsx”扩展名。

工序 2：重命名工作表

将工作表“Sheet1”重命名为“学生成绩原始数据”，并将此工作表标签颜色设置为标准色中的“橙色”。

Step1：双击 Sheet1 工作表标签，使其名称处于可编辑状态，输入新的工作表名“学生成绩原始数据”，如图 3-18 所示，再单击工作表编辑区任意单元格完成设置。

Step2：右键单击“学生成绩原始数据”工作表标签，在弹出的快捷菜单中将鼠标指针放在“工作表标签颜色”命令上，弹出“主题颜色”面板，如图 3-19 所示，在标准色行中选择橙色。

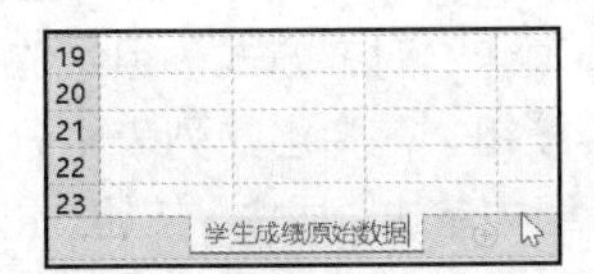

图 3-18　重命名工作表

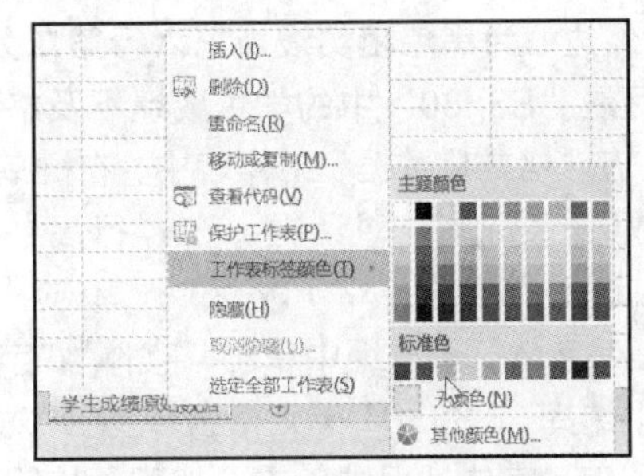

图 3-19　工作表标签的颜色设置

工序 3：输入数据

在“学生成绩原始数据”工作表中输入图 3-1 所示的标题、字段名及各列具体数据。

Step1：单击“学生原始数据”工作表 A1 单元格，输入“电信学院 1840111 班期末成绩表”，按“Enter”键；用同样的方法分别在 A2、B2、C2、D2、E2、F2、G2、H2、I2 单元格中输入“学号”“姓名”“性别”“出生日期”“英语”“数学”“体育”“计算机基础”“综合布线”。

Step2：对照“电信学院 1840111 班期末成绩表.docx”文件，输入所有学生的各科成绩。

工序 4：复制工作表

将“学生成绩原始数据”工作表进行复制，放在其后并重命名为“格式化数据”。

Step1：右键单击“学生成绩原始数据”工作表标签，在弹出的快捷菜单中选择“移动或复制”命令，打开“移动或复制工作表”对话框，在“下列选定工作表之前”列表框中选择“(移至最后)”选项，并勾选“建立副本”复选框，如图 3-20 所示，单击“确定”按钮，出现“学生成绩原始数据（2）”工作表。

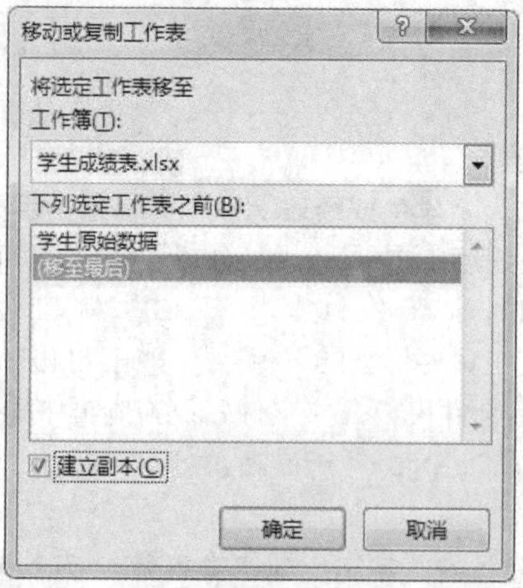

图 3-20 “移动或复制工作表”对话框

Step2：将“学生成绩原始数据（2）”工作表重命名为“格式化数据”。

工序 5：数据格式化

在“格式化数据”工作表中，设置标题行行高为“22”；设置单元格区域“A1:I1”合并后居中，字体为“黑体、16 磅”，单元格区域“E3:I30”居中对齐，单元格区域“A2:I2”字体加粗、居中对齐，背景色设置为“白色，背景 1，深色 25%（第三行第一列）”；设置单元格区域“A2:I30”的外边框为黑色粗实线（第六行第二列），内部框线为橙色细实线（第七行第一列）；设置单元格区域“E3:I30”中的学生成绩不及格科目为“浅红填充色深红色文本”显示。

Step1：在“格式化数据”工作表中，右键单击第一行行标，在弹出的快捷菜单中选择“行高”命令，打开“行高”对话框，在“行高”文本框中输入“22”，单击“确定”按钮。

Step2：选择“A1:I1”单元格区域，单击“开始”选项卡“对齐方式”组中的“合并后居中”按钮，在“字体”选项组中单击“字体”“字号”下拉按钮，在弹出的列表中分别选择“黑体”和“16”；选择“E3:I30”单元格区域，在“对齐方式”组中单击“居中”按钮；选择“A2:I2”单元格区域，在“字体”组中单击“加粗”按钮，在“对齐方式”组中单击“居中”按钮，在选定区域内任意位置右键单击，弹出快捷菜单，选择“设置单元格格式”命令，打开“设置单元格格式”对话框，选择“填充”选项卡，在“背景色”组中选择“白色，背景 1，深色 25%”，单击“确定”按钮，如图 3-21 所示。

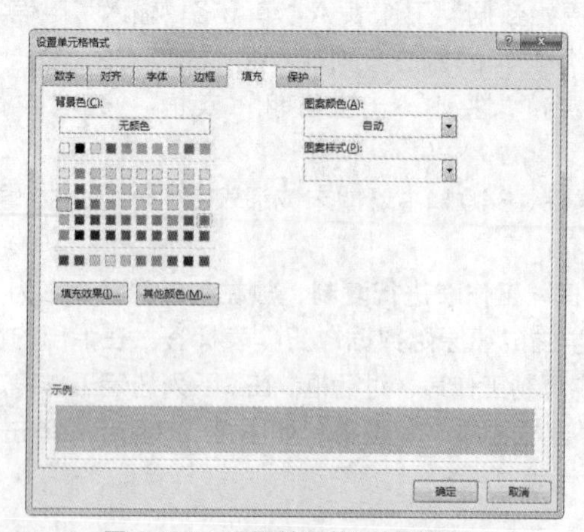

图 3-21 设置单元格区域背景色

Step3：选择“A2:I30”单元格区域，打开“设置单元格格式”对话框，选择“边框”选项卡，在线条“样式”列表框中选择“粗实线”，在“颜色”下拉列表框中选择“黑色”，再在“预置”栏中选择“外边框”，以类似的操作选择“细实线”“橙色”“内部”设置内部框线，单击“确定”按钮，如图 3-22 所示。

Step4：选择“E3:I30”单元格区域，单击“开始”选项卡“样式”组中的“条件格式”下拉按钮，从弹出的下拉列表中选择“突出显示单元格规则”→“小于”选项，在出现的“小于”对话框中输入“60”，在“设置为”下拉列表框中选择“浅红填充色深红色文本”选项，如图 3-23 所示，单击“确定”按钮；单击快速访问工具栏上的“保存”按钮将文档保存，最终效果如图 3-1 所示。

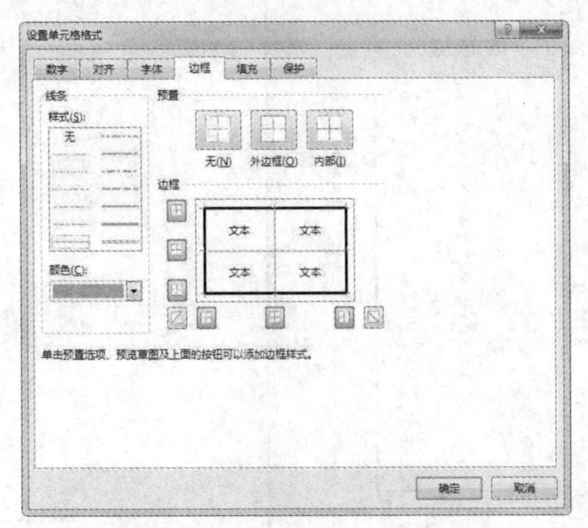

图 3-22　设置表格内外边框线

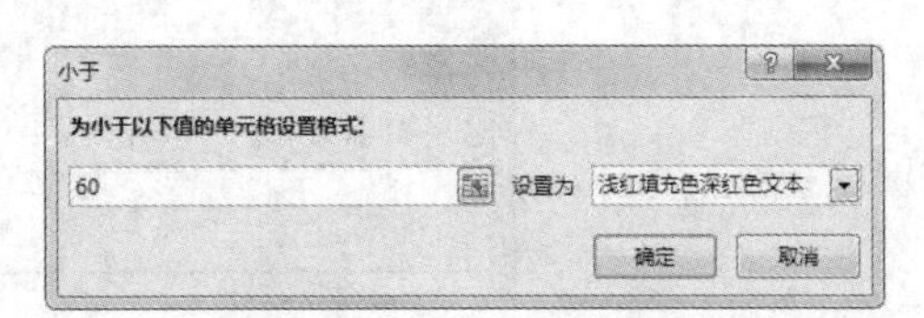

图 3-23　“小于”对话框

自主训练

在 Excel 2016 中打开文件“..\自主训练\设置工作表格式.xlsx”，并按下列要求进行操作。

（1）工作表的基本操作

① 将 Sheet1 工作表的所有内容复制到 Sheet2 工作表中，并将 Sheet2 工作表重命名为“销售情况表”，将此工作表标签的颜色设置为标准色中的“橙色”。

② 在“销售情况表”工作表中的标题行下方插入一空行，并设置行高为 10；将“郑州”一行移至“商丘”一行的上方；删除第 G 列（空列）。

（2）单元格格式的设置

① 在“销售情况表”工作表中，将单元格区域 B2:G3 合并后居中，字体设置为华文仿宋、20 磅、加粗，并为标题行填充天蓝色（RGB:146,205,220）底纹。

② 将单元格区域 B4:G4 中的字体设置为华文行楷、14 磅、“白色，背景 1”，文本对齐方式为居中，为其填充红色（RGB:200,100,100）底纹。

③ 将单元格区域 B5:G10 中的字体设置为华文细黑、12 磅，文本对齐方式为居中，为其填充玫瑰红色（RGB:230,175,175）底纹；并将其外边框设置为粗实线（第二列第五行），内部框线设置为虚线（第一列第一行），颜色均为标准色下的“深红”色（标准色中第一个）。

（3）表格的插入设置

在“销售情况表”工作表中，为 C7 单元格插入批注“该季度没有进入市场”。

任务 2　数据表的公式与函数

任务描述

紧接任务 1，电信学院 1840111 班需要进行奖学金评定，需对“学生成绩表.xlsx”的“格式化数据”工作表中的数据进行总分、各科目平均分、最高分、最低分及每位学生的成绩排名统计。最终结果如图 3-24 所示。

	A	B	C	D	E	F	G	H	I	J	K
1	电信学院1840111班期末成绩表										
2	学号	姓名	性别	出生日期	英语	数学	体育	计算机基础	综合布线	总分	名次
3	184011101	张需	男	1999/12/16	78	88	85	85	90	426	2
4	184011102	王芳	女	2000/2/7	46	60	80	86	95	367	26
5	184011103	周其艳	女	1999/8/8	85	67	85	96	91	424	3
6	184011104	章正东	男	1999/5/12	88	90	95	45	90	408	12
7	184011105	李潇潇	男	1999/12/22	80	75	85	85	90	415	7
8	184011106	钱明军	男	2000/2/11	70	87	85	88	90	420	4
9	184011107	方华	男	1999/5/18	67	65	55	96	92	375	23
10	184011108	魏建	男	1999/10/13	68	80	90	82	95	415	7
11	184011109	周越	男	1999/12/14	54	76	80	80	90	380	20
12	184011110	付军军	男	1999/6/15	78	52	85	76	95	386	18
13	184011111	桑琳琳	女	1999/2/11	80	67	85	82	95	409	11
14	184011112	宋春丽	女	2000/2/17	87	80	68	86	95	416	5
15	184011113	李雨	女	1999/4/15	80	60	85	89	90	404	13
16	184011114	吴涛	男	1999/8/19	77	51	68	92	87	375	23
17	184011115	陈鹏	男	2000/1/20	67	88	95	91	90	431	1
18	184011116	张莉莉	女	1999/9/11	65	69	87	40	95	356	28
19	184011117	王海	男	1999/4/22	60	87	85	68	90	390	16
20	184011118	黄飞	男	1999/12/23	80	84	90	65	95	414	9
21	184011119	张正直	男	1999/6/2	75	90	50	74	95	384	19
22	184011120	王海涛	男	1999/11/25	66	80	90	71	95	402	14
23	184011121	杨智斐	男	2000/5/21	51	76	78	86	88	379	21
24	184011122	杨周	女	1999/4/27	78	81	49	87	83	378	22
25	184011123	李红佳	女	1999/8/12	88	86	77	89	76	416	5
26	184011124	朱皖豫	男	1999/6/29	92	58	86	76	88	400	15
27	184011125	朱棋	女	1999/4/13	56	89	92	65	72	374	25
28	184011126	朱家旭	男	1999/5/31	81	82	76	91	83	413	10
29	184011127	曹智文	男	2000/10/1	72	76	81	58	72	359	27
30	184011128	方豪	男	1999/11/2	91	63	86	65	85	390	16
31		各科目平均成绩			73.57143	75.25	80.46429	78.35714286	89		
32		各科目最高成绩			92	90	95	96	95		
33		各科目最低成绩			46	51	49	40	72		

图 3-24　“学生成绩表统计和分析”效果图

任务资讯

Excel 2016 中的公式和函数是计算表格数据的高效工具，也是必须学习的重要内容。现在详细介绍 Excel 2016 中公式和函数的使用方法，希望能够帮助读者提高利用函数和公式的能力，顺利解决实际工作中的难题。

1. 单元格引用

单元格引用是指 Excel 2016 公式中引用某单元格的地址，以此来获取该单元格的数据。使用单元格引用的公式，其运算结果将随着被引用单元格数据的变化而变化。单元格引用公式既可以引用当前工作表中任意单元格或区域的数据，也可以引用其他工作表或工作簿中任何单元格及区域的数据。Excel 2016 提供了以下几种引用类型及情形。

（1）相对引用

相对引用是直接引用单元格或区域地址，当含有该地址的公式被复制到目标单元格时，公式不是照搬原来单元格的地址，而是根据公式原来的位置和现在的目标位置关系推算出公式中引用的单元格地址相对原位置的变化，使用变化后的单元格地址中的数据进行计算。相对引用的地址表现形式如 A1、B2 等，称为相对地址。

例如，在 Sheet1 工作表 D1 单元格有公式“=（A1+B1+C1）/3”，当将公式复制到 D2 单元格时，公式将变为“=（A2+B2+C2）/3”，原因是当 D1 单元格公式“=（A1+B1+C1）/3”复制到 D2 单元格时，列标不变，行号加 1，将 D2 单元格公式中引用的各单元格地址中的列标保持不变、行号都加 1，所以最终公式变为“=（A2+B2+C2）/3”。

（2）绝对引用

绝对引用是引用固定位置的单元格或区域地址，当含有该地址的公式被复制到目标单元格时，公式中引用的各单元格地址保持不变。绝对引用的地址表现形式是在行号和列标前加上符号“$”，例如$A$1、$B$2，称为绝对地址。

（3）混合引用

混合引用是指在列标与行号中，一个使用绝对地址，一个使用相对地址。当含有混合地址的公式被复制到目标单元格时，公式中引用的相对地址部分会根据公式原来的位置和现在的目标位置关系推算出公式中引用的单元格地址相对原位置的变化；而绝对地址部分保持不变，使用变化后的单元格地址中的数据进行计算。混合引用的地址表现形式如$A1、B$2 等，称为混合地址。

（4）跨工作表的单元格引用

跨工作表的单元格引用即在一个工作表中引用另一个工作表中的单元格数据，其引用表现形式为：[工作簿文件名]工作表名！单元格地址。例如“[学生成绩表]格式化数据!E6”。在引用当前工作簿的各工作表中的单元格时，当前“[工作簿文件名]”可以省略；引用当前工作表单元格时“工作表名！”也可以省略。

复制公式时，当公式中使用的单元格引用需要随着所在位置的不同而改变时，应该使用“相对引用”；当公式中使用的单元格引用不随所在位置而改变时，应该使用“绝对引用”。

2．公式的使用

公式是由常量、单元格引用、单元格名称、函数和运算符组成的字符串，也是在工作表中对数据进行处理的算式。公式可以对工作表中的数据进行加、减、乘、除等运算。在使用公式运算过程中，可以引用同一工作表中不同的单元格、同一工作簿不同工作表中的单元格，也可以引用其他工作簿中的单元格。Excel 2016 中所有的计算公式都是以“=”开始的，除此之外，它与数学公式的构成基本相同，也是由参与计算的参数和运算符组成的。参与计算的参数可以是常量、变量、单元格地址、单元格名称和函数，但不允许出现空格。

（1）公式运算符

运算符是为了对公式中的元素进行某种运算而规定的符号。Excel 2016 中有 4 种类型的运算符，包括算术运算符、比较运算符、文本运算符和引用运算符。

① 算术运算符。算术运算符用来进行基本的数学运算，包括圆括号（( )）、加（+）、减（-）、乘（*）、除（/）、乘方（∧）、百分号（%）、负号（-）等，它们的优先级从高到低依次为圆括号、负号、百分号、乘方、乘和除、加和减，同级运算按从左到右的顺序进行。

② 比较运算符。比较运算符用来比较两个数值的大小，包括等于（=）、大于（>）、小于（<）、大于或等于（>=）、小于或等于（<=）、不等于（<>）。

③ 文本运算符。可以使用 & 将一个或多个文本链接为一个组合文本值。例如，=“Micro”&“soft”将产生“Microsoft”。

④ 引用运算符。引用运算符用来将不同的单元格区域进行合并运算。常用的引用运算符号有冒号（:）、逗号（,）等。引用运算符可以表示工作表中的一个或一组单元格，通知公式使用哪些单元格的值。例如，“A3:A7”指的是 A3、A4、A5、A6、A7 一组单元格。“A5,B3,D1”指的是 A5、B3、D1 这 3 个单元格。

（2）公式的运算规则

公式计算的一般形式为：=<表达式>。例如，在素材“学生成绩表”工作簿中，如果要计算每位同学的总分，则可以在 J2 单元格中输入“总分”字段名，在 J3 单元格中输入公式“=

E3+F3+G3+H3+I3”。

在输入过程中，如果在编辑栏中输入了运算符“=”号，可以继续在编辑栏中输入相应的单元格名称，也可以直接用鼠标指针选取相应的单元格，输入完毕后，按“Enter”键，即可在该单元格中得到各个单元格的求和结果。

（3）公式的复制

为完成快速计算，常常需要进行公式的复制，可通过以下操作之一来实现。

① 选择含有公式的被复制单元格并右键单击，在弹出的快捷菜单中选择“复制”命令，在目标单元格右键单击，在弹出的快捷菜单中选择“粘贴选项”“→“公式”命令，即可完成公式的复制。

② 选择含有公式的被复制单元格，拖曳单元格的填充柄，可完成相邻单元格公式的复制。

3. 函数的使用

函数是 Excel 2016 附带的预定义或内置公式，将一些经常用到的公式（如求和、求平均值等）进行预定义，以函数的形式保存起来，供用户直接调用。与公式一样，函数也必须以等号“=”开头。函数可作为独立的公式单独使用，也可以用于另一个公式中或另一个函数内。

（1）函数的语法结构

函数由 3 部分组成，即函数名称、括号和参数，其结构以等号“=”开始，后面紧跟函数名称和括号，在括号内包括若干参数，参数之间以逗号分隔，其语法结构为：函数名称（参数1，参数 2，……，参数 *N*）。在函数中各名称的意义如下：函数名称指出函数的含义，如求和函数 SUM()，求平均值函数 AVERAGE()；参数为执行的目标单元格地址或数值，可以是数字、文本、逻辑值（如 TRUE 或 FALSE）、数组、错误值（如#N/A）、其他函数或单元格引用；函数参数要用括号括起来，即使一个函数也没有，也必须加上括号。

（2）函数的使用

① 一种是可以直接输入函数。选择要输入函数公式的单元格，输入“=”号，按照函数的语法直接输入函数名称及各参数，完成输入后按“Enter”键即可，此种方式适用于用户对函数的语法及参数意义有足够的了解的情况。

② 还可以直接插入函数。当用户不太了解函数语法和参数设置的相关信息时，可单击“公式”选项卡中的“插入函数”按钮选择合适的函数，完成“函数参数”对话框中的相关设置。

Excel 2016 提供了大量的函数，表 3-1 所示为部分常用函数及用法。

表 3-1　部分常用函数及用法

函数	说明
ABS()	返回指定数值的绝对值
AVERAGE()	计算所有参数的算术平均值
COUNT()	对指定单元格区域内的数字单元格计数
IF()	根据条件的真假返回不同的结果
MAX()	对指定单元格区域中的数值取最大值
MIN()	对指定单元格区域中的数值取最小值
MOD()	返回两数相除后的余数
RANK()	返回某数字在一列数字中相对于其他数值的大小排名
ROUND()	按指定的位数对数值进行四舍五入
SUM()	对指定单元格区域中的数值求和

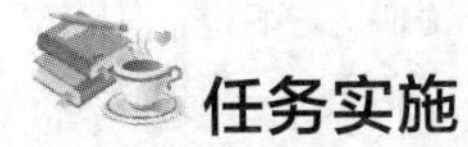

任务实施

打开任务 1 的工作簿文件“学生成绩表.xlsx”，复制“格式化数据”工作表并将该文件另存为“学生成绩评定.xlsx”。

工序 1：直接输入公式计算

在“学生成绩评定”工作表中的 J 列增加“总分”字段，直接输入公式计算每个学生的总分。

Step1：打开“学生成绩评定.xlsx”工作簿的“学生成绩评定”工作表，在 J2 单元格中输入“总分”。

Step2：在 J3 单元格中输入公式“=E3+F3+G3+H3+I3”，如图 3-25 所示，按“Enter”键或单击编辑栏上的“✓”按钮，计算结果显示在 J3 单元格。

=E3+F3+G3+H3+I3

C	D	E	F	G	H	I	J	K
电信学院1840111班期末成绩表								
性别	出生日期	英语	数学	体育	计算机基础	综合布线	总分	
男	1999/12/16	78	88	85	85	90	=E3+F3+G3+H3+I3	

图 3-25　直接输入公式

Step3：用鼠标指针拖曳 J3 单元格的填充柄至 J30 单元格，松开鼠标左键，每位同学的“总分”显示在 J3:J30 单元格区域，单击“保存”按钮将文档保存。

工序 2：使用函数计算

在“学生成绩评定”工作表中，使用函数计算每个学生的总分。

Step1：在“学生成绩评定”工作表中，删除 J3:J30 单元格区域中的数据；选择 J3 单元格，单击“开始”选项卡“编辑”组中的“Σ自动求和”按钮，单元格中出现了求和函数 SUM()，Excel 2016 自动选择了范围“E3:I3”（也可以自行输入区域），如图 3-26 所示。

=SUM(E3:I3)

B	C	D	E	F	G	H	I	J
	电信学院1840111班期末成绩表							
姓名	性别	出生日期	英语	数学	体育	计算机基础	综合布线	总分
雷	男	1999/12/16	78	88	85	85	90	=SUM(E3:I3)
芳	女	2000/2/7	46	60	80	86	95	SUM(number1, [number2], ...)
其艳	女	1999/8/8	85	67	85		91	
正东	男	1999/5/12	88	90	95	45	90	

图 3-26　求和函数的计算

Step2：按“Enter”键或单击编辑栏上的“✓”按钮，总分“426”显示在 J3 单元格，同样，通过填充柄完成总分区域的计算。

工序 3：常用函数计算

在“学生成绩评定”工作表中的 K 列增加“名次”字段，根据总分对所有学生进行名次排序；分别设置单元格区域“A31:D31”“A32:D32”“A33:D33”合并后居中，依次输入“各科目平均成绩”“各科目最高成绩”“各科目最低成绩”文本，并利用常用函数计算出相关成绩。

Step1：在“学生成绩评定”工作表中的 K2 单元格中输入“名次”，选择 K3 单元格，单击“公式”选项卡“函数库”组中的“其他函数”下拉按钮，在其下拉列表中选择“统计”选项，在弹出的下一级列表中选择“RANK.EQ”函数，如图 3-27 所示，打开“函数参数”对话框，将光标插入“Number”文本框中并单击 J3 单元格，将光标插入“Ref”文本框，并选取“$J$3:$J$30”单元格区域（需要填入的是绝对引用，按“F4”键转换），如图 3-28 所示，设置完成后单击“确定”按钮，K3 单元格中即出现了该同学的名次，“K4:K30”区域的名次排序可以通过拖曳填充柄来完成，结果如图 3-29 所示。

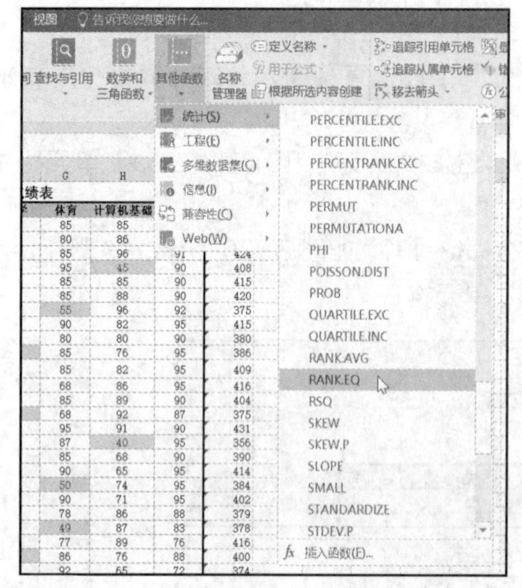

图 3-27　插入 RANK.EQ 函数

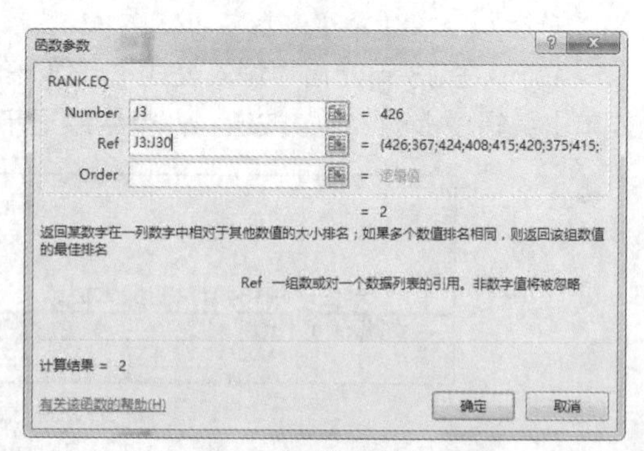

图 3-28　“函数参数”对话框

电信学院1840111班期末成绩表

学号	姓名	性别	出生日期	英语	数学	体育	计算机基础	综合布线	总分	名次
184011101	张雷	男	1999/12/16	78	88	85	85	90	426	2
184011102	王芳	女	2000/2/7	46	60	80	86	95	367	26
184011103	周其艳	女	1999/8/8	85	67	85	96	91	424	3
184011104	章正东	男	1999/5/12	88	90	95	45	90	408	12
184011105	李潇潇	男	1999/12/22	80	75	85	85	90	415	7
184011106	钱明军	男	2000/2/11	70	87	85	88	90	420	4
184011107	方华	男	1999/5/18	67	65	55	96	92	375	23
184011108	魏建	男	1999/10/13	68	80	90	82	95	415	7
184011109	周越	男	1999/12/14	54	76	80	80	90	380	20
184011110	付军军	男	1999/6/15	78	52	85	76	95	386	18
184011111	桑琳琳	女	1999/2/11	80	67	85	82	95	409	11
184011112	宋春丽	女	2000/2/17	87	80	68	86	95	416	5
184011113	李雨	女	1999/4/15	80	60	85	89	90	404	13
184011114	吴涛	男	1999/8/19	77	51	68	92	87	375	23
184011115	陈鹏	男	2000/1/20	67	88	95	91	90	431	1
184011116	张莉莉	女	1999/9/11	65	69	87	40	95	356	28
184011117	王海	男	1999/4/22	60	87	85	68	90	390	16
184011118	黄飞	男	1999/12/23	80	84	90	65	95	414	9
184011119	张正直	男	1999/6/2	75	90	50	74	95	384	19
184011120	王海涛	男	1999/11/25	66	80	90	71	95	402	14
184011121	杨智斐	男	2000/5/21	51	76	78	86	88	379	21
184011122	杨周	女	1999/4/27	78	81	49	87	83	378	22
184011123	李红佳	女	1999/8/12	88	86	77	89	76	416	5
184011124	朱皖豫	男	1999/6/29	92	58	86	76	88	400	15
184011125	朱棋	女	1999/4/13	56	89	92	65	72	374	25
184011126	朱家旭	男	1999/5/31	81	82	76	91	83	413	10
184011127	曹智文	男	2000/10/1	72	76	81	58	72	359	27
184011128	方豪	男	1999/11/2	91	63	86	65	85	390	16

图 3-29　拖曳填充总分名次

Step2：选择“A31:D31”单元格区域，单击“开始”选项卡“对齐方式”组中的“合并后居中”按钮，输入文本“各科目平均成绩”，用同样的方法完成“A32:D32”“A33:D33”单元格区域的合并后居中，并输入“各科目最高成绩”“各科目最低成绩”文本。

Step3：选择 E31 单元格，单击“公式”选项卡中的“函数库”组中“自动求和”的下拉按钮，在弹出的下拉列表中选择“平均值”选项，出现 AVERAGE()函数表达式，在其参数位置系统自动选取“E3:E30”单元格区域，如图 3-30 所示，单击编辑栏上的“✓”按钮，E31 单元格中即出现英语课程的平均成绩，拖曳 E31 单元格填充柄完成其他课程的平均成绩计算；通过类似的操作，利用 MAX()和 MIN()函数完成最高成绩和最低成绩的统计，结果如图 3-24 所示。

电信学院1840111班期末成绩表								
姓名	性别	出生日期	英语	数学	体育	计算机基础	综合布线	总
张雷	男	1999/12/16	78	88	85	85	90	
王芳	女	2000/2/7	46	60	80	86	95	
周其艳	女	1999/8/8	85	67	85	96	91	
章正东	男	1999/5/12	88	90	95	45	90	
李潇潇	男	1999/12/22	80	75	85	85	90	
钱明军	男	2000/2/11	70	87	85	88	90	
方华	男	1999/5/18	67	65	55	96	92	
魏建	男	1999/10/13	68	80	90	82	95	
周越	男	1999/12/14	54	76	80	80	90	
付军军	男	1999/6/15	78	52	85	76	95	
桑琳琳	女	1999/2/11	80	67	85	82	95	
宋春丽	女	2000/2/17	87	80	68	86	95	
李雨	女	1999/4/15	80	60	85	89	90	
吴涛	男	1999/8/19	77	51	68	92	87	
陈鹏	男	2000/1/20	67	88	95	91	90	
张莉莉	女	1999/9/11	65	69	87	40	95	
王海	男	1999/4/22	60	87	85	68	90	
黄飞	男	1999/12/23	80	84	90	65	95	
张正直	男	1999/6/2	75	90	50	74	95	
王海涛	男	1999/11/25	66	80	90	71	95	
杨智斐	男	2000/5/21	51	76	78	86	88	
杨周	女	1999/4/27	78	81	49	87	83	
李红佳	女	1999/8/12	88	86	77	89	76	
朱皖豫	男	1999/6/29	92	58	86	76	88	
朱祺	女	1999/4/13	56	89	92	65	72	
朱家旭	男	1999/5/31	81	82	76	91	83	
曹智文	男	2000/10/1	72	76	81	58	72	
方豪	男	1999/11/2	91	63	86	65	85	
各科目平均成绩			=AVERAGE(E3:E30)					
各科目最高成绩				AVERAGE(number1, [number2], ...)				
各科目最低成绩								

图 3-30 AVERAGE()函数表达式

自主训练

在 Excel 2016 中打开文件“..\自主训练素材\产品维修情况表.xlsx”，并按下列要求进行操作。

将工作表 Sheet1 的 A1:E1 单元格合并为一个单元格，内容水平居中；计算“维修件数所占比例”列（维修件数所占比例=维修件数/销售数量，百分比型，保留小数点后 2 位），利用 IF()函数给出“评价”列的信息，维修件数所占比例的数值大于 10%，在“评价”列内给出“一般”评价，否则给出“良好”评价。

任务 3　数据表的数据管理

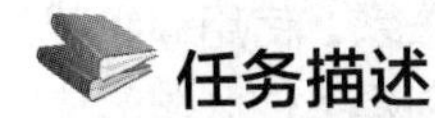

任务描述

为了更好地对学生考试情况进行分析，及时了解学生对课程的掌握程度，以便任课教师在以后教学中对课程难度做出恰当调整，班主任王老师对学生成绩做了进一步的整理与分析，获得最终整理结果。

任务资讯

Excel 2016 具有强大的数据管理功能，可以对以数据清单形式存放的工作表进行排序、筛选、分类汇总和建立数据透视表等操作。由于 Excel 2016 中的各种数据管理操作都具有广泛的应用价值，所以只有全面了解和掌握数据管理方法才能有效提高数据管理水平。

1. 数据清单

数据清单是指工作表中包含相关数据的一系列数据行，可以理解成工作表中的一张二维表格，例如在前面创建的学生成绩表。Excel 2016 允许采用数据库管理的方式管理数据清单，在执行排序、筛选、分类汇总等操作时，系统会自动将数据清单视为数据库，并使用下列数据清单元素来组织数据。

- 数据清单中的列是数据库中的字段，列标题相当于字段名。
- 数据清单中的每一行对应数据库中的一条记录。

数据清单每一列必须要有列名，而且每一列中的数据必须是相同类型的；同时，如果在一个工作表中有多个数据清单，数据清单与数据清单之间至少要留出一个空白列和一个空白行。

2. 排序

数据排序是将数据清单列表中的数据按照数据列的数量进行升序或者降序排列，以便于浏览或为进一步处理做准备。排序不会改变每一行的原始数据，改变的只是它在数据清单中显示的位置。

数据排序所依据的字段名称为“关键字”，可以有 2 个关键字及以上，依次称为“主要关键字”“次要关键字”。数据排序先根据主要关键字进行排序，若遇到某些行主要关键字的值相同而无法区分它们的顺序，再根据次要关键字的值进行区分，若还相同，则根据其他次要关键字进行区分。

3. 筛选

筛选是在工作表的数据清单中快速查找满足特定条件的数据，而不满足条件的数据将不显示，便于浏览。它与排序不同，它并不重排数据清单，只是将不必显示的行暂时隐藏。用户可以使用“自动筛选”或“高级筛选”功能将那些符合条件的数据显示在工作表中。

（1）自动筛选

自动筛选是一种快速的筛选方法，可以按简单条件在数据清单中快速筛选出满足指定条件的数据，一般分为单一条件筛选和自定义筛选，筛选出来的数据显示在原数据区域。当筛选条件涉及多个字段，同时相互之间关系是“与”关系时，可执行多次自动筛选完成。

自动筛选可以实现同一字段之间的“与”运算和“或”运算，通过多次自动筛选，也可以实现不同字段之间的“与”运算，但却无法实现多个字段之间的“或”运算，在这种情况下只有使用高级筛选才能完成。

（2）高级筛选

高级筛选主要用于多字段条件的复杂筛选，字段条件中往往包含“或”关系。使用高级筛选时，必须先建立一个条件区域，在条件区域中输入数据要满足的条件。在创建条件区域时应注意以下几点。

① 筛选条件中用到的字段名不一定要包含工作表中的所有字段；为确保字段名与数据清单中的完全相同，应采用单元格复制的方法复制到条件区域，以免出错（字段名中含有空格时易出错）。

② 条件中用到的字段名在同一行中且连续，下方输入条件值的规则是：“与”关系写在同一行上，“或”关系不能写在同一行上。

③ 条件区域与数据清单区域不能连接，必须用空行隔开。

4. 分类汇总

分类汇总是指把数据清单中的记录先根据某个字段进行分组（该字段称为分类字段），然后对每组记录求另一个字段的数据汇总（该字段称为汇总项），汇总方式有很多，常用的有求和、求平均值、求最大值、求最小值、计数等，汇总计算出的结果将分级显示。

在进行分类汇总之前，必须对数据清单进行排序，并且数据清单的第一行里必须有列标记。利用分类汇总功能可以对一项或多项指标进行汇总。

5. 数据透视表

数据透视表是用于快速汇总大量数据和建立交叉列表的交互式表格，可以实现对现有工作表的汇总和分析。创建数据透视表后，可以按不同的需要、以不同的关系来提取和组织数据。

6. 合并计算

合并计算用于汇总或者合并多个数据源区域中的数据，其实就是把多张工作表中的相同数据区域中的数据进行组合计算。合并计算的数据源区域可以是同一工作表中的不同单元格，也可以是同一工作簿中的不同工作表，还可以是不同工作簿中的表格。合并表可以建在某数据源区域所在工作表中，也可以建在同一个工作簿或不同的工作簿中。

任务实施

打开任务 1 的工作簿文件“学生成绩表.xlsx”，复制 4 份“格式化数据”工作表，分别重命名为“数据排序”“数据筛选”“分类汇总”“数据透视表”，然后将该文件另存为“学生成绩管理与分析.xlsx”。

工序 1：排序

在“数据排序”工作表中，将“数学”成绩按升序排列。

Step1：打开“学生成绩管理与分析.xlsx”工作簿中的“数据排序”工作表，单击“数学”列的任意一个单元格。

Step2：单击“开始”选项卡“编辑”组中的“排序和筛选”下拉按钮，在弹出的下拉列表中选择“升序”选项，数据清单则按由低分到高分的升序方式对“数学”成绩进行排序，结果如图 3-31 所示。

	A	B	C	D	E	F	G	H	I
2	学号	姓名	性别	出生日期	英语	数学	体育	计算机基础	综合布线
3	184011114	吴涛	男	1999/8/19	77	51	68	92	87
4	184011110	付军军	男	1999/6/15	78	52	85	76	95
5	184011124	朱皖豫	男	1999/6/29	92	58	86	76	88
6	184011102	王芳	女	2000/2/7	46	60	80	86	95
7	184011113	李雨	女	1999/4/15	80	60	85	89	90
8	184011128	方豪	男	1999/11/2	91	63	86	65	85
9	184011107	方华	男	1999/5/18	67	65	55	96	92
10	184011103	周其艳	女	1999/8/8	85	67	85	96	91
11	184011111	桑琳琳	女	1999/2/11	80	67	85	82	95
12	184011116	张莉莉	女	1999/9/11	65	69	87	40	95
13	184011105	李潇潇	男	1999/12/22	80	75	85	85	90
14	184011109	周越	男	1999/12/14	54	76	80	80	90
15	184011121	杨智斐	男	2000/5/21	51	76	78	86	88
16	184011127	曹智文	男	2000/10/1	72	76	81	58	72
17	184011108	魏建	男	1999/10/13	68	80	90	82	95
18	184011112	宋春丽	女	2000/2/17	87	80	68	86	95
19	184011120	王海涛	男	1999/11/25	66	80	90	71	95
20	184011122	杨周	女	1999/4/27	78	81	49	87	83
21	184011126	朱家旭	男	1999/5/31	81	82	76	91	83
22	184011118	黄飞	男	1999/12/23	80	84	90	65	95
23	184011123	李红佳	女	1999/8/12	88	86	77	89	76
24	184011106	钱明军	男	2000/2/11	70	87	85	88	90
25	184011117	王海	男	1999/4/22	60	87	85	68	90
26	184011101	张雷	男	1999/12/16	78	88	85	85	90
27	184011115	陈鹏	男	2000/1/20	67	88	95	91	90
28	184011125	朱棋	女	1999/4/13	56	89	92	65	72
29	184011104	章正东	男	1999/5/12	88	90	95	45	90
30	184011119	张正直	男	1999/6/2	75	90	50	74	95

图 3-31　简单排序

在“数据排序”工作表中，以“数学”为主要关键字降序排列，以“英语”为次要关键字降序排列。

Step1：在“数据排序”工作表中单击数据清单中任意一个单元格数据。

Step2：单击“数据”选项卡“排序和筛选”组中的“排序”按钮，打开“排序”对话框，在“主要关键字”下拉列表框中选择“数学”选项，在“次序”列表框中选择“降序”选项，单击“添加条件”按钮，出现次要关键字，在其下拉列表框中选择“英语”选项，在“次序”列表框中选择“降序”选项，如图 3-32 所示；单击“确定”按钮，结果如图 3-33 所示。

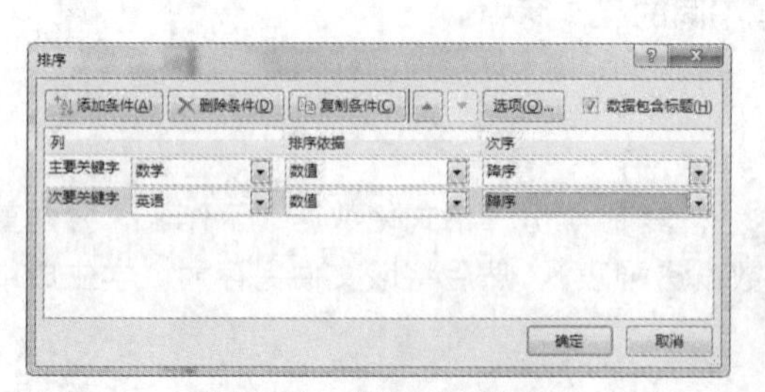

图 3-32　“排序”对话框

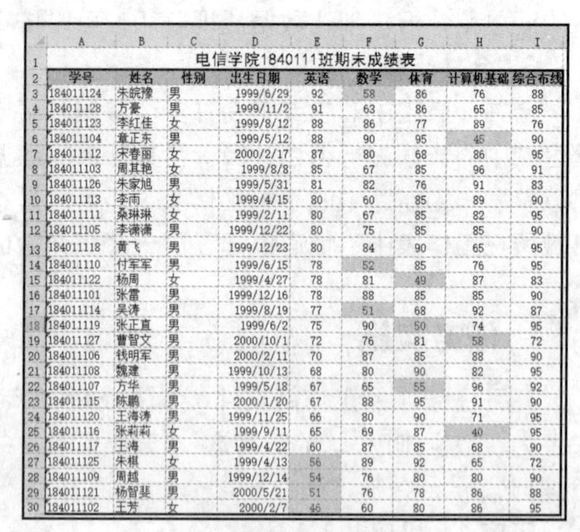

电信学院1840111班期末成绩表

学号	姓名	性别	出生日期	英语	数学	体育	计算机基础	综合布线
184011124	朱皖豫	男	1999/6/29	92	58	86	76	88
184011128	方豪	男	1999/11/2	91	63	86	65	85
184011123	李红佳	女	1999/8/12	88	86	77	89	76
184011104	章正东	男	1999/5/12	88	90	95	45	90
184011112	宋春丽	女	2000/2/17	87	80	68	86	95
184011103	周其艳	女	1999/8/8	85	67	85	96	91
184011126	朱家旭	男	1999/5/31	81	82	76	91	83
184011113	李雨	女	1999/4/15	80	60	85	89	90
184011111	桑琳琳	女	1999/2/11	80	67	85	82	95
184011105	李潇潇	男	1999/12/22	80	75	85	85	90
184011118	黄飞	男	1999/12/23	80	84	90	65	95
184011110	付军军	男	1999/6/15	78	52	85	76	95
184011122	杨周	女	1999/4/27	78	81	49	87	83
184011101	张雷	男	1999/12/16	78	88	85	85	90
184011114	吴涛	男	1999/8/19	77	51	68	92	87
184011119	张正直	男	1999/6/2	75	90	50	74	95
184011127	曹智文	男	2000/10/1	72	76	81	58	72
184011106	钱明军	男	2000/2/11	70	87	85	88	90
184011108	魏建	男	1999/10/13	68	80	90	82	95
184011107	方华	男	1999/5/18	67	65	55	96	92
184011115	陈鹏	男	2000/1/20	67	88	95	91	90
184011120	王海涛	男	1999/11/25	66	80	90	71	95
184011116	张莉莉	女	1999/9/11	65	69	87	40	95
184011117	王海	男	1999/4/22	60	87	85	68	90
184011125	朱棋	女	1999/4/13	56	89	92	65	72
184011109	周越	男	1999/12/14	54	76	80	80	90
184011121	杨智斐	男	2000/5/21	51	76	78	86	88
184011102	王芳	女	2000/2/7	46	60	80	86	95

图 3-33　复杂排序

工序 2：筛选

在“数据筛选”工作表中筛选出同时满足以下条件的数据记录：“性别”为“男”；“英语”成绩为 80 分及以上。

Step1：单击“数据筛选”工作表中的任意一个单元格数据。

Step2：单击“数据”选项卡“排序和筛选”组中的“筛选”按钮，此时数据清单的各字段名中都自动出现下拉按钮。

Step3：单击“性别”列旁的下拉按钮，取消勾选“女”复选框，只保留“男”复选框的勾选，单击“确定”按钮，再单击“英语”列旁的下拉按钮，在其中选择“数字筛选”下的“大于或等于”命令，如图 3-34 所示，打开“自定义自动筛选方式”对话框，设置“显示行”中的“英语”为“大于或等于 80”，如图 3-35 所示；筛选结果如图 3-36 所示。

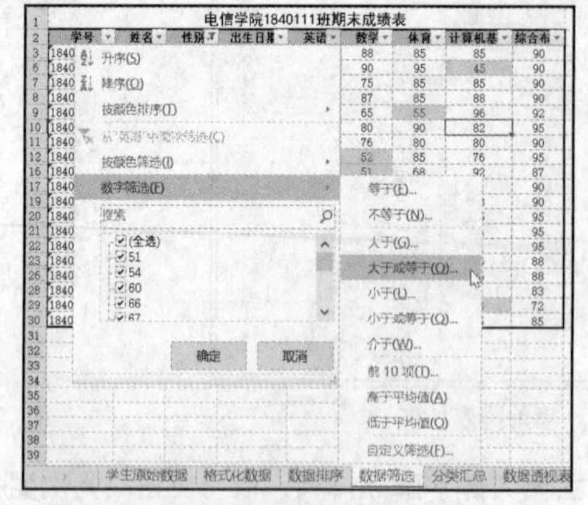

图 3-34　自动筛选中的“数字筛选”设置

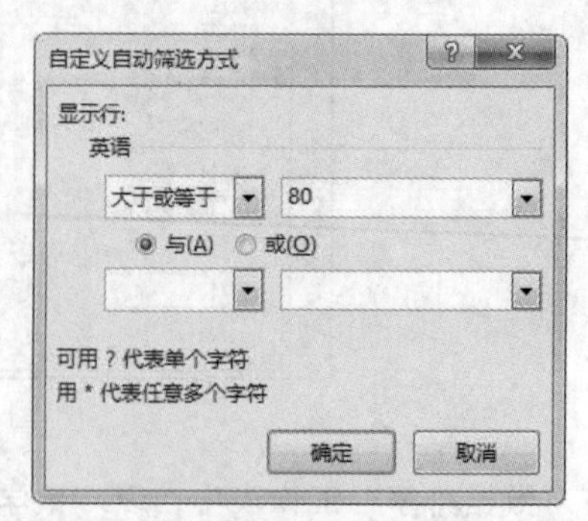

图 3-35　“自定义自动筛选方式”对话框

	A	B	C	D	E	F	G	H	I
1	电信学院1840111班期末成绩表								
2	学号	姓名	性别	出生日期	英语	数学	体育	计算机基	综合布
6	184011104	章正东	男	1999/5/12	88	90	95	45	90
7	184011105	李潇潇	男	1999/12/22	80	75	85	85	90
20	184011118	黄飞	男	1999/12/23	80	84	90	65	95
26	184011124	朱皖豫	男	1999/6/29	92	58	86	76	88
28	184011126	朱家旭	男	1999/5/31	81	82	76	91	83
30	184011128	方豪	男	1999/11/2	91	63	86	65	85

图 3-36 自动筛选结果

说明 在一个数据清单中进行多次筛选时，下一次筛选的对象是上一次筛选的结果，最后的筛选结果受所有筛选条件的影响，它们之间的逻辑关系是“与”的关系。如果要取消对所有列的筛选，只要单击“数据”选项卡“排序和筛选”组中的“清除”按钮即可；如果要撤销数据清单中的自动筛选箭头，并取消所有的自动筛选设置，只要重新单击“数据”选项卡“排序和筛选”组中的“筛选”按钮即可。

在“数据筛选”工作表中筛选出所有单科成绩不及格的数据记录。

Step1：在“数据筛选”工作表中，单击“数据”选项卡“排序和筛选”组中的“筛选”按钮，取消所有的自动筛选设置，显示全部数据。

Step2：构造筛选条件，以 E33 单元格为起始位置，复制各科目字段名；在 E34 单元格输入“<60”，在 F35 单元格输入“<60”，以此类推，完成各项条件的输入（因各字段条件之间是“或”的关系，故需分布在不同的行上），如图 3-37 所示。

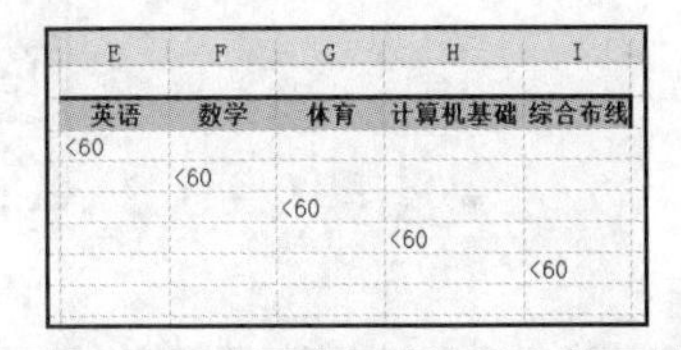

E	F	G	H	I
英语	数学	体育	计算机基础	综合布线
<60				
	<60			
		<60		
			<60	
				<60

图 3-37 设置高级筛选的条件区域

Step3：选择数据清单中的任意单元格，单击“数据”选项卡“排序和筛选”组中的“高级”按钮，打开“高级筛选”对话框，在“列表区域”选择框中出现默认单元格区域“$A$2:$I$30”（数据清单区域周围出现虚线选定框）；单击“条件区域”选择框旁边的折叠按钮，拖曳选择单元格区域“$E$33:$I$38”；选中“将筛选结果复制到其他位置”单选按钮，激活“复制到”文本框，选择起始单元格 A40，如图 3-38 所示；单击“确定”按钮，最终筛选结果如图 3-39 所示。

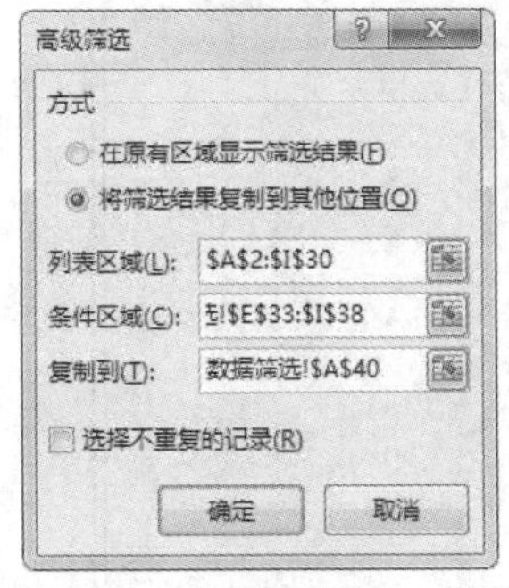

图 3-38 “高级筛选”对话框

40	学号	姓名	性别	出生日期	英语	数学	体育	计算机基础	综合布线
41	184011102	王芳	女	2000/2/7	46	60	80	86	95
42	184011104	章正东	男	1999/5/12	88	90	95	45	90
43	184011107	方华	男	1999/5/18	67	65	55	96	92
44	184011109	周越	男	1999/12/14	54	76	80	80	90
45	184011110	付军军	男	1999/6/15	78	52	85	76	95
46	184011114	吴涛	男	1999/8/19	77	51	68	92	87
47	184011116	张莉莉	女	1999/9/11	65	69	87	40	95
48	184011119	张正直	男	1999/6/2	75	90	50	74	95
49	184011121	杨智斐	男	2000/5/21	51	76	78	86	88
50	184011122	杨周	女	1999/4/27	78	81	49	87	83
51	184011124	朱皖豫	男	1999/6/29	92	58	86	76	88
52	184011125	朱棋	女	1999/4/13	56	89	92	65	72
53	184011127	曹智文	男	2000/10/1	72	76	81	58	72

图 3-39 高级筛选

说明　在进行高级筛选时，需要注意以下几点。

① 在高级筛选中，主要定义 3 个单元格区域：一是定义查询的列表区域；二是定义查询的条件区域；三是定义存放查询结果的区域（如果选中“在原有区域显示筛选结果”单选按钮，则该区域可省略）。

② 在“高级筛选”对话框中选中“将筛选结果复制到其他位置”单选按钮时，在“复制到”文本框中只需选择要放置结果的左上角单元格即可，不需要指定区域，因为事先无法确定筛选结果。

工序 3：分类汇总

在“分类汇总”工作表中统计男女同学各门课程的最高分。

Step1：在“分类汇总”工作表中，选取“性别”列的任意数据单元格，单击“数据”选项卡“排序和筛选”组中的“升序”按钮，按“性别”排序后的数据清单如图 3-40 所示。

电信学院1840111班期末成绩表

学号	姓名	性别	出生日期	英语	数学	体育	计算机基础	综合布线
184011101	张雷	男	1999/12/16	78	88	85	85	90
184011104	章正东	男	1999/5/12	88	90	95	45	90
184011105	李潇潇	男	1999/12/22	80	75	85	85	90
184011106	钱明军	男	2000/2/11	70	87	85	88	90
184011107	方华	男	1999/5/18	67	65	55	96	92
184011108	魏建	男	1999/10/13	68	80	90	82	95
184011109	周越	男	1999/12/14	54	76	80	80	90
184011110	付军军	男	1999/6/15	78	52	85	76	95
184011114	吴涛	男	1999/8/19	77	51	68	92	87
184011115	陈鹏	男	2000/1/20	67	88	95	91	90
184011117	王海	男	1999/4/22	60	87	85	68	90
184011118	黄飞	男	1999/12/23	80	84	90	65	95
184011119	张正直	男	1999/6/2	75	90	50	74	95
184011120	王海涛	男	1999/11/25	66	80	90	71	95
184011121	杨智斐	男	2000/5/21	51	76	78	86	88
184011124	朱皖豫	男	1999/6/29	92	58	86	76	88
184011126	朱家旭	男	1999/5/31	81	82	76	91	83
184011127	曹智文	男	2000/10/1	72	76	81	58	72
184011128	方豪	男	1999/11/2	91	63	86	65	85
184011102	王芳	女	2000/2/7	46	60	80	86	95
184011103	周其艳	女	1999/8/8	85	67	85	96	91
184011111	桑琳琳	女	1999/2/11	80	67	85	82	95
184011112	宋春丽	女	2000/2/17	87	80	68	86	95
184011113	李雨	女	1999/4/15	80	60	85	89	90
184011116	张莉莉	女	1999/9/11	65	69	87	40	95
184011122	杨周	女	1999/4/27	78	81	49	87	83
184011123	李红佳	女	1999/8/12	88	86	77	89	76
184011125	朱棋	女	1999/4/13	56	89	92	65	72

图 3-40　按“性别”排序的结果

Step2：选择数据清单中的任意单元格，单击“数据”选项卡“分级显示”组中的“分类汇总”按钮，打开“分类汇总”对话框，在“分类字段”下拉列表框中选择“性别”选项，在“汇总方式”下拉列表框中选择“最大值”选项，在“选定汇总项”列表框中选择需要汇总的字段，这里选择“英语”“数学”“体育”“计算机基础”“综合布线”，如图 3-41 所示；单击“确定”按钮，汇总结果如图 3-42 所示。

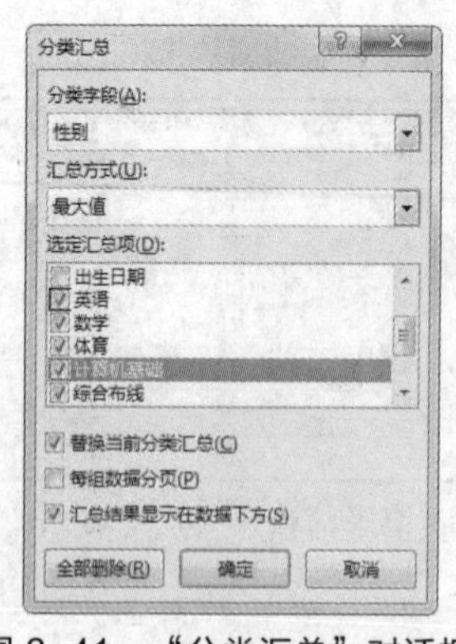

图 3-41　“分类汇总”对话框

电信学院1840111班期末成绩表

学号	姓名	性别	出生日期	英语	数学	体育	计算机基础	综合布线
184011101	张雷	男	1999/12/16	78	88	85	85	90
184011104	章正东	男	1999/5/12	88	90	95	45	90
184011105	李潇潇	男	1999/12/22	80	75	85	85	90
184011106	钱明军	男	2000/2/11	70	87	85	88	90
184011107	方华	男	1999/5/18	67	65	55	96	92
184011108	魏建	男	1999/10/13	68	80	90	82	95
184011109	周越	男	1999/12/14	54	76	80	80	90
184011110	付军军	男	1999/6/15	78	52	85	76	95
184011114	吴涛	男	1999/8/19	77	51	68	92	87
184011115	陈鹏	男	2000/1/20	67	88	95	91	90
184011117	王海	男	1999/4/22	60	87	85	68	90
184011118	黄飞	男	1999/12/23	80	84	90	65	95
184011119	张正直	男	1999/6/2	75	90	50	74	95
184011120	王海涛	男	1999/11/25	66	80	90	71	95
184011121	杨智斐	男	2000/5/21	51	76	78	86	88
184011124	朱皖豫	男	1999/6/29	92	58	86	76	88
184011126	朱家旭	男	1999/5/31	81	82	76	91	83
184011127	曹智文	男	2000/10/1	72	76	81	58	72
184011128	方豪	男	1999/11/2	91	63	86	65	85
		男 最大值		92	90	95	96	95
184011102	王芳	女	2000/2/7	46	60	80	86	95
184011103	周其艳	女	1999/8/8	85	67	85	96	91
184011111	桑琳琳	女	1999/2/11	80	67	85	82	95
184011112	宋春丽	女	2000/2/17	87	80	68	86	95
184011113	李雨	女	1999/4/15	80	60	85	89	90
184011116	张莉莉	女	1999/9/11	65	69	87	40	95
184011122	杨周	女	1999/4/27	78	81	49	87	83
184011123	李红佳	女	1999/8/12	88	86	77	89	76
184011125	朱棋	女	1999/4/13	56	89	92	65	72
		女 最大值		88	89	92	96	95
		总计最大值		92	90	95	96	95

图 3-42　分类汇总结果

说明 单击汇总结果窗口左侧的“-”号，将按分类字段进行记录的折叠，折叠后“-”号变称“+”号，如图 3-43 所示，单击“+”号还可以还原；也可以单击窗口左上角的“1”“2”“3”分级显示符号，单击1可以直接显示一级汇总数据，单击2可以显示一级汇总数据和二级汇总数据，单击3可以显示一级汇总数据、二级汇总数据、三级汇总数据，即全部数据。

	A	B	C	D	E	F	G	H	I
1	电信学院1840111班期末成绩表								
2	学号	姓名	性别	出生日期	英语	数学	体育	计算机基础	综合布线
22			男 最大值		92	90	95	96	95
32			女 最大值		88	89	92	96	95
33			总计最大值		92	90	95	96	95
34									

图 3-43　折叠方式显示汇总结果

小技巧 进行分类汇总后，数据表的形式将改变，如果需要回到原始的状态，可以选择“分类汇总”数据区的任意单元格，打开的“分类汇总”对话框，单击“全部删除”按钮，即删除现有的分类以回到原始数据状态。

注意 分类汇总含有两层意思：按什么分类及对什么汇总。因此，在进行分类汇总前，必须先对分类字段行排序。

工序 4：数据透视表

在“数据透视表”工作表中的“英语”字段左侧添加一列“籍贯”，输入内容参考“..\素材文件\Excel\任务实施\项目三\学生详细信息.docx”文档，用数据透视表查看不同籍贯、不同性别同学的英语平均分。

Step1：在“数据透视表”工作表中，右键单击“英语”列中的任意单元格，在弹出的快捷菜单中选择“插入”命令，弹出“插入”对话框，选中“整列”单选按钮，单击“确定”按钮；在 E2 单元格中输入字段名“籍贯”，参考“学生详细信息.docx”文档输入相应文本，结果如图 3-44 所示。

	A	B	C	D	E	F	G	H	I	J
1	电信学院1840111班期末成绩表									
2	学号	姓名	性别	出生日期	籍贯	英语	数学	体育	计算机基础	综合布线
3	184011101	张雷	男	1999/12/16	江苏南京	78	88	85	85	90
4	184011102	王芳	女	2000/2/7	江苏苏州	46	60	80	86	95
5	184011103	周其艳	女	1999/8/8	江苏宿迁	85	67	85	96	91
6	184011104	章正东	男	1999/5/12	江苏盐城	88	90	95	45	90
7	184011105	李潇潇	男	1999/12/22	江苏南京	80	75	85	85	90
8	184011106	钱明军	男	2000/2/11	江苏无锡	70	87	85	88	90
9	184011107	方华	男	1999/5/18	江苏徐州	67	65	55	96	92
10	184011108	魏建	男	1999/10/13	江苏苏州	68	80	90	82	95
11	184011109	周越	男	1999/12/14	江苏南京	54	76	80	80	90
12	184011110	付军军	男	1999/6/15	江苏宿迁	78	52	85	76	95
13	184011111	桑琳琳	女	1999/2/11	江苏泰州	80	67	85	82	95
14	184011112	宋春丽	女	2000/2/17	江苏淮安	87	80	68	86	95
15	184011113	李雨	女	1999/4/15	江苏徐州	80	60	85	89	90
16	184011114	吴涛	男	1999/8/19	江苏南京	77	51	68	92	87
17	184011115	陈鹏	男	2000/1/20	江苏无锡	67	88	95	91	90
18	184011116	张莉莉	女	1999/9/11	江苏淮安	65	69	87	40	95
19	184011117	王海	男	1999/4/22	江苏苏州	60	87	85	68	90
20	184011118	黄飞	男	1999/12/23	江苏徐州	80	84	90	65	95
21	184011119	张正直	男	1999/6/2	江苏泰州	75	90	50	74	95
22	184011120	王海涛	男	1999/11/25	江苏南京	66	80	90	71	95
23	184011121	杨智斐	男	2000/5/21	江苏淮安	51	76	78	86	88
24	184011122	杨周	女	1999/4/27	江苏无锡	78	81	49	87	83
25	184011123	李红佳	女	1999/8/12	江苏南京	88	86	77	89	76
26	184011124	朱皖豫	男	1999/6/29	江苏徐州	92	58	86	76	88
27	184011125	朱棋	女	1999/4/13	江苏淮安	50	89	92	65	72
28	184011126	朱家旭	男	1999/5/31	江苏宿迁	81	82	76	91	83
29	184011127	曹智文	男	2000/10/1	江苏泰州	72	76	81	58	72
30	184011128	方豪	男	1999/11/2	江苏宿迁	91	63	86	65	85

图 3-44　“数据透视表”源数据

Step2：选择数据清单中的任意单元格，单击“插入”选项卡“表格”组中的“数据透视表”按钮，打开“创建数据透视表”对话框，在“请选择要分析的数据”单选区域选中“选择一个表或区域”单选按钮，此时默认将整个工作表作为数据源（出现虚线选定框），在“选择放置数据透视表的位置”单选区域选中“现有工作表”单选按钮，激活“位置”文本框，选择起始单元格 A36，确定数据透视表存放的起始位置，如图 3-45 所示；单击“确定”按钮，打开“数据透视表字段列表”任务窗格和空的数据透视表。

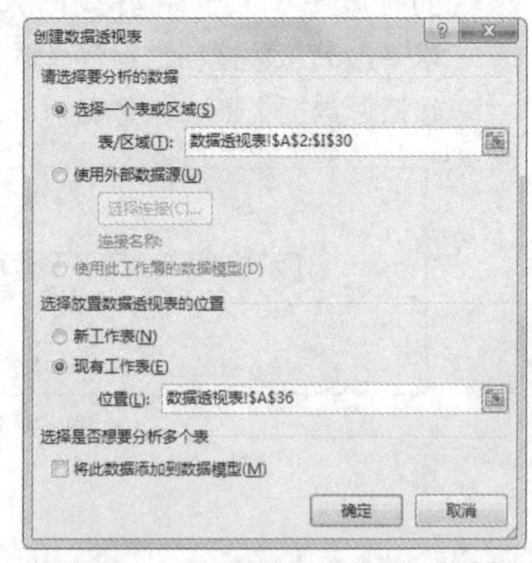

图 3-45 “创建数据透视表”对话框

Step3：在“数据透视表字段”任务窗格中，分别将籍贯、性别和姓名字段拖入筛选器、行、列等列表框中，将英语字段拖入数值列表框，这里默认的是“求和项”，单击“求和项:英语”按钮，在弹出的列表中选择“值字段设置”选项，打开“值字段设置”对话框，选择“值字段汇总方式”为“平均值”，如图 3-46 所示，单击“确定”按钮；此时“数据透视表字段”任务窗格设置完成，如图 3-47 所示；最终生成的数据透视表如图 3-48 所示。

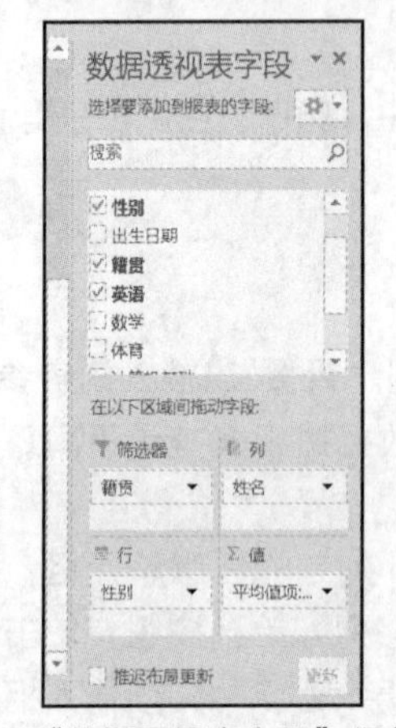

图 3-46 “数据透视表字段”任务窗格

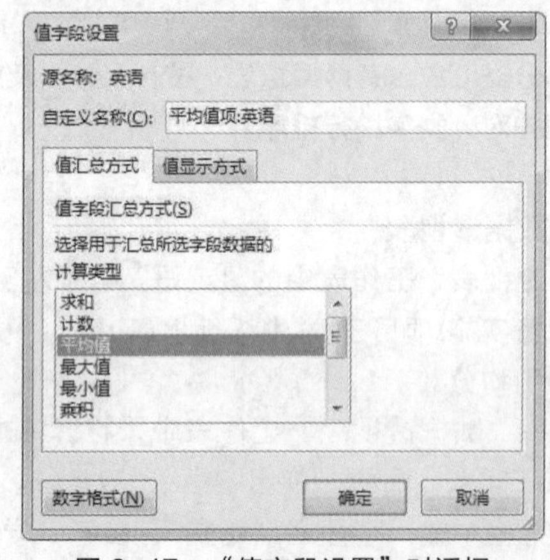

图 3-47 “值字段设置”对话框

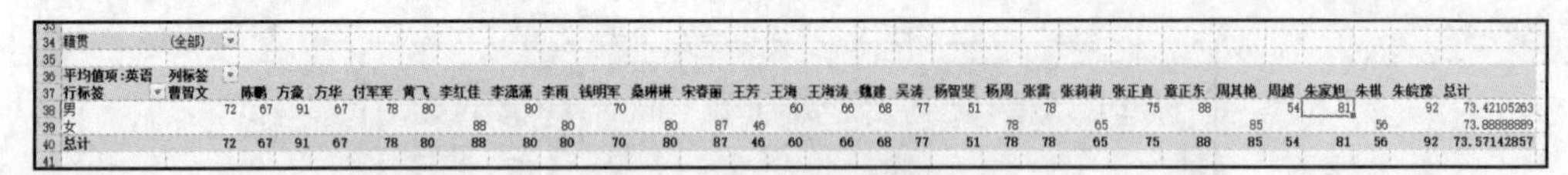

籍贯	(全部)																												
平均值项:英语	列标签																												
行标签	曹智文	陈鹏	方淼	方华	付军军	黄飞	李红佳	李涨涨	李雨	钱明军	桑琳琳	宋春丽	王芳	王海	王海涛	魏建	吴涛	杨智斐	杨周	张雷	张莉莉	张正直	章正东	周其艳	周越	朱家旭	朱棋	朱皖豫	总计
男	72	67	91	67	78	80		80		70				60	66	68	77	51		78		75	88		54	81		92	73.42105263
女							88		80		80	87	46						78		65			85			56		73.88888889
总计	72	67	91	67	78	80	88	80	80	70	80	87	46	60	66	68	77	51	78	78	65	75	88	85	54	81	56	92	73.57142857

图 3-48 数据透视表

说明

创建数据透视表时，Excel 2016 会自动打开“数据透视表工具”菜单，如图 3-49 所示。在这个菜单中有“分析”选项卡和“设计”选项卡，在其中可以对数据透视表做各种各样的设置。

图 3-49 “数据透视表工具”菜单

工序 5：合并计算

“年销售统计.xlsx”工作簿中包含各地区上半年和下半年的销售数据，利用合并计算统计出各地区年销售情况。

Step1：打开“年销售统计.xlsx”工作簿，有两个结构基本相同的数据清单“上半年数据”和“下半年数据”，复制标题行至第 10 行，选择 A11 单元格，作为合并计算后结果的存放起始位置。

Step2：单击“数据”选项卡“数据工具”组中的“合并计算”按钮，打开“合并计算”对话框，单击“引用位置”文本框旁边的折叠按钮，拖曳鼠标选择“上半年数据”中的“$A$3:$C$6”单元格区域，单击对话框中的“添加”按钮，所选择的单元格区域就会出现在“所有引用位置”列表框中，使用同样的方法将“下半年数据”中的“$E$3:$G$6”单元格区域添加到“所有引用位置”列表框中。

Step3：在“标签位置”复选框区域勾选“最左列”复选框（不用勾选“首行”复选框），如图 3-50 所示；单击“确定”按钮，即可生成合并计算结果表，如图 3-51 所示。

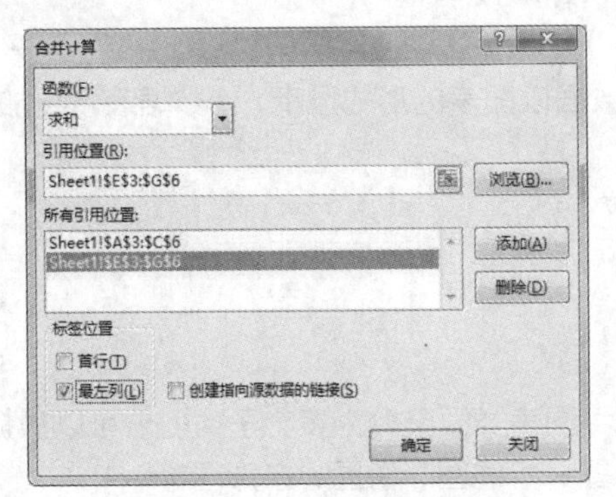

图 3-50　“合并计算”对话框

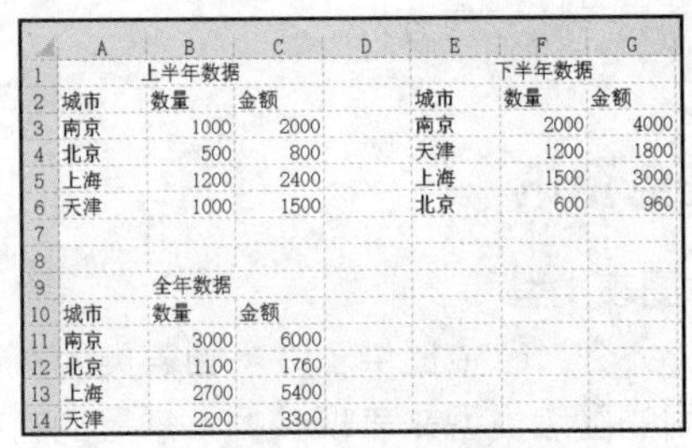

	A	B	C	D	E	F	G
1		上半年数据				下半年数据	
2	城市	数量	金额		城市	数量	金额
3	南京	1000	2000		南京	2000	4000
4	北京	500	800		天津	1200	1800
5	上海	1200	2400		上海	1500	3000
6	天津	1000	1500		北京	600	960
7							
8							
9		全年数据					
10	城市	数量	金额				
11	南京	3000	6000				
12	北京	1100	1760				
13	上海	2700	5400				
14	天津	2200	3300				

图 3-51　合并计算结果表

注意　**① 在使用按类别合并的功能时，数据源列表必须包含行或列标题，并且在“合并计算”对话框的“标签位置”复选框区域中勾选相应的复选框。**

② 合并的结果表中包含行列标题，但若同时勾选“首行”和“最左列”复选框，所生成的合并结果表会缺失第一列的列标题。

③ 合并后，结果表的数据项排列顺序是按第一个数据源表的数据项顺序排列的。

④ 合并计算过程不能复制数据源表的格式。如果要设置结果表的格式，可以使用“格式刷”将数据源表的格式复制到结果表中。

自主训练

在 Excel 2016 中打开文件“..\素材文件\Excel\自主训练\高二考试成绩表.xlsx”，按下列要求进行操作。

① 在“排序”工作表中，以“总分”为主要关键字，以“数学”为次要关键字进行升序排列，并对 4 门课成绩应用“图标集”中“四等级”的条件格式，实现数据的可视化效果。

② 在“筛选”工作表中，筛选出各科分数均大于或等于 80 分的记录。

③ 在“分类汇总”工作表中，以“班级”为分类字段，对各科成绩进行“平均值”的分类汇总。

④ 在“合并计算”工作表中，在“各班各科平均成绩表”的表格中进行“平均值”的合并计算操作。

在 Excel 2016 中打开文件“..\素材文件\Excel\自主训练\产品销售统计.xlsx”，为工作表“产品销售情况表”内的数据清单建立数据透视表，在字段表中设置行为“分公司”，列为“产品名称”，求和项为“销售额（万元）”，并置于当前工作表中以 J6 单元格为起始位置的区域。

任务 4　数据表图表的创建

任务描述

紧接任务 2，将“学生成绩评定.xlsx”中的数据以图表的形式显示，使数据表示更加清晰、直观，更易于比较与分析。

任务资讯

1. 图表类型

Excel 2016 中提供了许多图表类型，每一种图表类型又分为多个子类型，可以根据需要选择不同的图表类型来表现数据，常见的有柱形图、折线图、饼图、条形图等。

2. 图表组成元素

图表由图表区、绘图区、图表标题、图例、坐标轴、数据系列和网格线等元素组成，如图 3-52 所示。

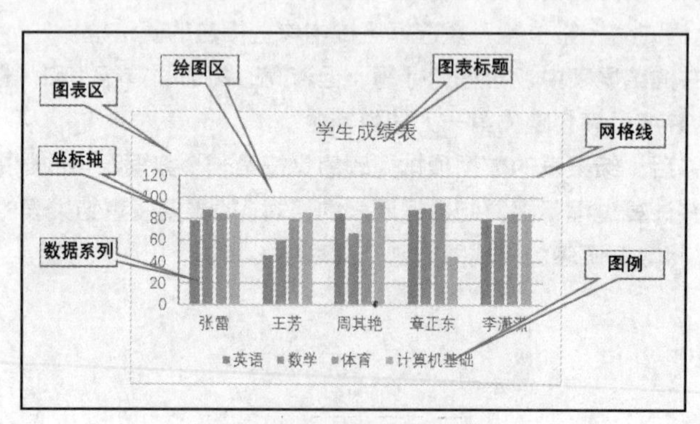

图 3-52　图表组成元素

任务实施

打开任务 2 中的“学生成绩评定.xlsx”文件，将该文件另存为“学生成绩图表表示.xlsx”。

工序 1：创建图表

将张雷、王芳、周其艳、章正东 4 位同学的英语、数学、体育和计算机基础 4 门课程成绩用二维簇状柱形图来表示。

Step1：打开“学生成绩图表表示.xlsx”工作簿中的“格式化数据”工作表，选取单元格区域“B2:B6”，按住“Ctrl”键的同时选取第二个单元格区域“E2:H6”。

Step2：单击“插入”选项卡“图表”组中的“插入柱形图或条形图”下拉按钮，在弹出的下拉列表中选择“二维柱形图”栏中的“簇状柱形图”，如图 3-53 所示；生成的图表直接显示在该工作表区域，如图 3-54 所示；同时 Excel 2016 主窗口出现“图表工具”菜单，如图 3-55 所示。

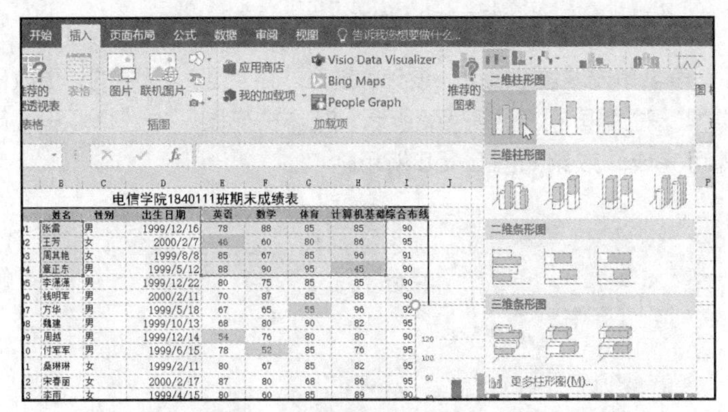

图 3-53 选择“二维柱形图”组中的“簇状柱形图”

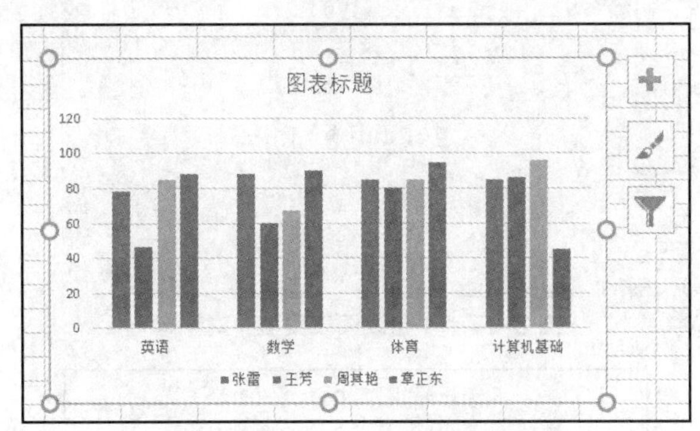

图 3-54 生成的二维簇状柱形图

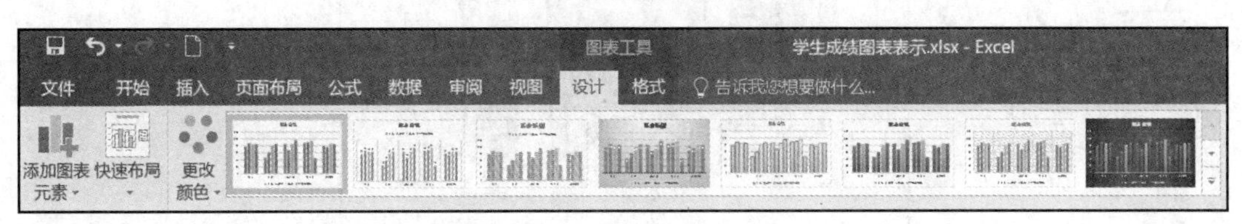

图 3-55 “图表工具”菜单

工序 2：修改图表

在图表上方修改图表标题为“部分学生课程成绩比较图”，更改图表类型为“三维簇状柱形图”，设置图例在右侧显示，将李潇潇同学的 4 科成绩添加至图表中。

Step1：选择图表标题元素，使其处于可改写状态，删除原有文本，在文本框中直接输入“部分学生课程成绩比较图”，再单击图表标题元素外的任意位置，结果如图 3-56 所示。

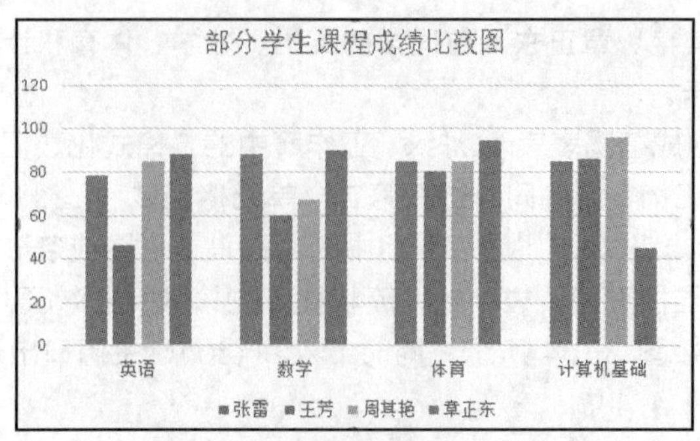

图 3-56　图表标题的设置

Step2：选择图表，单击“图表工具-设计”选项卡“类型”组中的“更改图表类型”按钮，弹出“更改图表类型”对话框，如图 3-57 所示；在“柱形图”中选择“三维簇状柱形图”，单击“确定”按钮即可完成，效果如图 3-58 所示。

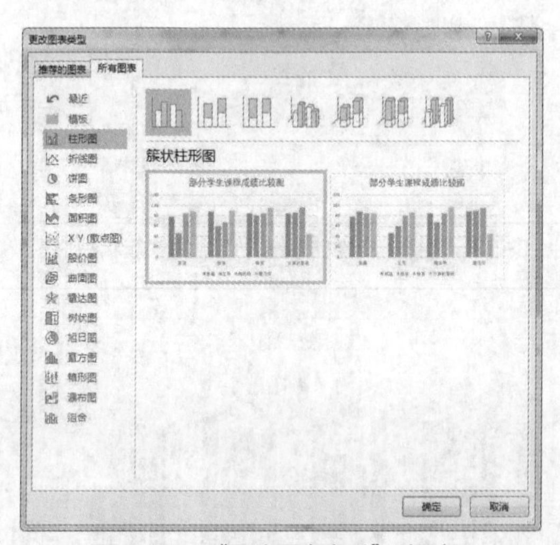

图 3-57　“更改图表类型”对话框

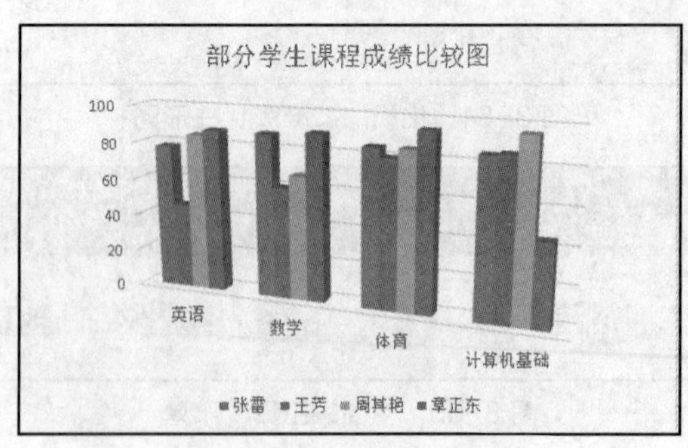

图 3-58　三维簇状柱形图

Step3：保持图表处于选择状态，单击“图表工具-设计”选项卡“图表布局”组中的“添加图表元素”按钮，弹出下拉列表，选择“图例”选项，弹出下一级列表，在其中选择“右侧”选项，如图 3-59 所示；完成图例位置的更改，效果如图 3-60 所示。

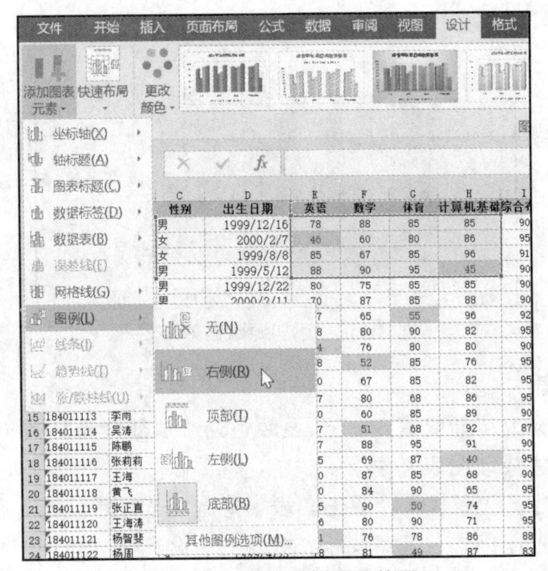

图 3-59　更改图例显示位置

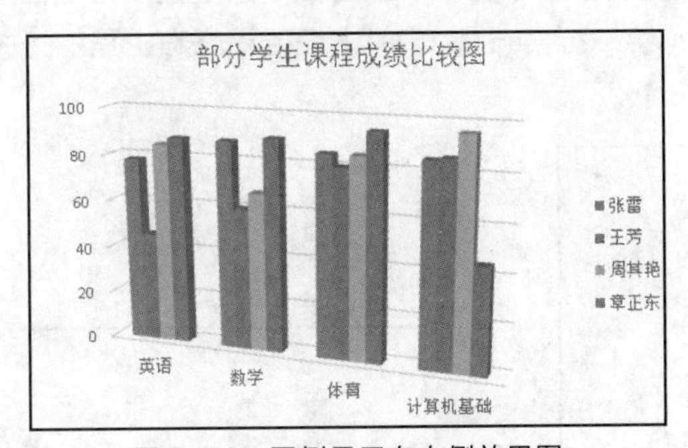

图 3-60　图例显示在右侧效果图

Step4：保持图表处于选择状态，单击“图表工具-设计”选项卡“数据”组中的“选择数据”按钮，弹出“选择数据源”对话框，删除“图表数据区域”右侧文本框中的内容，重新选择图表所需的数据区域“B2:B7”和“E2:H7”，如图 3-61 所示；单击“确定”按钮即可完成向图表中添加源数据的操作，效果如图 3-62 所示。

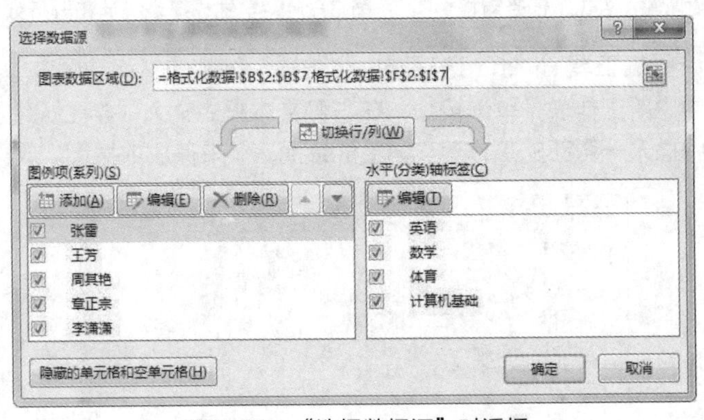

图 3-61　“选择数据源”对话框

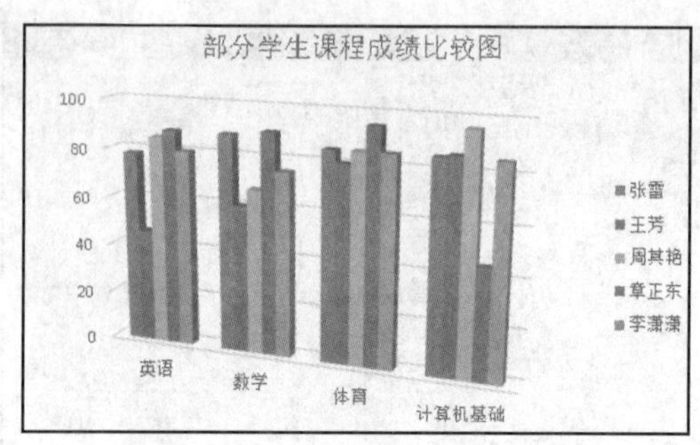

图 3-62　添加源数据效果图

工序 3：格式化图表

设置图表背景墙填充为“渐变填充”，预设颜色为“顶部聚光灯-个性色 1”，并将该图表单独保存至新工作表“学生成绩图表”中。

Step1：保持图表处于选择状态，双击图表中背景墙的任意位置，在 Excel 2016 工作界面的右侧弹出“设置背景墙格式”任务窗格，如图 3-63 所示；选中“填充”区域的“渐变填充”单选按钮，然后在“预设渐变”选项中单击右侧的下拉按钮，在弹出的列表中选择“顶部聚光灯-个性色 1”色块（第二行第一列），单击任务窗格右上角的“关闭”按钮，图表效果如图 3-64 所示。

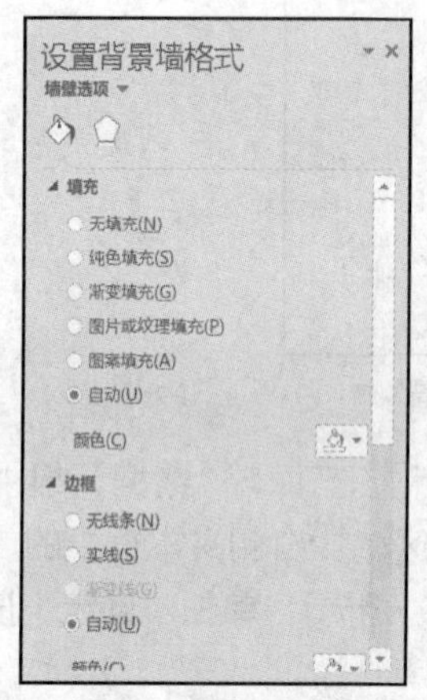

图 3-63　“设置背景墙格式”任务窗格

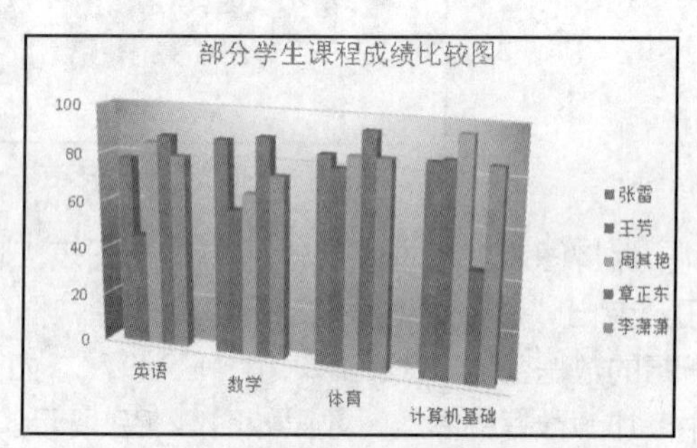

图 3-64　学生成绩表统计和分析效果图

Step2：单击“图表工具-设计”选项卡中“位置”组中的“移动图表”按钮，弹出“移动图表”对话框，选中“新工作表”单选按钮，在右侧文本框中输入“学生成绩图表”，如图 3-65 所示；在该工作簿中插入一张新的工作表“学生成绩图表”来存放效果图，效果如图 3-66 所示。

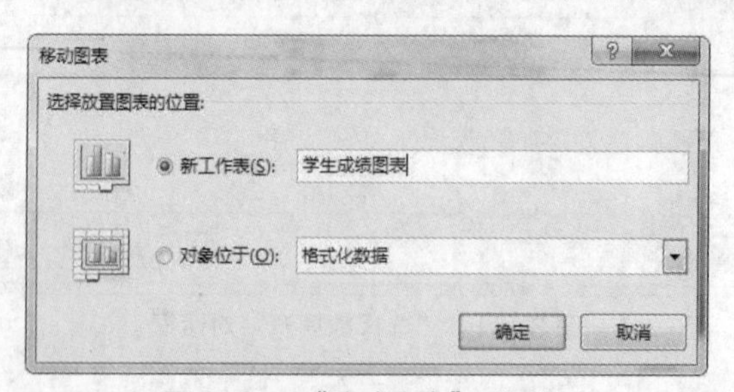

图 3-65　“移动图表”对话框

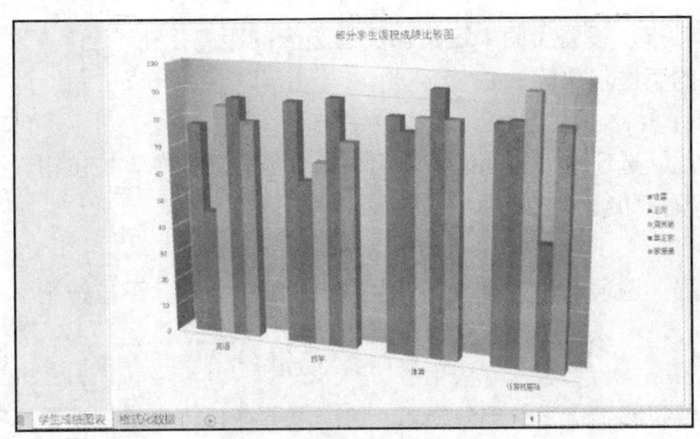

图 3-66 单独存放效果图

自主训练

在 Excel 2016 中打开文件“..\素材文件\Excel\自主训练\教职工工资表.xlsx”，按下列要求进行操作。

① 以 Sheet1 工作表中 1 月份、2 月份的数据创建三维簇状条形图，图表标题为“教职工工资分析表”，存放在当前工作表中。

② 为图表添加分类轴标题“姓名”，数据值轴标题“月收入”。

③ 将图表标题“教职工工资分析表”设置为加粗、14 号；将图例字体改为 11 号，将边框设置为渐变线，并将图例移动至图表区的底部。

④ 将图表中 1 月份的数据系列删除，再将 3 月份的数据系列添加到图表中，并调整 3 月份的数据系列，使其位于 2 月份的数据系列前面。

任务 5 数据表的页面设置与打印

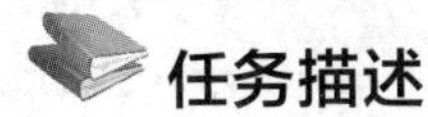

任务描述

班主任王老师要求班长把学生成绩评定表打印出来。

任务资讯

1. 打印设置

工作表制作完成后需要打印，为确保打印效果，需要对工作表进行页面设置及打印预览等操作。“页面布局”选项卡“页面设置”组包括“页边距”“纸张大小”“打印标题”等，可通过它们对页面进行相应的设置。

（1）页边距

单击“页面布局”选项卡“页面设置”组中的“页边距”下拉按钮，弹出下拉列表，可以选择已经定义好的页边距，也可以选择“自定义边距”选项，选择弹出的“页面设置”对话框中的“页边距”选项卡，设置页面中正文与页面边缘的距离，在“上”“下”“左”“右”文本框中分别输入所需的页边距数值。

（2）纸张方向

单击“页面布局”选项卡“页面设置”组中的“纸张方向”下拉按钮，在弹出的下拉列表中根据实际需要调整打印纸张方向为“横向”或“纵向”。

（3）纸张大小

单击“页面布局”选项卡“页面设置”组中的“纸张大小”下拉按钮，在弹出的下拉列表中选择合适的纸张，也可以自定义纸张的宽度和高度，系统默认为“A4”大小。

（4）打印区域

实际工作中需要打印工作表的部分内容，这就需要在打印之前先设置好打印的区域，方法是：选择要打印的单元格区域，单击“页面布局”选项卡“页面设置”组中的“打印区域”按钮，在弹出的下拉列表中选择“设置打印区域”选项。

（5）打印标题

单击“页面布局”选项卡“页面设置”组中的“打印标题”按钮，弹出“页面设置”对话框，选择“工作表”选项卡，利用“打印标题”右侧的“折叠”按钮选择行标题或列标题区域，为每页设置打印行或列标题。

2. 页眉/页脚

选择“页面布局”选项卡，单击“页面设置”组右下角的“对话框启动器”按钮，弹出“页面设置”对话框。选择“页眉/页脚”选项卡，可以在相应的列表框中选择内置的页眉或页脚格式，或单击“自定义页眉”“自定义页脚”按钮，在打开的对话框中完成所需的设置即可。

3. 打印预览

在打印之前，先进行打印预览以观察打印效果。打印预览功能是通过单击“页面设置”对话框的“工作表”选项卡中的“打印预览”按钮来实现的，如图 3-67 所示。

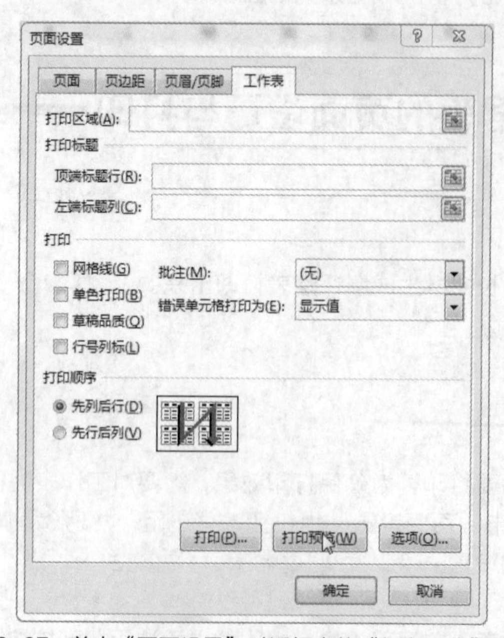

图 3-67　单击“页面设置”对话框中的“打印预览”按钮

任务实施

打开任务 2 的“学生成绩表.xlsx”，将该文件另存为“学生成绩表打印稿.xlsx”。

工序 1：页面设置

设置“学生成绩表打印稿”工作表行高为“自动调整行高”，列宽为“自动调整列宽”，并进行页面设置：纸张大小为 A4，纸张方向为“横向”，“水平”和“垂直”方向都居中，打印标题为“$1:$1”。

Step1：选择“学生成绩表打印稿”整个工作表，单击“开始”选项卡“单元格”组中的“格式”下拉按钮，弹出下拉列表，选择“自动调整行高”选项，再选择“自动调整列宽”选项。

Step2：单击“页面布局”选项卡“页面设置”组中的“页边距”按钮，在下拉列表中选择“自定义边距”选项，弹出“页面设置”对话框，在“页边距”选项卡的“居中方式”栏勾选“水平”和“垂直”两个复选框，如图 3-68 所示。

Step3：在“页面设置”对话框中选择“页面”选项卡，在“方向”栏选中“横向”单选按钮，在“纸张大小”栏的下拉列表框中选择“A4”选项，如图 3-69 所示；选择“工作表”选项卡，在“打印标题”区域单击“顶端标题行”右侧的文本框，插入光标后单击“学生成绩表打印稿”工作表第 1 行，文本框中出现“$1:$1”，单击“确定”按钮。

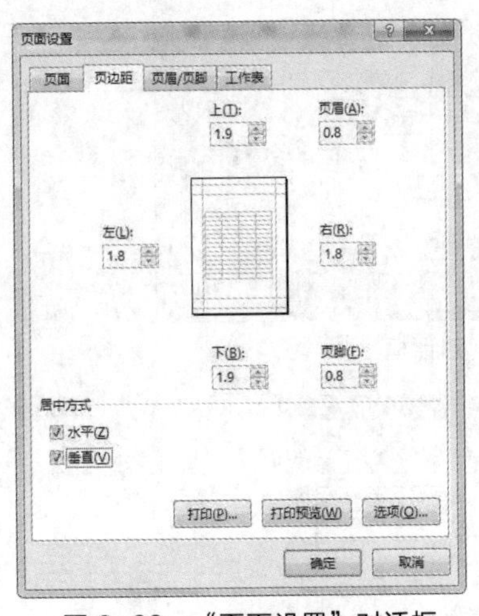

图 3-68 “页面设置”对话框

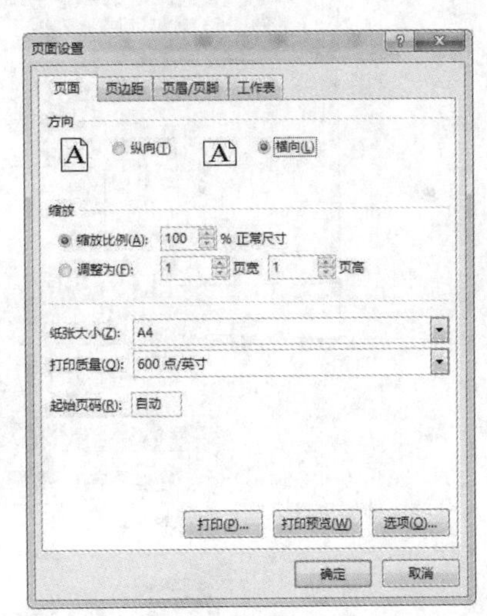

图 3-69 “页面设置”对话框中的“页面”选项卡

工序 2：页眉与页脚的设置

在“学生成绩表打印稿”工作表中，设置页眉为：左“交通学院”、中“1840111”、右“成绩表”。设置页脚为：左“制作人：XX”、中“当前日期”、右“当前页码”。

Step1：在“学生成绩表打印稿”工作表中，选择“页面布局”选项卡，单击“页面设置”组右下角的“对话框启动器”按钮，弹出“页面设置”对话框，选择“页眉/页脚”选项卡，单击“自定义页眉”按钮，弹出“页眉”对话框，在“左”文本框中输入“交通学院”，“中”文本框中输入“1840111”，“右”文本框中输入“成绩表”，如图 3-70 所示，单击“确定”按钮。

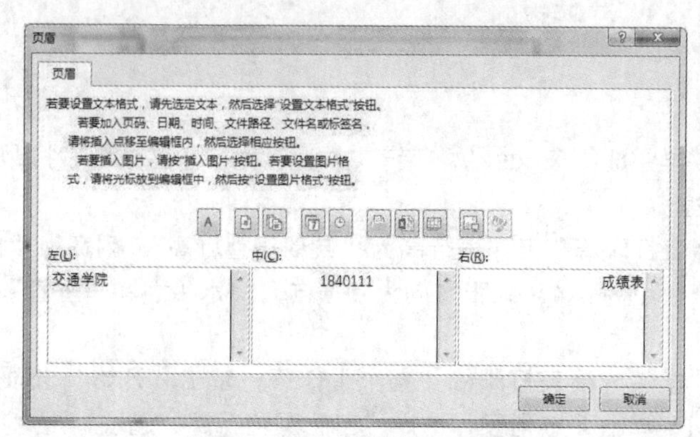

图 3-70　“页眉”对话框

Step2：单击“自定义页脚”按钮，弹出“页脚”对话框，在“左”文本框中输入“制作人：XX”，在“中”文本框中插入当前日期（单击“插入日期”按钮），在“右”文本框中插入当前页码（单击“插入页码”按钮），如图 3-71 所示；单击“确定”按钮，返回“页面设置”对话框，界面如图 3-72 所示，单击“确定”按钮，完成页眉与页脚设置。

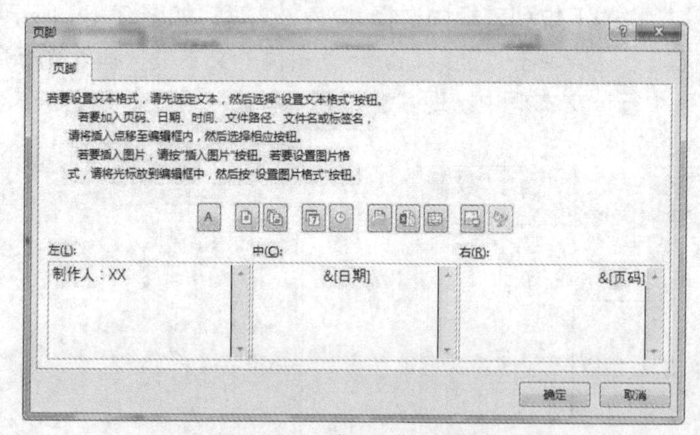

图 3-71　“页脚”对话框

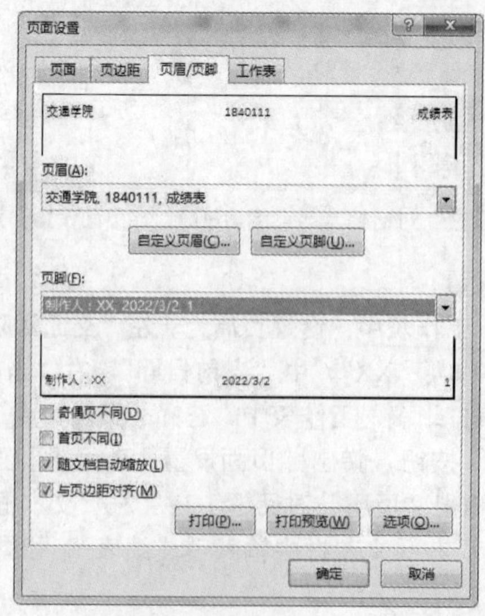

图 3-72　“页面设置”对话框中的“页眉/页脚”选项卡

工序 3：打印表格

打印先前设置好的表格。

如果用户对在打印预览窗口中看到的效果非常满意，可以在“文件”选项卡中选择“打印”命令，然后在打印预览视图中进行“份数”和打印范围等设置，如图 3-73 所示，单击“打印”按钮即可开始打印，最终的打印效果如图 3-74 所示。如果还需对表格进行修改，可切换到“开始”选项卡返回工作界面进行修改。

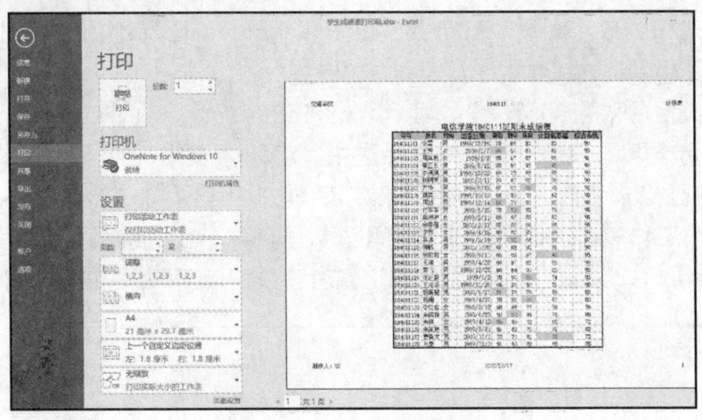

图 3-73 打印预览视图

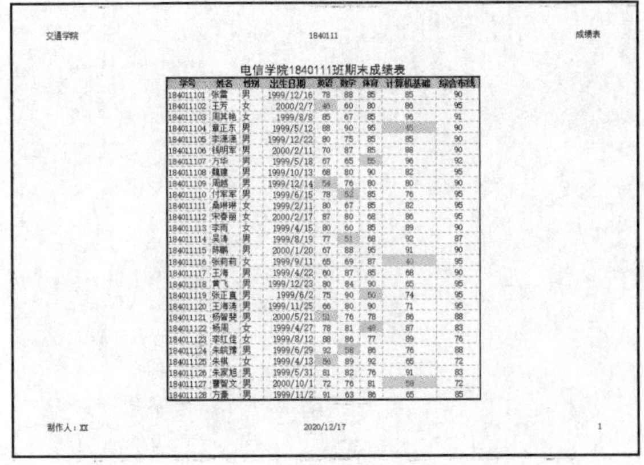

交通学院　　1840111　　成绩表

电信学院1840111班期末成绩表

学号	姓名	性别	出生日期	英语	数学	体育	计算机基础	综合布线
184011101	张雷	男	1999/12/16	78	88	85	85	90
184011102	王芳	女	2000/2/7	40	60	80	86	95
184011103	周其艳	女	1999/8/8	85	67	85	96	91
184011104	章正东	男	1999/5/12	88	90	95	45	90
184011105	李潇潇	男	1999/12/22	80	75	85	85	90
184011106	钱明军	男	2000/2/11	70	87	85	88	90
184011107	方华	男	1999/5/18	67	65	55	96	92
184011108	魏建	男	1999/10/13	68	80	90	82	95
184011109	周越	男	1999/12/14	54	76	80	80	90
184011110	付军军	男	1999/6/15	78	52	85	76	95
184011111	桑琳琳	女	1999/2/11	80	67	85	82	95
184011112	宋春丽	女	2000/2/17	87	80	68	86	95
184011113	李雨	女	1999/4/15	80	60	85	89	90
184011114	吴涛	男	1999/8/19	77	51	68	92	87
184011115	陈鹏	男	2000/1/20	67	88	95	91	90
184011116	张莉莉	女	1999/9/11	65	69	87	40	95
184011117	王海	男	1999/4/22	60	87	85	68	90
184011118	黄飞	男	1999/12/23	80	84	90	65	95
184011119	张正直	男	1999/6/2	75	90	50	74	95
184011120	王海涛	男	1999/11/25	66	80	90	71	95
184011121	杨智斐	男	2000/5/21	51	76	78	86	88
184011122	杨周	女	1999/4/27	78	81	49	87	83
184011123	李红佳	女	1999/8/12	88	86	77	89	76
184011124	朱皖腾	男	1999/6/29	92	58	86	76	88
184011125	朱棋	女	1999/4/13	[illegible]	89	92	65	72
184011126	朱家旭	男	1999/5/31	81	82	76	91	83
184011127	曹智文	男	2000/10/1	72	76	81	[illegible]	72
184011128	方豪	男	1999/11/2	91	63	86	65	85

制作人：XX　　2020/12/17　　1

图 3-74 “学生成绩表”最终的打印效果

说 明

① 如果要打印某个区域，可以在“页面设置”对话框“工作表”选项卡的“打印区域”文本框中输入或直接选择要打印的区域。如果打印的内容较长，需要打印在两张纸上，而又要求在第二页上具有与第一页相同的行标题和列标题，则可以在“打印标题”栏中的“顶端标题行”和“左端标题列”文本框中分别指定标题行和标题列的行和列，还可以指定打印顺序等。

② 当文件超过一页时，Excel 2016 自动用分页符将文件分页。单击“视图”选项卡“工作簿视图”组中的“分页预览”按钮，可以从工作表的常规视图切换到分页预览视图。在分页视图中，蓝色框线是 Excel 2016 自动产生的分页符，分页符包围的部分就是系统根据工作表中内容自动产生的打印区域。用户将鼠标指针指向分页符所在位置的蓝色框线，当鼠标指针变为双向箭头状时，拖曳鼠标指针可以改变分页符的位置。此外，用户还可以在工作表中人为插入分页符，将文件强制分页。

综合训练

在 Excel 2016 中打开文件“..\素材文件\Excel\综合实训\公司财务年度统计.xlsx”，按下列要求进行操作。

① 将 Sheet1 工作表重命名为“公司年度利润表”，并将标签颜色设置为“红色”；在 G2、H2 单元格分别输入“总和”“等级”列标题。

② 利用公式和函数对利润表进行各季度求和统计，同时对部门各车间进行等级评定：年度利润在 600 及以上为“优秀”，其余为“一般”。

③ 利用分类汇总对各部门每个季度利润总和进行统计。

④ 设置单元格区域“A1:H1”合并后居中，字体为黑体、18 磅、深红色；对当前工作表数据区域进行格式设置，套用表格格式“表样式中等深浅 9”。

⑤ 使用当前工作表各部门每个季度的利润数据创建一个二维簇状柱形图，添加图表标题为“公司年度利润”，并将其存放在新的工作表“公司年度利润图表”中，保存并退出。

项目4 PowerPoint 2016应用

04

PowerPoint 2016 是 Microsoft 公司推出的 Office 2016 办公软件的核心组件之一。它是专门用来编制演示文稿的应用软件。利用 PowerPoint 2016 可以制作出集文字、图形及多媒体对象于一体的演示文稿，并可将演示文稿、彩色幻灯片和投影胶片以动态的形式展现出来。本项目以某毕业生的毕业论文答辩演讲稿为例，通过 5 个具体任务的实现，全面讲解 PowerPoint 2016 中演示文稿的创建、文本的编辑与格式化、图片等对象的插入、版面设计、放映效果的设计等内容。通过本项目的学习，读者能系统掌握 PowerPoint 2016 的使用方法和应用技巧，并能应用该软件完成演示文稿的编辑与排版工作，满足日常办公所需。

项目学习目标

- 掌握 PowerPoint 2016 演示文稿的创建。
- 掌握 PowerPoint 2016 演示文稿中文本的编辑与格式化。
- 掌握 PowerPoint 2016 演示文稿中图片、表格、图表及多媒体文件的插入。
- 掌握 PowerPoint 2016 演示文稿中母版、设计模板和配色方案的选用。
- 掌握 PowerPoint 2016 演示文稿中动画效果及放映效果的设计使用。
- 掌握 PowerPoint 2016 演示文稿中幻灯片的打印与输出。

任务1　创建演示文稿

任务描述

钱彬通过个人的努力，以及与指导老师的多次沟通，终于在论文答辩之前完成了毕业论文的撰写。为了在论文答辩的时候能够充分展示出自己的专业水平，他选择用 PowerPoint 2016 制作毕业答辩演示文稿，概要、生动地阐述论文的主要论点、论据、写作体会及议题的理论意义和实践意义。参考效果如图 4-1 所示。

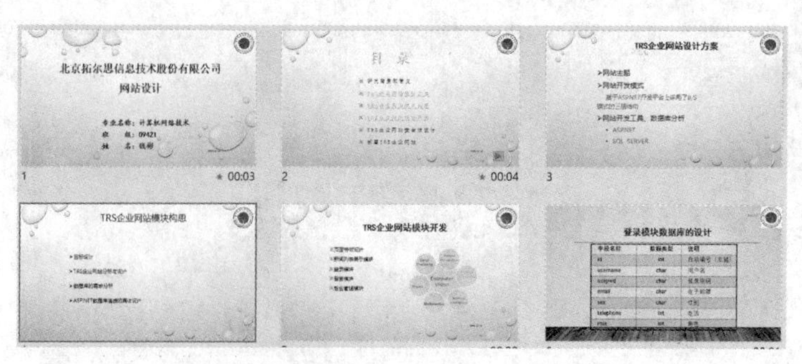

图 4-1 “毕业答辩演讲稿”参考效果图

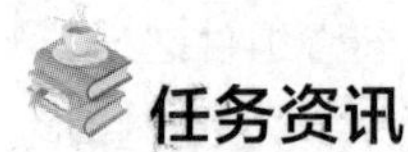

任务资讯

PowerPoint 2016 是 Microsoft Office 2016 系列中的一个重要组件，是当前最流行的制作演示文稿的软件之一。基于其图文声形并茂的表现方式和简单易行的操作环境，PowerPoint 已经成为学术交流、产品展示、工作汇报、网络会议和个人求职等场合不可缺少的工具。

利用 PowerPoint 2016 制作的全部内容通常被保存在一个文件中，这个文件称为演示文稿，其扩展名为“.pptx”。演示文稿由一张张幻灯片组成，可以输入文字，插入表格、图表、图像等；可以添加多种多媒体对象，如声音、乐曲、影片等；还可以设置动画效果和切换方式等。用 PowerPoint 2016 制作的演示文稿，不但可以用幻灯机播放，还可以在计算机中直接演示，或者接上投影仪通过大屏幕进行演示等。因此，当人们需要展示一个计划，或者做一个汇报，或者进行电子教学等工作时，利用 PowerPoint 2016 就能够轻易地完成这些工作。

PowerPoint 2016 中提供了 4 种创建演示文稿的方法：空白演示文稿、根据模板、根据主题和根据现有内容新建。

① 使用“空白演示文稿”是从具备最少的设计且未应用颜色的幻灯片开始设计。

② 使用“根据模板”是在已经具备版式、主题颜色、主题字体、主题效果、背景样式的 PowerPoint 模板的基础上创建演示文稿。除了使用 PowerPoint 2016 提供的模板外，还可使用自己创建的模板。

③ 使用“根据主题”是使演示文稿具有合适的外观（包括一个或多个与主题颜色、匹配背景、主题字体和主题效果协调的版式）。

④ 使用“根据现有内容新建”是根据已有的演示文稿创建新文档，文件内容相同，外观使用系统默认的主题。

PowerPoint 2016 引入了一些出色的新工具，可以使用这些工具有效地创建、管理并与他人协作处理演示文稿。

• 在 PowerPoint 2016 中，添加了 6 种新图表（“箱形图”“树状图”“旭日图”“直方图”“排列图”“瀑布图”），可帮助创建财务或分层信息的一些最常用的数据可视化，以及显示数据中的统计属性。

• 通过全新的“告诉我您想要做什么”框快速执行操作。PowerPoint 2016 功能区上设置有一个搜索框“告诉我您想要做什么”，可以在其中输入想要执行的功能或操作。

• 通过新增的墨迹公式，手动输入复杂的数学公式。使用触摸设备，则可以使用手指或触摸笔手动写入数学公式，PowerPoint 2016 会将它转换为文本。如果没有触摸设备，也可以使用鼠标进行写入。墨迹公式还可以在进行过程中擦除、选择及更正所写入的内容。

• 使用 Microsoft SharePoint 服务器上的共享位置，用户可以在其方便的位置共同创作内容。Office 2016 已在“云通过允许共同创作轻松支持其他工作流方案”。在“文件”选项卡上，选择“信息”命令可查看合著者的姓名。

• 使用节来组织大型幻灯片版面，更易于管理且更易于导航。此外，用户可以与其他人员进行协作创建标签和分组幻灯片的演示文稿。例如，每个同事可以负责准备一个单独的分区中的幻灯片，可以命名和打印整个节，也可将效果应用于整个节。

• 使用 PowerPoint 2016 中的合并和比较功能，用户可以比较当前演示文稿和其他演示文稿，并可以立即将其合并。

• 即使没有 PowerPoint，也可以对演示文稿进行操作。将演示文稿存储在用于承载 Microsoft Office Online 的 Web 服务器上。然后，使用 PowerPoint Online 在浏览器中打开演示文稿，即可以查看文档，甚至进行更改。

PowerPoint 2016 引入了视频和照片编辑的新增功能和增强功能。此外，切换效果和动画分别具有单独的选项卡，并且比以往版本更为平滑和丰富，还带来了令人惊喜的 SmartArt 图形及某些基于照片的新增功能。

通过 PowerPoint 2016 将视频插入演示文稿后，这些视频便成为演示文稿文件的一部分，可以对视频进行剪裁，添加同步的重叠文本、标牌框架、书签和淡出效果。另外，与处理图片一样，可以设置边框、阴影、反射、发光、柔化边缘、三维旋转、棱台和其他设计器效果并应用到视频。新增的屏幕录制功能，能够通过一个无缝过程选择要录制的屏幕部分、捕获所需内容，并将其直接插入演示文稿中。

1. 视图

PowerPoint 2016 提供了多种主要视图：普通视图、幻灯片浏览视图、阅读视图和幻灯片放映视图。每种视图各有所长，适用于不同的应用场合。

（1）普通视图

PowerPoint 2016 演示文稿打开后就直接进入普通视图，如图 4-2 所示。普通视图下的窗口工作区被分成 3 个区域：大纲窗格、幻灯片窗格和备注窗格。拖曳窗格分界线，可以调整窗格的尺寸。

在大纲窗格中可以查看演示文稿的标题和主要文字，它为用户组织内容和编写大纲提供了简明的环境。

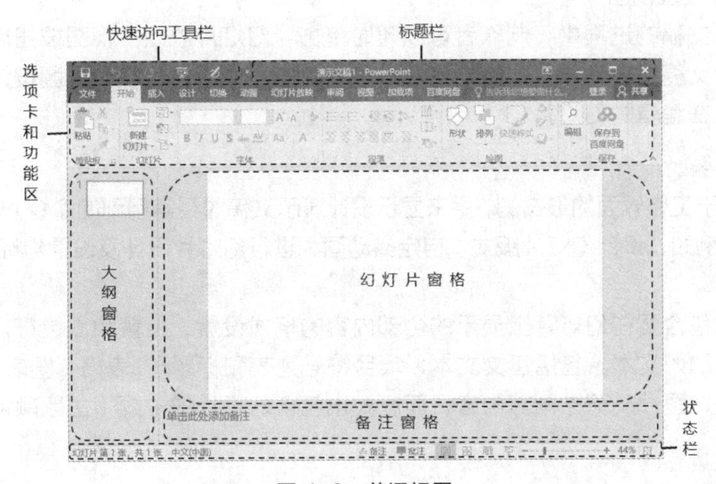

图 4-2　普通视图

在幻灯片窗格中可以查看每张幻灯片的整体布局效果，包括版式、设计模板等；还可以对幻灯片内容进行编辑，包括修饰文本格式，插入图形、音频、影片等多媒体对象，创建超链接及自定义动画效果。在该窗格中一次只能编辑一张幻灯片。

使用备注窗格可以添加或查看当前幻灯片的演讲备注信息。备注信息只出现在这个窗格中，在演示文稿中不会出现。我们可以将备注分发给观众，也可以在播放演示文稿时显示备注信息。

（2）幻灯片浏览视图

幻灯片浏览视图将当前演示文稿中所有的幻灯片以缩略图的形式排列在屏幕上，如图 4-3 所示。通过幻灯片浏览视图，用户可以直观地查看所有幻灯片的情况，也可以直接进行复制、删除和移动幻灯片等操作。

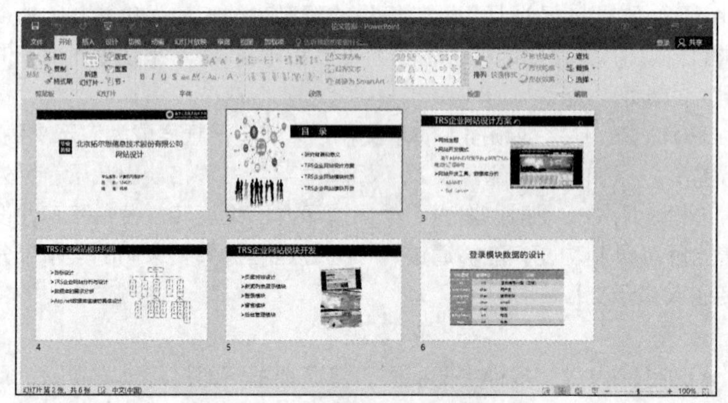

图 4-3　幻灯片浏览视图

（3）阅读视图

阅读视图适用于用自己的计算机查看演示文稿的人员（例如，通过大屏幕放映演示文稿）。如果希望在一个设有简单控件以方便审阅的窗口中查看演示文稿，且不想使用全屏的幻灯片放映视图，则可以在自己的计算机上使用阅读视图。如果要更改演示文稿，可随时从阅读视图切换至其他视图。

（4）幻灯片放映视图

在创建演示文稿的过程中，制作者可以随时单击“幻灯片放映”视图按钮启动幻灯片放映功能，预览演示文稿的放映效果。需要注意的是，单击“幻灯片放映”视图按钮播放的是当前幻灯片窗格中正在编辑的幻灯片。

2．任务窗格

任务窗格位于工作界面的最右侧，用来显示设计演示文稿时经常用到的命令，以方便处理使用频率高的任务。例如，设计幻灯片版式、自定义动画、进行幻灯片设计及设置幻灯片切换效果等。

3．版式

幻灯片版式包含要在幻灯片上显示的全部内容的格式设置、位置和占位符。占位符是版式中的容器，可容纳如文本（包括正文文本、项目符号列表和标题）、表格、图表、SmartArt 图形、影片、音频、图片及剪贴画等内容。而版式也包含幻灯片的主题（主题颜色、主题字体、主题效果和背景）。

PowerPoint 2016 中提供的标准内置版式与 PowerPoint 2010 及早期版本中提供的类似。

在 PowerPoint 2016 中打开空演示文稿时，将显示名为“标题幻灯片”的默认版式。PowerPoint 2016 中包含 11 种内置幻灯片版式，可以创建满足特定需求的自定义版式，并能与使用 PowerPoint 2016 创建演示文稿的其他用户共享。

任务实施

工序 1：创建演示文稿

创建演示文稿，以“毕业答辩演讲稿.pptx”为文件名保存至桌面上。

Step1：启动 PowerPoint 2016，在启动界面选择“空白演示文稿”，创建演示文稿如图 4-4 所示。

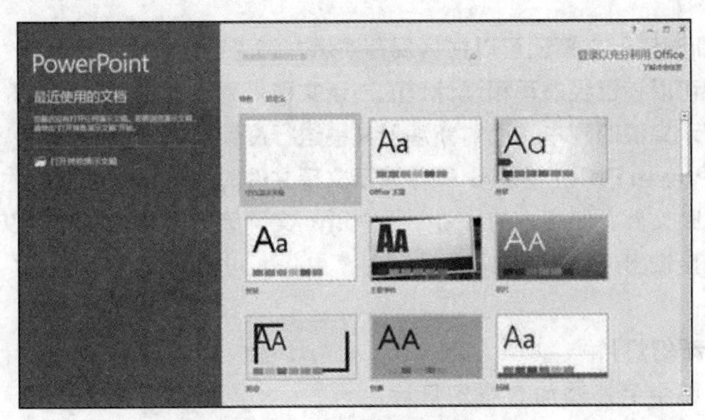

图 4-4　创建演示文稿

Step2：窗口中显示一个空白新幻灯片，默认版式为“标题幻灯片”，如图 4-5 所示。该版式预设了两个占位符：主标题区和副标题区。

Step3：选择“文件”选项卡中的“保存”命令，在打开的“另存为”对话框中输入文件名“毕业答辩演讲稿”，保存类型为“PowerPoint 演示文稿”，保存路径为桌面，单击“保存”按钮，如图 4-6 所示。

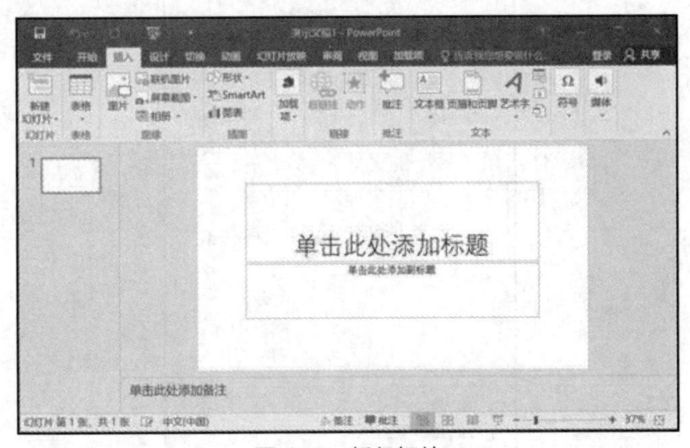

图 4-5　新幻灯片

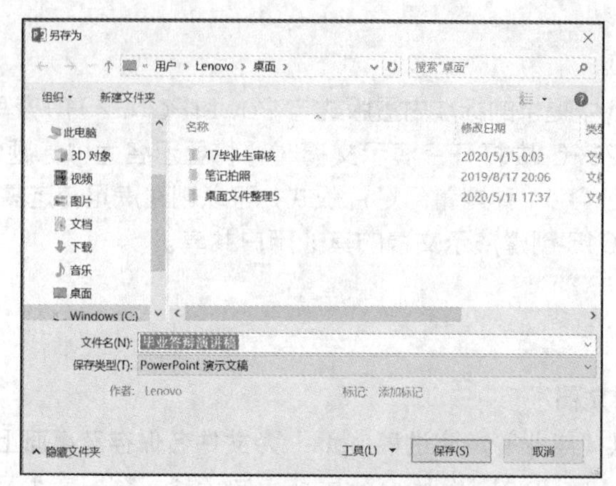

图 4-6 “保存演示文稿”对话框

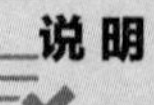

① 新建演示文稿还可以根据现有演示文稿进行操作。

我们可以在已经书写和设计过的演示文稿基础上创建演示文稿。使用复制命令创建现有演示文稿的副本，再对新演示文稿进行设计或内容更改。

② PowerPoint 2016 保存演示文稿文件时，还可以保存成为设计模板、网页文件、放映文件、低版本的 PowerPoint 文件等多种类型。还可以将演示文稿中的幻灯片直接输出成为 GIF 文件。

工序 2：插入新幻灯片

在当前演示文稿中另外添加 3 张幻灯片。

Step1：单击“开始”选项卡“幻灯片”组中的“新建幻灯片”下拉按钮，打开“Office 主题”版式库，如图 4-7 所示；该库显示了各种可用的幻灯片版式的缩略图；单击“标题和内容”版式，插入第 2 张幻灯片，效果如图 4-8 所示。

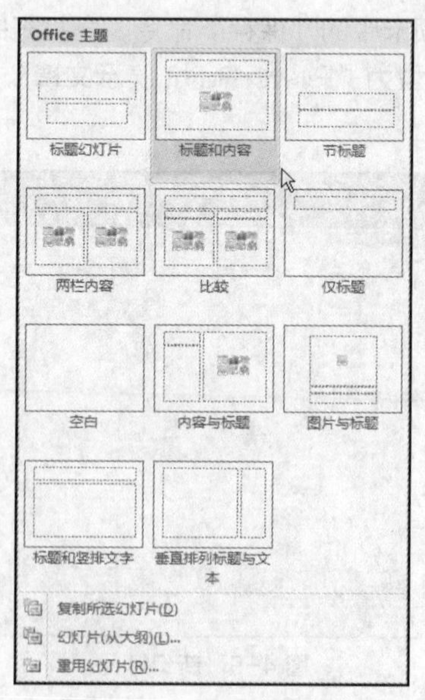

图 4-7 Office 主题版式

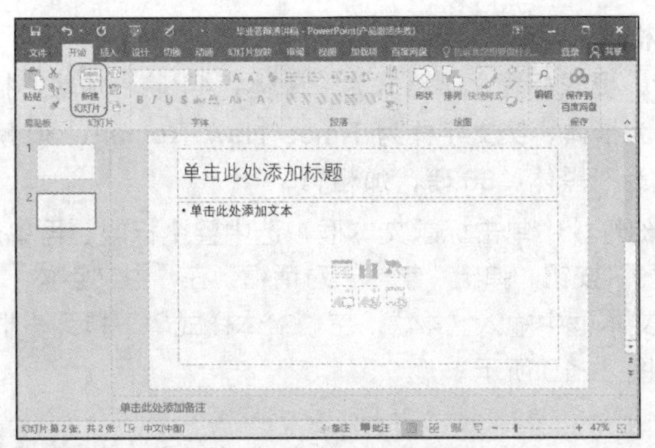

图 4-8　插入的新幻灯片效果

Step2：连续单击“新建幻灯片”下拉按钮，添加第 3、第 4 张相同板式的幻灯片。

Step3：选择第 3 张幻灯片，单击“开始”选项卡“幻灯片”组里的“版式”下拉按钮，在弹出的版式列表中选择“两栏内容”版式。

说明

插入新幻灯片还有以下几种方法。

① 在大纲窗格中选择一张幻灯片缩略图后右键单击，选择“复制幻灯片”命令，或者在空白处右键单击，在弹出的快捷菜单上选择“新建幻灯片”命令。

② 在大纲窗格中选择一张幻灯片缩略图后按“Enter”键。

③ 按“Ctrl+M”组合键快速插入一张新幻灯片。

工序 3：在幻灯片中输入文本

在已创建的 4 张幻灯片中输入文本。

Step1：在第 1 张幻灯片的“标题占位符”内输入论文标题“北京拓而思信息技术股份有限公司网站设计”，在“副标题占位符”内输入专业、班级、姓名。

Step2：依次选择第 2、3、4 张幻灯片，并依次在“标题占位符”和“文本区内”输入图 4-9 所示内容。

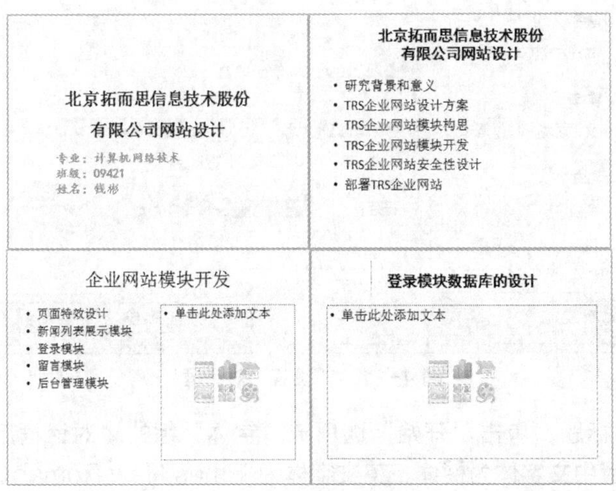

图 4-9　幻灯片内容

工序 4：设置文本格式

选择第 1 张幻灯片，要求标题文字格式为“宋体、44 磅、加粗、行距 1.5 倍”，副标题文字“左对齐、中文字体为楷体、英文字体为 Times New Roman、30 磅、加粗、行距 1 倍”；另外 3 张幻灯片的标题为“黑体、36 磅、加粗”。

Step1：在第 1 张幻灯片中单击标题文本框，选中整个标题，再单击“开始”选项卡“字体”组的“对话框启动器”按钮，弹出“字体”对话框，在“中文字体”下拉列表框中选择“宋体”选项，在“大小”文本框中输入“44”，在“字体样式”下拉列表框中选择“加粗”选项，单击“确定”按钮，如图 4-10 所示。

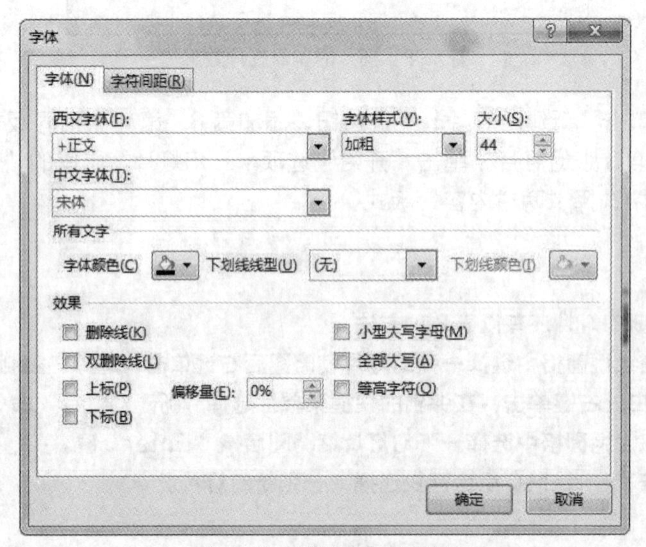

图 4-10 “字体”对话框

Step2：单击“开始”选项卡“段落”组的“对话框启动器”按钮，弹出“段落”对话框，在“行距”下拉列表框中选择“1.5 倍行距”选项，如图 4-11 所示。

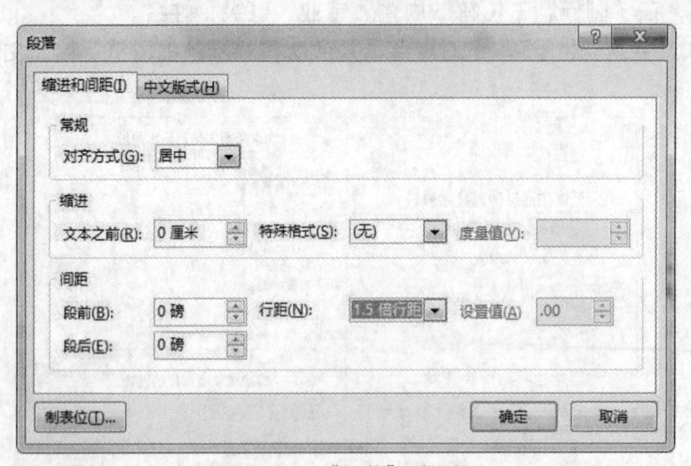

图 4-11 “段落”对话框

Step3：选择副标题，单击“开始”选项卡“字体”组的“对话框启动器”按钮，弹出“字体”对话框，设置中文字体为楷体，英文字体为 Times New Roman、30 磅、加粗。

Step4：单击“开始”选项卡“段落”组的“对话框启动器”按钮，弹出“段落”对话框，设置常规对齐方式为“左对齐”，行距为“单倍行距”。

Step5：单击第 2 张幻灯片，选择整个标题，单击“开始”选项卡“字体”组的“对话框启动器”按钮，弹出“字体”对话框，设置为黑体、36 磅、加粗。

Step6：双击“开始”选项卡“剪贴板”组的“格式刷”按钮，如图 4-12 所示；依次单击第 3、4 张幻灯片的标题；设置完成后，单击“格式刷”按钮，完成格式的复制。

图 4-12 “格式刷”按钮

工序 5：项目符号设置

设置幻灯片中的项目符号为红色“※”，行距为 1.3 倍。

Step1：选择第 2 张幻灯片，单击“开始”选项卡“段落”组的“项目符号”下拉按钮，在弹出的下拉列表中选择“项目符号和编号”选项，弹出“项目符号和编号”对话框，如图 4-13 所示。

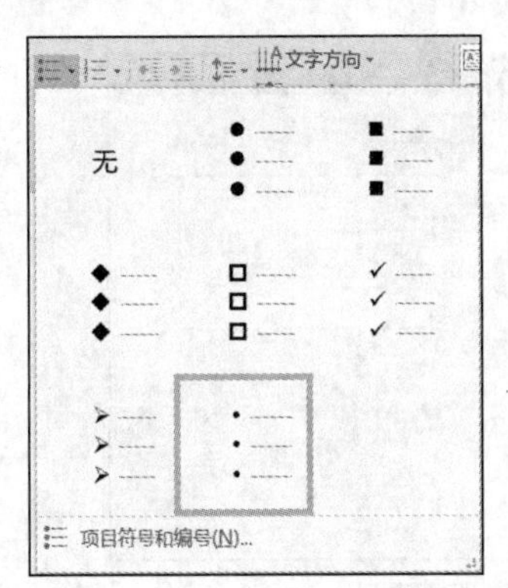

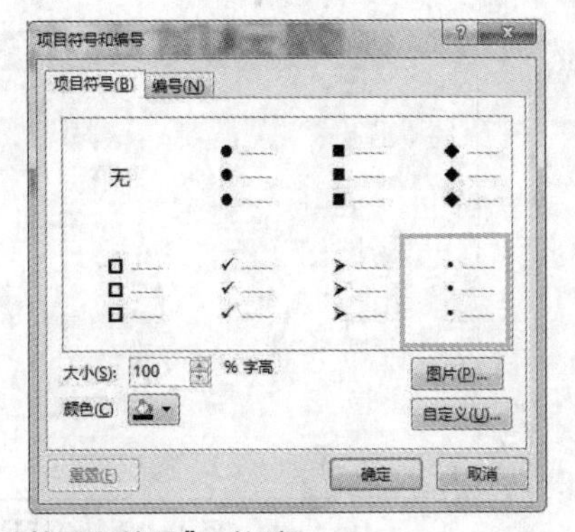

图 4-13 “项目符号和编号”对话框

Step2：在“颜色”下拉列表中选择红色，单击“自定义”按钮，在弹出的“符号”对话框中选择“※”，如图 4-14 所示；单击“确定”按钮，完成项目符号的设置。

Step3：选择“开始”选项卡，单击“段落”组的“对话框启动器”按钮，打开“段落”对话框，设置行距为“1.3 倍行距”，最终效果如图 4-15 所示。

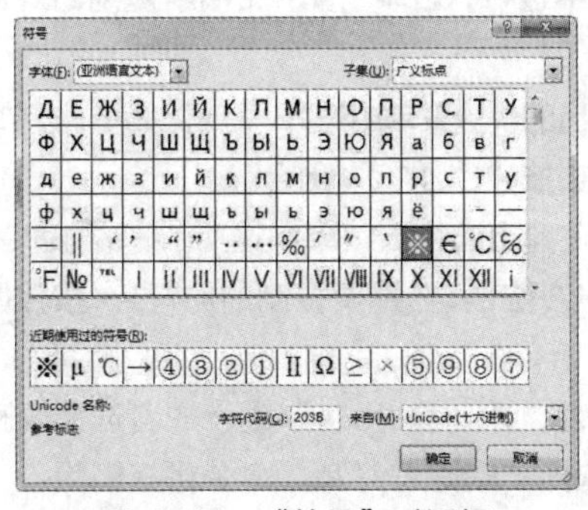

图 4-14 “符号”对话框

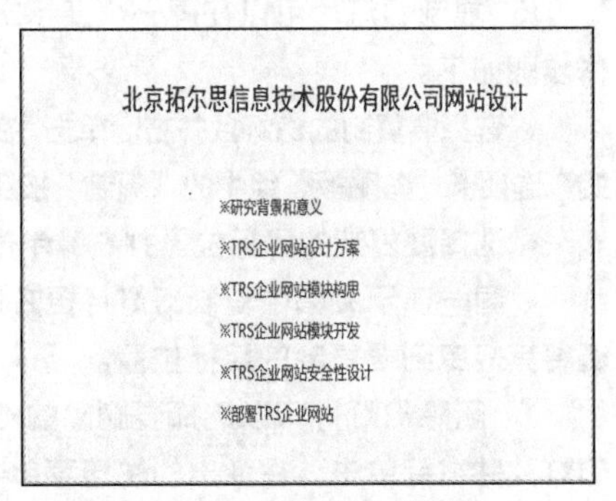

图 4-15 项目符号效果图

Step4：重复步骤 1～步骤 3 的操作，完成第 3 张幻灯片“企业网站模块开发”的项目符号设置。

说明　① 当演示文稿中包含多张幻灯片，在添加内容时需要在这些幻灯片之间切换。可以使用如下方法之一。

- 单击大纲窗格中的幻灯片缩略图以显示该幻灯片。
- 在幻灯片右侧的滚动条底部，单击“上一张幻灯片”按钮或“下一张幻灯片”按钮。
- 按“Page Up”键或“Page Down”键。

② 在PowerPoint 2016中设置段落格式的方法与Word 2016有区别：Word 2016的“段落”对话框中包含的功能更详细，而PowerPoint 2016中只包含常规对齐方式、缩进、间距、中文版式的设置。

③ 在幻灯片中输入文本，除了在文本占位符中输入文本外，还可以在大纲区输入文本或通过插入文本框输入文本。

④ 当发现幻灯片的顺序需要调整时，可以采用如下方法。

- 单击“视图”选项卡“演示文稿视图”组中的“幻灯片浏览”按钮，使得幻灯片以缩略图的形式显示，如图4-16所示。

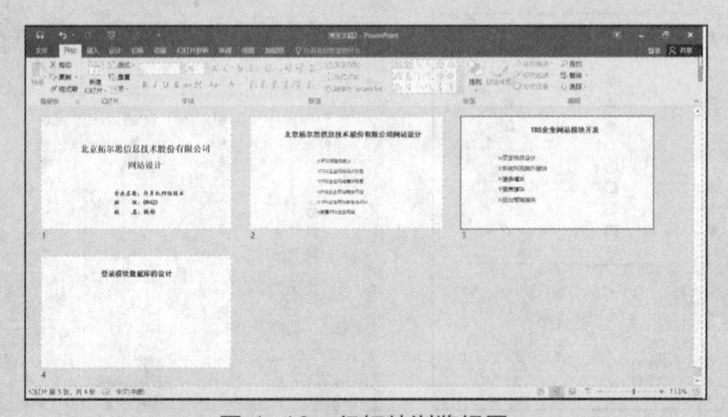

图4-16　幻灯片浏览视图

- 选择幻灯片，按住鼠标左键进行拖曳。当插入线出现在目标位置，松开鼠标左键，使所选幻灯片移动到该位置。
- 幻灯片的移动也可以使用“剪切”“粘贴”命令，或者使用“Ctrl+X”和“Ctrl+V”组合键。

⑤ 复制幻灯片可以在同一个演示文稿中进行，在同一演示文稿中复制幻灯片的操作步骤如下。

- 选择要复制的幻灯片并右键单击，在弹出的快捷菜单中选择“复制”命令，或单击“开始”选项卡“剪贴板”组中的“复制”按钮，或按“Ctrl+C”组合键。
- 选择要复制的目标位置并右键单击，在弹出的快捷菜单中选择“粘贴”命令即可。
- 同一演示文稿中复制幻灯片更方便的方法是：选择要复制的幻灯片，按住“Ctrl”键将其拖曳到要复制的目标位置。

⑥ 删除幻灯片可以选择要删除的幻灯片，按“Delete”键，或者选择要删除的幻灯片并右键单击，在弹出的快捷菜单中选择“删除幻灯片”命令将其删除。

工序6：设置幻灯片的页眉与页脚

设置所有幻灯片的页脚部分显示当前日期和幻灯片的编号。

Step1：单击“插入”选项卡“文本”组的“页眉和页脚”按钮，如图4-17所示；弹出

“页眉和页脚”对话框。

Step2：在“页眉和页脚”对话框的“幻灯片”选项卡里勾选“日期和时间”复选框，在“自动更新”下拉列表框中选择××××/××/××日期格式，勾选“幻灯片编号”复选框，如图 4-18 所示。

Step3：单击“全部应用”按钮，关闭“页眉和页脚”对话框，效果如图 4-19 所示。

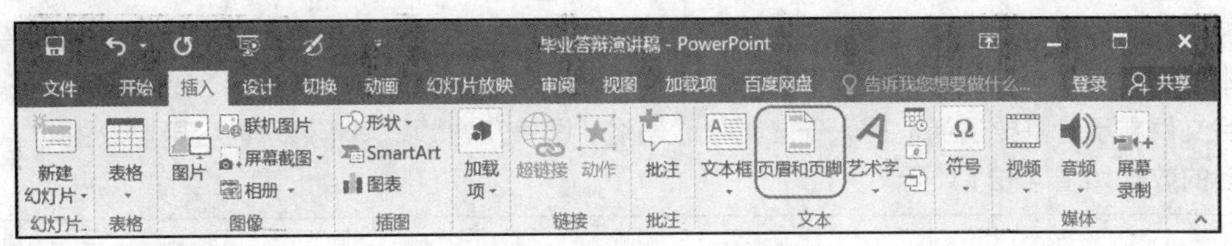

图 4-17 “页眉和页脚”按钮

图 4-18 “页眉和页脚”对话框

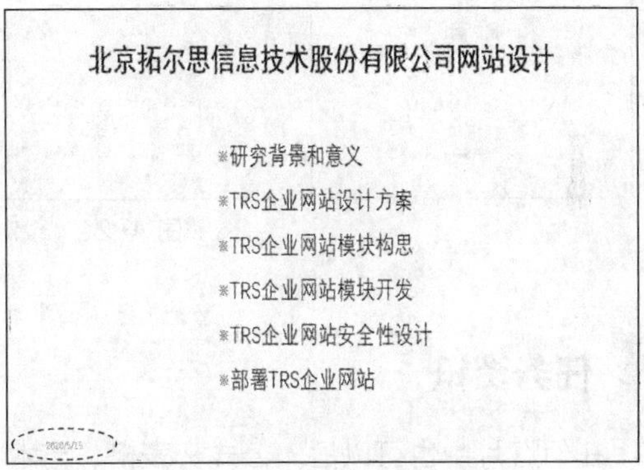

北京拓尔思信息技术股份有限公司网站设计

- 研究背景和意义
- TRS企业网站设计方案
- TRS企业网站模块构思
- TRS企业网站模块开发
- TRS企业网站安全性设计
- 部署TRS企业网站

图 4-19 页脚的设置效果

Step4：单击“快速访问工具栏”中的“保存”按钮，保存演示文稿，如图 4-20 所示。

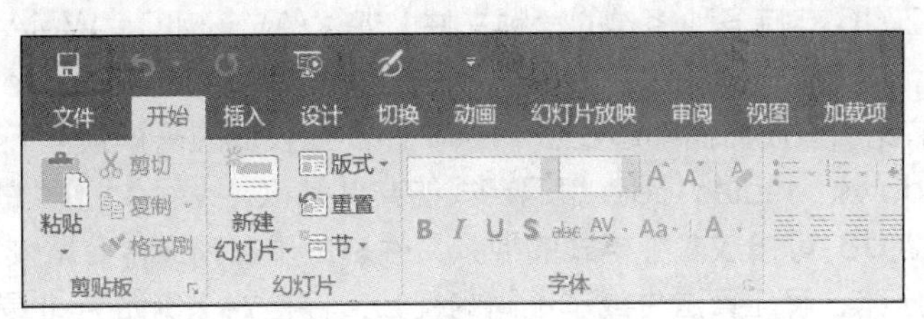

图 4-20 “保存”按钮

说明 页眉和页脚包含页眉和页脚文本、幻灯片号码或页码及日期，它们出现在幻灯片或备注的顶端或底端。

① 若要添加固定日期和时间，则在“页眉和页脚”对话框选中“固定”单选按钮，再输入日期和时间。

② 若要添加编号，勾选“幻灯片编号”复选框。当删除或增加幻灯片时，编号会自动更新。

③ 若要添加页脚文本，勾选“页脚”复选框，再输入文本。

④ 若要只向当前幻灯片或所选的幻灯片添加信息，则单击“应用”按钮。

⑤ 若要向演示文稿中的每个幻灯片添加信息，则单击“全部应用”按钮。

⑥ 若不想使信息出现在标题幻灯片上，需勾选“标题幻灯片中不显示”复选框。

任务 2　对象的插入

任务描述

钱彬设计好毕业论文答辩演讲稿的框架，创建好幻灯片并输入相应的文本后，觉得只是以文本的形式展示自己的毕业设计项目稍显不足。在参考了其他同学的作品后，他根据毕业设计项目文件展示的需要适当地插入一些图片、表格、图表及音频，使得展示内容更形象生动。完成后的效果如图 4-21 所示。

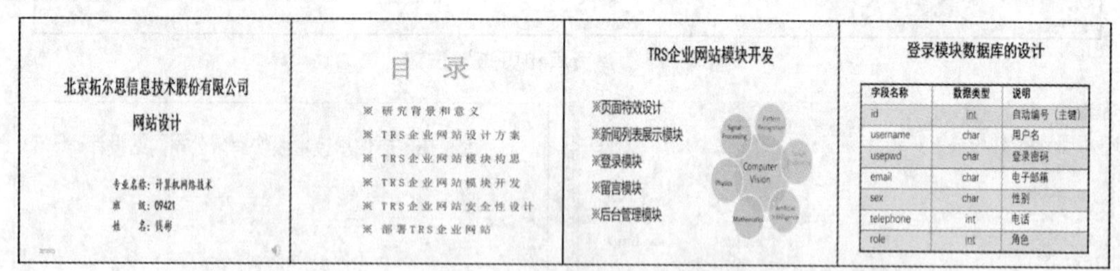

字段名称	数据类型	说明
id	int	自动编号（主键）
username	char	用户名
usepwd	char	登录密码
email	char	电子邮箱
sex	char	性别
telephone	int	电话
role	int	角色

图 4-21　“对象插入”效果图

任务资讯

在幻灯片中也可以插入公式、表格、艺术字、图表和组织结构图等对象。插入对象的操作方法与在 Word 2016 中插入对象的方法基本相同。

1. 插入音频文件、视频文件

PowerPoint 2016 支持多种格式的音频文件，如 WAV、MID、WMA 等。WAV 文件播放的是实际的声音，MID 文件表示的是 MIDI 电子音乐，WMA 是 Microsoft 公司推出的音频格式。WMA 在压缩比和音质方面都超过了 MP3，即使在较低的采样频率下也能产生较好的音质。一般使用 Windows Media Audio 编码格式的文件都以“.wma”作为扩展名。

PowerPoint 2016 可播放多种格式的视频文件。由于视频文件容量较大，通常以压缩的方式存储，不同的压缩、解压算法生成了不同的视频文件格式。例如 AVI 是采用 Intel 公司的有损压缩技术生成的视频文件；MPEG 是一种全屏幕运动视频标准文件；DAT 是 VCD 专用的视频文件格式。如果想让带有视频文件的演示文稿在其他人的计算机上也可以播放，首选是 AVI 格式。在幻灯片中插入影像的方法与插入音频的方法类似。

如果 PowerPoint 2016 不支持某种特殊的媒体类型或特性，而且不能播放某个音频文件，则尝试用 Microsoft Windows Media Player 播放它。Microsoft Windows Media Player 是 Microsoft Windows 的一部分，当把音频作为对象插入时，它能播放 PowerPoint 2016 中的多媒体文件。

如果音频文件大于 100KB，默认情况下会自动将音频链接（链接对象：该对象在源文件中创建，然后被插入目标文件中，并且维持两个文件之间的链接关系。更新源文件时，目标文件中的链接对象也可以得到更新。）到文件，而不是嵌入［嵌入对象：包含在源文件中并且插入目标文件中的信息（对象。）；一旦嵌入，该对象成为目标文件的一部分。对嵌入对象所做的更改反映在目标文件中］文件。我们可以任意更改此默认值（大于或小于 100 KB 均可）。演示文稿链接文件后，如果要在另一台计算机上播放此类演示文稿，则必须在复制该演示文稿的同时复制它所链接的文件。

2. 插入 SmartArt

在制作幻灯片过程中，常常会有需要统计分析的数据，需要整理层次结构的文字，有时候它们之间的树状关系太复杂或太抽象，用文字描述既累赘又不甚清晰，这时候我们可以利用 SmartArt 图形的表现方式，让它们之间的关系更加简单明了，也可以让整个版面生动美观，具体操作如下。

① 单击“插入”选项卡“插图”组“SmartArt”按钮，弹出“选择 SmartArt 图形”对话框，如图 4-22 所示。

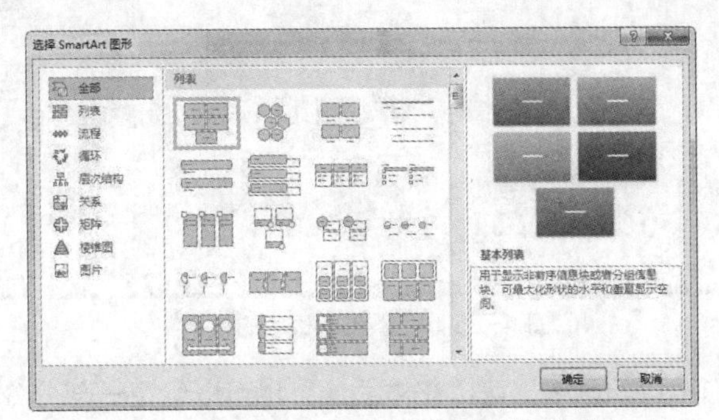

图 4-22 “选择 SmartArt 图形”对话框

② 在“选择 SmartArt 图形”对话框中选择一种图形，例如选择“关系”中的“基本射线图”，单击“确定”按钮，打开“基本射线图”的编辑窗口，如图 4-23 所示。

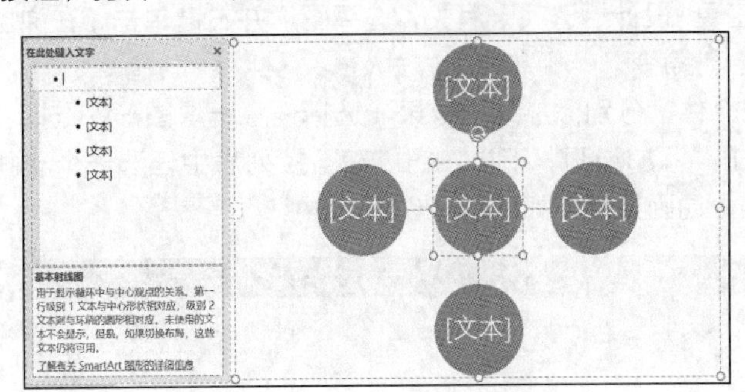

图 4-23 “基本射线图”编辑窗口

③ 在编辑窗口内输入相应的文字，单击幻灯片空白区域，该图形便被添加到当前幻灯片中，如图 4-24 所示。

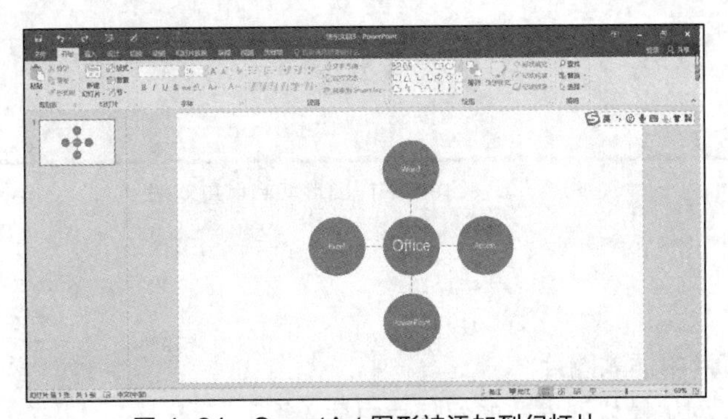

图 4-24 SmartArt 图形被添加到幻灯片

④ 选择 SmartArt 图形，在“SmartArt 工具-设计”和“SmartArt 工具-格式”选项卡中，可以对图形进行形状、艺术字样式、形状样式、排列、大小、布局的设置。例如，选择“SmartArt 工具-设计”选项卡“创建图形”组里的“添加形状”下拉按钮，即可在原有基本射线图中添加一个选项，如图 4-25 所示。

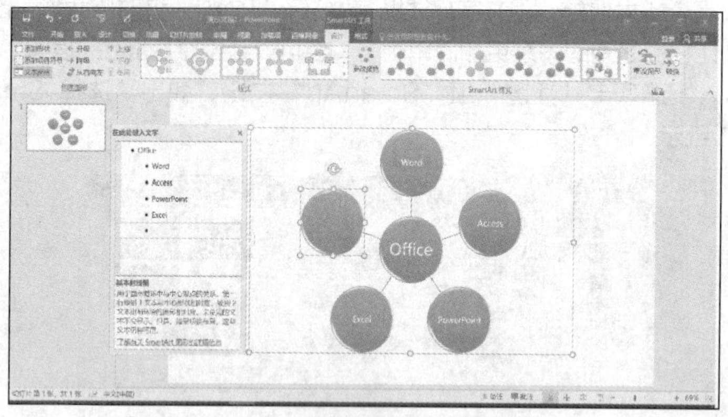

图 4-25 “添加形状”的效果

⑤ SmartArt 图形设置动画效果可以整体添加，也可以给每一部分分别添加。要分别添加首先要取消图形组合，操作步骤如下。

- 选择 SmartArt 图形，选择“SmartArt 工具-格式”选项卡“排列”组里“组合”下拉按钮，在下拉列表中选择“取消组合”选项。
- “SmartArt 工具-设计”选项卡消失，选择图形并右键单击，在弹出的快捷菜单中选择“组合”→“取消组合”命令。
- 图形被分散成个体，分别添加动画效果。选择任意一块图形，选择“动画”选项卡，在“高级动画”组中单击“添加动画”下拉按钮，在下拉列表中任选一个动画效果。重复这个步骤直到给每部分添加上动画效果，如图 4-26 所示。

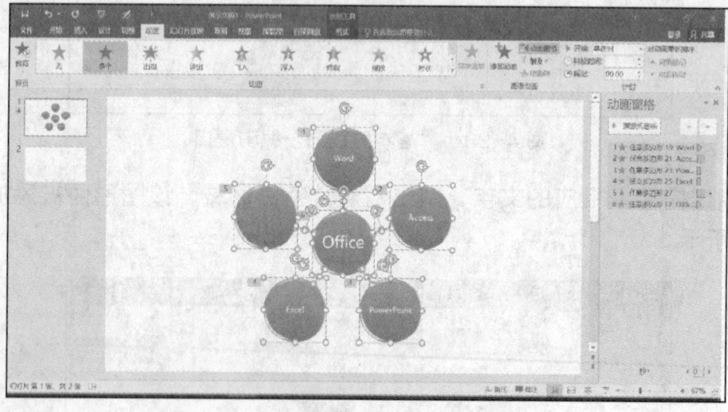

图 4-26 SmartArt 图形动画设置效果

任务实施

工序 1：在幻灯片中插入图片

在标题为“企业网站模块开发”的幻灯片中插入图片。

Step1：打开“毕业答辩演讲稿”文件，单击标题为“企业网站模块开发”的幻灯片。

Step2：单击幻灯片右侧的占位符中的“联机图片”按钮，弹出“插入图片”对话框，如图 4-27 所示；或者单击“插入”选项卡中的“图像”选项组里的“联机图片”按钮，也可打开“插入图片”对话框。

Step3：在对话框里的搜索框中输入文字“计算机”，单击“搜索”按钮，在列表框中显示出搜索到的有关“计算机”主题的图片。

图 4-27　“插入图片”对话框

Step4：在已搜索的图片列表中选择一张图片，单击“插入”按钮，即可将图片插入幻灯片的相应位置。

Step5：调整图片的位置和大小，效果如图 4-28 所示，单击“快速访问工具栏”上的“保存”按钮保存演示文稿。

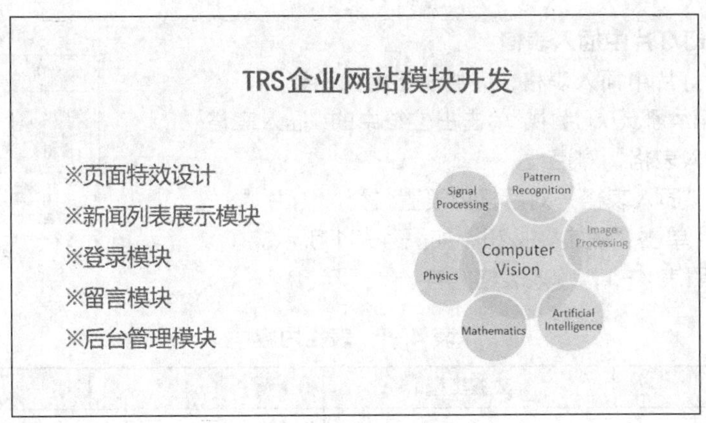

图 4-28　图片调整后的效果

工序 2：在幻灯片中插入艺术字

将第 2 张幻灯片中的标题文字删除，添加艺术字“目录”。

Step1：在第 2 张幻灯片中，选择标题文本框，按“Delete”键将其删除。

Step2：单击“插入”选项卡“文本”组中的“艺术字”按钮，弹出“艺术字”下拉列表，选择“填充、蓝色、着色 1、阴影”，如图 4-29 所示。

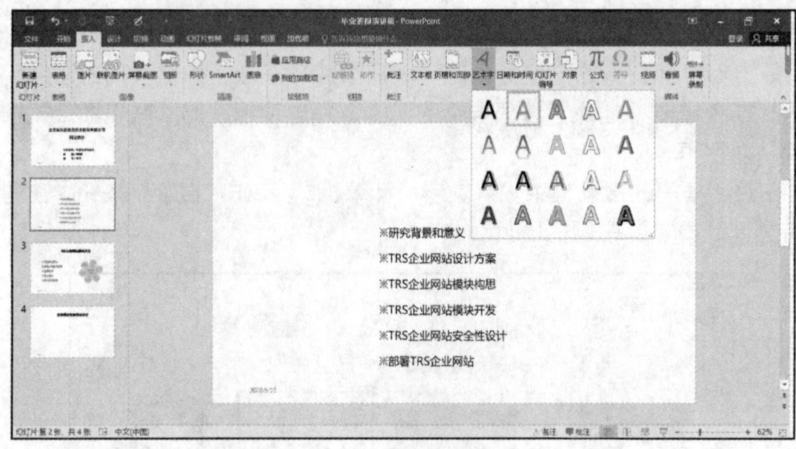

图 4-29 “艺术字”下拉列表

Step3：在文本框中输入“目录”，设置字体为“宋体”、字号为“54”，如图 4-30 所示。

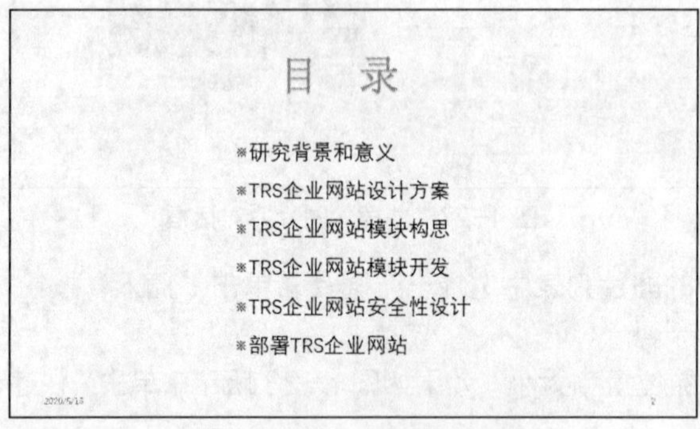

图 4-30 插入的艺术字效果

工序 3：在幻灯片中插入表格

在第 4 张幻灯片中插入表格，完成表格格式设置。

Step1：在第 4 张幻灯片中，单击占位符中的“插入表格”按钮，弹出“插入表格”对话框。

Step2：在“插入表格”对话框内设置“列数”为“3”，“行数”为“8”，单击“确定”按钮，如图 4-31 所示。

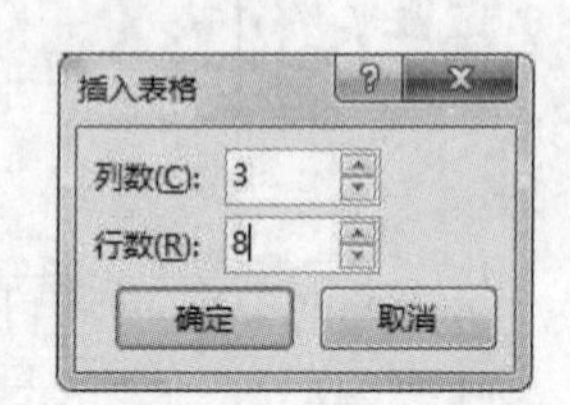

图 4-31 “插入表格”对话框

Step3：依照表 4-1，输入表格内容。

表 4-1 表格内容

字段名称	数据类型	说明
id	int	自动编号（主键）
username	char	用户名
usepwd	char	登录密码
email	char	电子邮箱
sex	char	性别
telephone	int	电话
role	int	角色

Step4：选择表格，单击“开始”选项卡“字体”组中的“对话框启动器”按钮，弹出“字体”对话框，设置表格中的中文文字为“楷体、24 磅”，英文字体为“Times New Roman”。

Step5：单击“开始”选项卡“段落”组的“对话框启动器”按钮，弹出“段落”对话框，设置表格第 1、3 列数据左对齐，第 2 列数据居中。

Step6：单击“表格工具-设计”选项卡“表格样式”组中的“其他”按钮，在弹出的全部外观样式中选择“浅色样式 3、强调 1”，如图 4-32 所示。

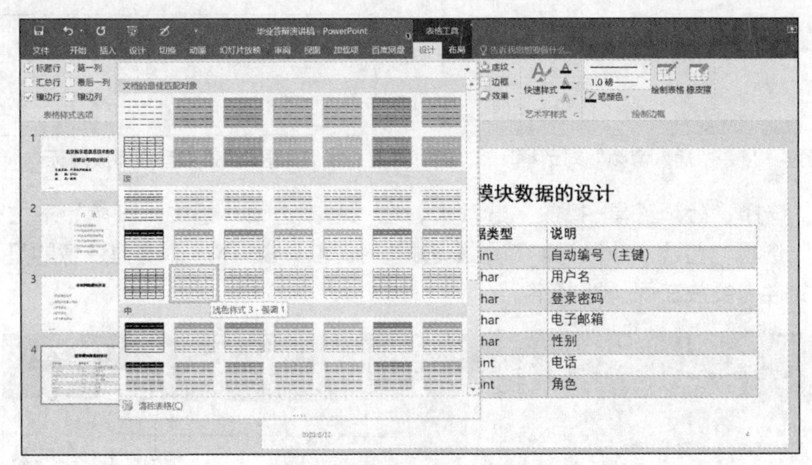

图 4-32　设置表格样式

Step7：在“表格工具-设计”选项卡“绘图边框”组里设置线条宽度为“3 磅”；单击“表格样式”组里的“边框”按钮的下拉列表，在下拉列表中选择“外侧框线”。

Step8：相同的方法设置表格的内框线为“1 磅”。

Step9：在“表格工具-布局”选项卡“单元格大小”组里设置表格第 1、2 列的“宽度”为“6.5 厘米”，第 3 列的“宽度”为“8 厘米”，如图 4-33 所示。

Step10：在“对齐方式”组中设置表格文本对齐方式为“垂直居中”。

单击“排列”组中“对齐”下拉按钮，在弹出的下拉列表中选择“水平居中”和“垂直居中”选项。

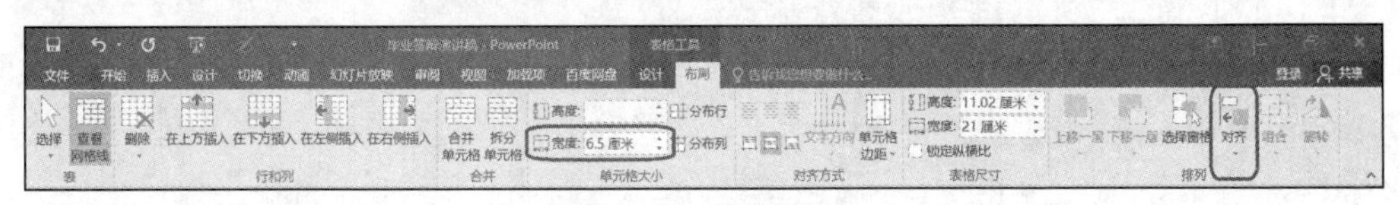

图 4-33　设置列宽

工序 4：在幻灯片中添加与播放音频

为毕业答辩演讲稿配上放映时的背景音乐。

Step1：选择演示文稿中的第 1 张幻灯片。

Step2：单击“插入”选项卡“媒体”组中的“音频”下拉按钮，选择“PC 上的音频”选项，弹出”插入音频”对话框，如图 4-34 所示。

Step3：选择 C 盘，打开 Windows 文件夹，在搜索框内输入“*.wav”，系统即开始搜索音频文件，并显示在主窗口内。

Step4：选择要插入的音频文件，单击“插入”按钮；在幻灯片上出现该音频的图标，并可以单击播放，如图 4-35 所示。

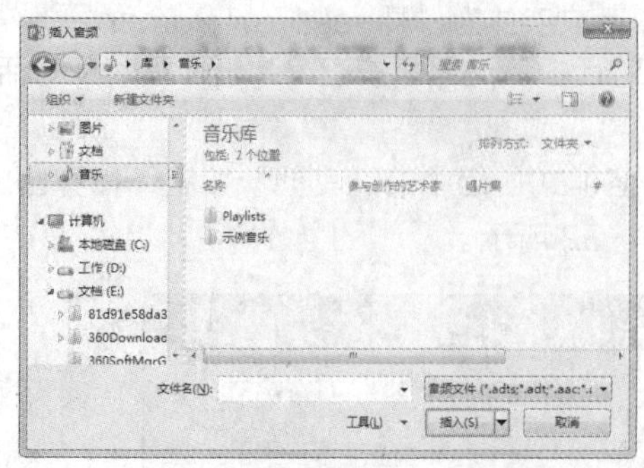

图 4-34 “插入音频”对话框

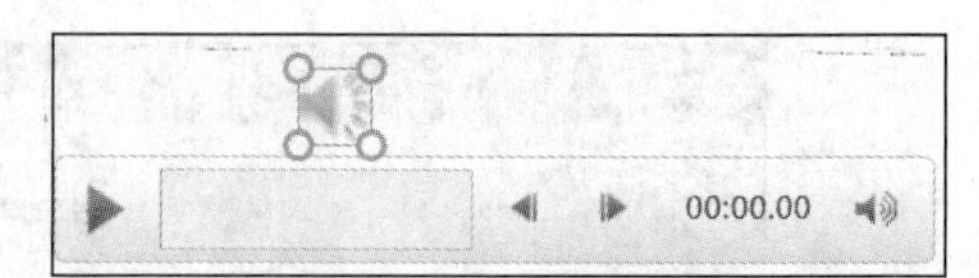

图 4-35 音频播放图标

Step5：选择“音频工具-播放”选项卡，在“音频选项”组中“开始”下拉列表框中选择“单击时”选项，勾选“放映时隐藏”复选框，如图 4-36 所示。值得注意的是，音频文件和演示文稿文件需要放在同一路径下。

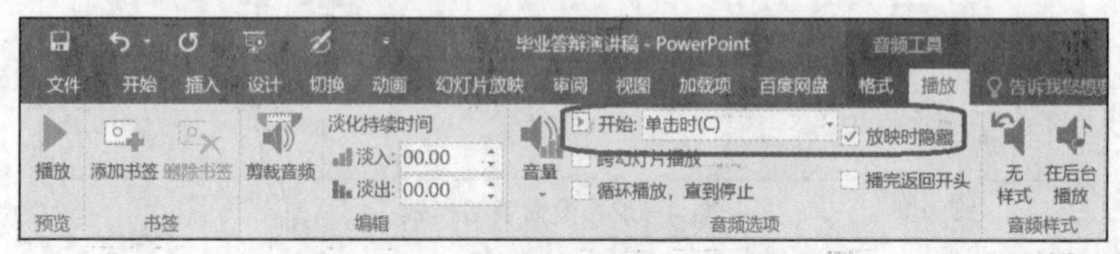

图 4-36 “音频工具-播放”选项卡

Step6：单击“动画”选项卡“动画”组右下角的“对话框启动器”按钮，如图 4-37 所示；弹出“播放音频”对话框，如图 4-38 所示。

图 4-37 “动画”选项卡

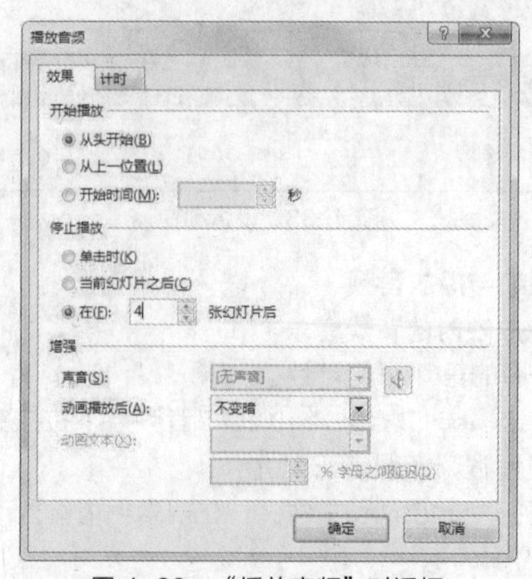

图 4-38 “播放音频”对话框

Step7：选中“效果”选项卡中的“开始播放”选项组里的“从头开始”单选按钮，在“停止播放”栏中选中“在 4 张幻灯片后”单选按钮，单击“确定”按钮。

Step8：在“音频工具-播放”选项卡“音频选项”组中勾选“放映时隐藏”复选框。

Step9：单击“保存”按钮，保存文件。

说明

① 在“播放音频”对话框中可以完成如下设置。

- **在“效果”选项卡中可以设置音频文件开始播放与停止播放的方式。**
- **在“计时”选项卡中可以对声音的延迟和重复播放进行设置。例如，在“重复”下拉列表框中选择“直到幻灯片末尾”选项。**

② 可以用同样的方法，在演示文稿中插入剪辑库中的音频、CD 乐曲或者自己录制的声音等。

任务 3　幻灯片外观修饰

任务描述

在把毕业论文答辩演示文稿中的内容补充完整后，钱彬试着放映幻灯片。他觉得白底黑字的放映效果过于单调，于是在已创建的毕业答辩演示文稿中，利用设计模板、母版、主题、配色方案，使得展示的效果赏心悦目。完成后的效果如图 4-39 所示。

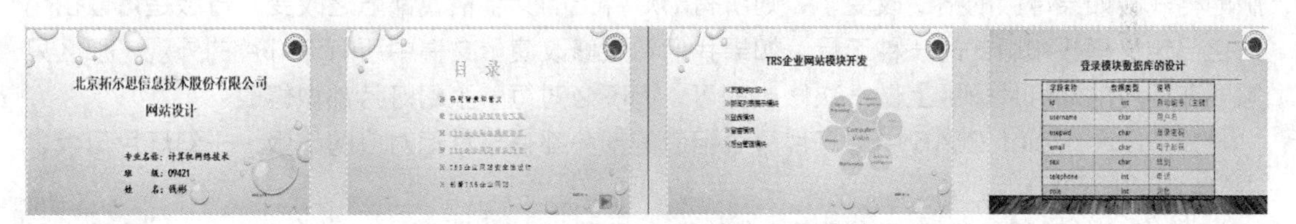

图 4-39　“外观设置”效果

任务资讯

1. 设计模板

PowerPoint 2016 提供可应用于演示文稿的设计模板（.potx 文件），以便为演示文稿提供设计完整、专业的外观。模板包含主题颜色、主题字体、主题效果和背景样式，甚至还可以包含内容。

使用“设计”选项卡，可以在“主题”任务窗格中预览设计模板并可以将其应用于演示文稿中的所有或选定的幻灯片，而且可以在单个的演示文稿中应用多种类型的设计模板。

可以将创建的任何演示文稿保存为新的设计模板，以后就可以在“幻灯片设计”任务窗格中使用该模板。

2. 主题

使用主题可以简化具有专业设计师水准的演示文稿的创建过程。不仅可以在 PowerPoint 2016 中使用主题颜色、字体和效果，而且还可以在 Excel 2016、Word 2016 和 Outlook 中使用它们，这样演示文稿、文档、工作表和电子邮件就可以具有统一的风格。

应用新的主题会更改文档的主要详细信息，例如艺术字效果将应用于 PowerPoint 中的标题，表格、图表、SmartArt 图形、形状和其他对象将进行更新。此外，在 PowerPoint 中，甚至可以通过变换不同的主题来使幻灯片的版式和背景发生显著变化。当将某个主题应用于演示文稿时，如果只喜欢该主题呈现的外观，则可以通过相应设置完成对演示文稿格式的重新设置。如果要进一步自定义演示文稿，则可以更改主题颜色、主题字体或主题效果。

3. 配色方案

配色方案由幻灯片设计中使用的 8 种颜色（用于背景、文本、线条、阴影、标题文本、填充、强调和超链接）组成。

在“设计”选项卡“变体”组单击“其他”下拉按钮，在弹出的下拉列表中选择“颜色”选项，即可查看幻灯片的配色方案。所选幻灯片的配色方案在任务窗格中显示为已选中。

设计模板包含默认配色方案及可选的其他配色方案，这些方案都是为该模板设计的。PowerPoint 2016 中的默认或“空白”演示文稿也包含配色方案。

在设计过程中，可以将配色方案应用于一个幻灯片、选定幻灯片或所有幻灯片以及备注和讲义中。

4. 母版

在含有标题和文本的幻灯片版式中，文字最初的格式，包括位置、字体、字号、颜色等，都是统一的，这种统一来源于母版。也就是说，幻灯片版式中的文字的最初格式是自动套用母版的格式，如果母版的格式改变了，则所有幻灯片上的文字格式都随之改变。母版是可以由用户自己定义模板和版式的一种工具。如果我们希望修改演示文稿中所有幻灯片的外观，那么只需要在相应的幻灯片母版上做一次修改即可，而不必对每一张幻灯片都做修改。

在 PowerPoint 2016 中幻灯片每个相应的部分都有与其相对应的母版——幻灯片母版、讲义母版和备注母版。

① 幻灯片母版是存储相关模板信息的一个元素，这些模板信息包括字形、占位符大小和位置、背景设计和配色方案。

幻灯片母版的作用是进行全局更改（如替换字形），并使该更改应用到演示文稿中的所有幻灯片。

通常可以使用幻灯片母版进行下列操作。

- 更改字体或项目符号。
- 插入要显示在多个幻灯片上的艺术图片（如徽标）。
- 更改占位符的位置、大小和格式。

② 讲义母版用于添加或修改幻灯片在讲义视图中每页讲义上出现的页眉或页脚信息。

③ 备注母版用来控制备注页的版式和备注页的文字格式。

如果演示文稿中包含两种或多种不同的样式或主题（例如背景、配色方案、字体和效果），则需要为每种不同的主题插入一个幻灯片母版。例如在“幻灯片母版”视图中，图像中有两个幻灯片母版，每个幻灯片母版都很可能应用了不同主题。

切换到“幻灯片母版”视图，每一个给定的幻灯片母版都有几种默认的版式。并非提供的所有版式都需要使用，而是从可用版式中选择最适合显示当前信息的版式加以应用。

可以创建一个包含一个或多个幻灯片母版的演示文稿，然后将其另存为 PowerPoint 模板（.potx）文件，并使用该模板文件创建其他演示文稿。

任务实施

工序 1：主题应用

为毕业答辩演讲稿设置“水滴”主题，为第 4 张幻灯片设置“画廊”主题。

Step1：打开“毕业答辩演讲稿.pptx”演示文稿，单击“设计”选项卡“主题”组中的“其他”下拉按钮，打开主题库，如图 4-40 所示。

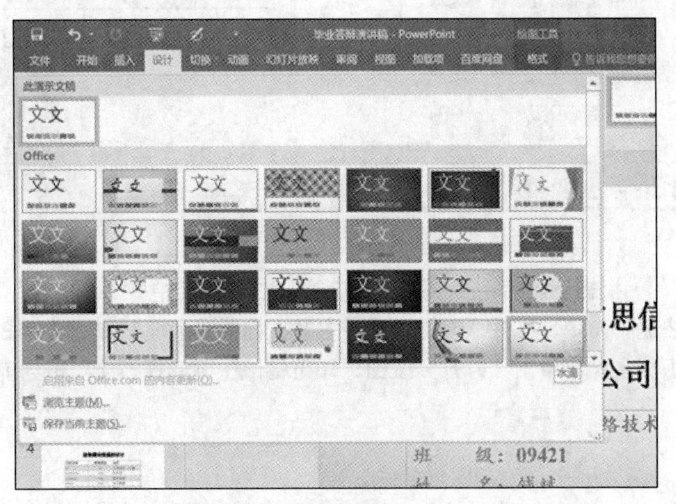

图 4-40 打开主题库

Step2：在主题库中选择“水滴”主题，则“水滴”主题应用于所有幻灯片。

Step3：选择第 4 张幻灯片，在主题库中选择“画廊”主题，右键单击该主题，在弹出的快捷菜单中选择“应用于选定幻灯片”命令，该主题应用于第 4 张幻灯片，应用效果如图 4-41 所示。

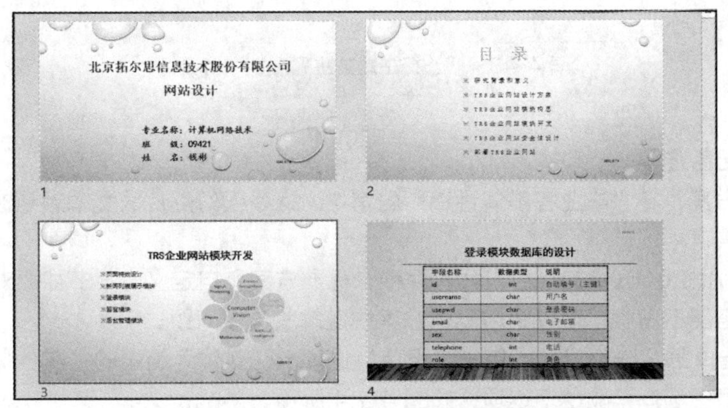

图 4-41 应用主题效果

说 明

① 已经应用的主题出现在“所有主题”对话框的“此演示文稿”之下。系统提供的主题出现在“office”之下。

② PowerPoint 2016 中还提供了一个设计主题模板库，来自 office.com，需要使用时选择“文件”选项卡，选择“新建”命令，在“可用的模板和主题”窗格中选择所需的模板图标，单击“创建”按钮即可下载该模板，如图 4-42 所示。该模板保存到“Templates”文件夹中（这是在“另存为”对话框中选择“设计模板”作为文件类型时 PowerPoint 2016 默认使用的文件夹）。

图 4-42　模板下载

③ 模板下载后，在“设计”选项卡“主题”组中单击“其他”下拉按钮，选择“浏览主题”命令，打开“选择主题或主题文档”对话框，如图 4-43 所示。选择所需的模板或主题，单击“打开”按钮，即可将该主题或模板应用于当前幻灯片。

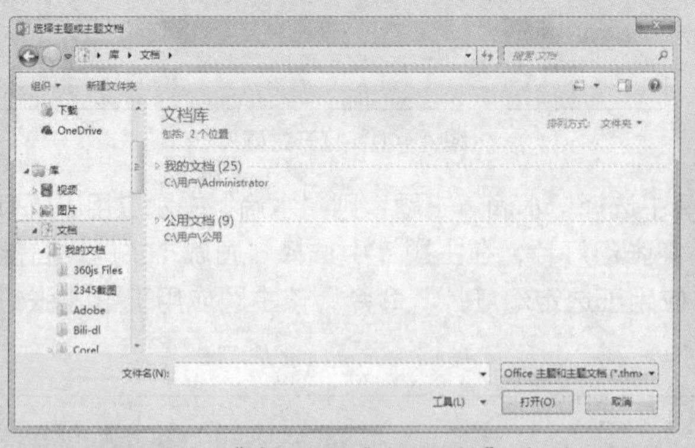

图 4-43　“选择主题或主题文档”对话框

工序 2：配色方案

利用配色方案，将“毕业答辩演讲稿”的第 2、第 3 张幻灯片的文本颜色改为橙色、个性色 5、深色 50%。

PowerPoint 2016 中的配色方案有两种：标准方案和自定义方案。如果对应用设计主题或模板的色彩搭配不满意，可以利用配色方案快速解决这个问题。

Step1：选择第 2 张幻灯片，单击“设计”选项卡“变体”组中的“其他”下拉按钮，在弹出的下拉列表中选择“颜色”选项，如图 4-44 所示。

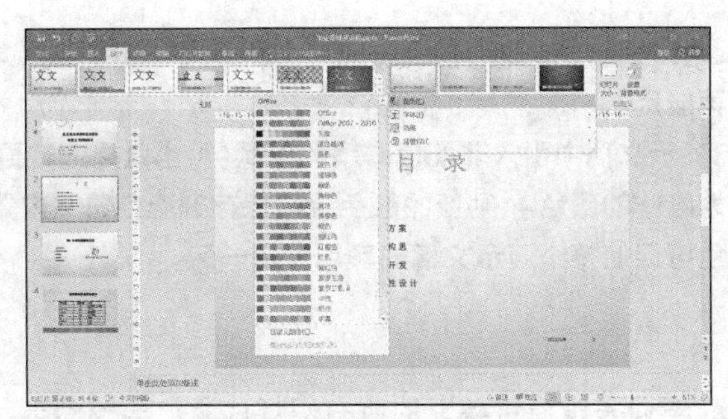

图 4-44　选择“颜色”选项

Step2：在弹出的列表中选择“自定义颜色”选项，打开“新建主题颜色”对话框，如图 4-45 所示。

Step3：单击“主题颜色”组中“文字/背景-深色 1”选项旁的颜色按钮，弹出“主题颜色”画板，如图 4-46 所示。

Step4：在“主题颜色”画板中选择“橙色、个性色 5、深色 50%”选项，应用于当前选定的幻灯片，并且该配色方案作为自定义方案保存在颜色方案里。

Step5：选择第 3 张幻灯片，单击“变体”选项组中的“其他”下拉按钮，在弹出的下拉列表中选择“颜色”选项，在颜色方案列表的“自定义”栏中选择“自定义 1”，将上一步设置的配色方案应用于所选幻灯片，如图 4-47 所示。

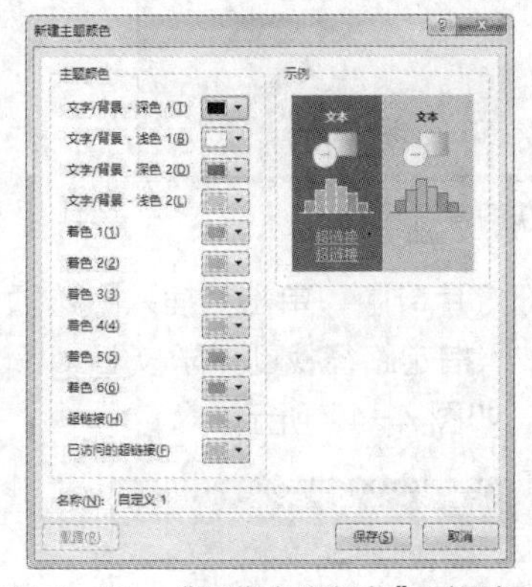

图 4-45　“新建主题颜色”对话框

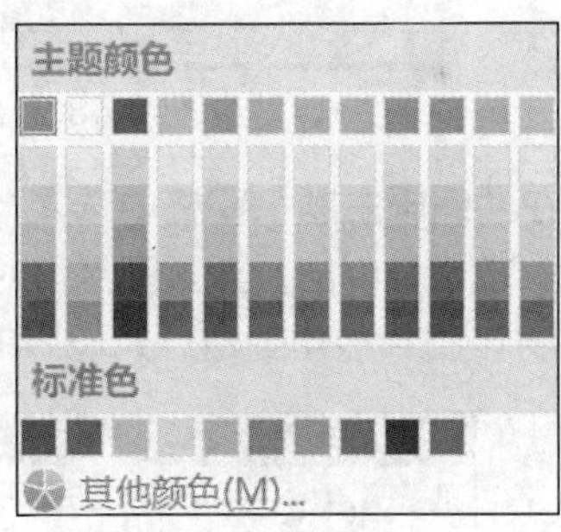

图 4-46　“主题颜色”面板

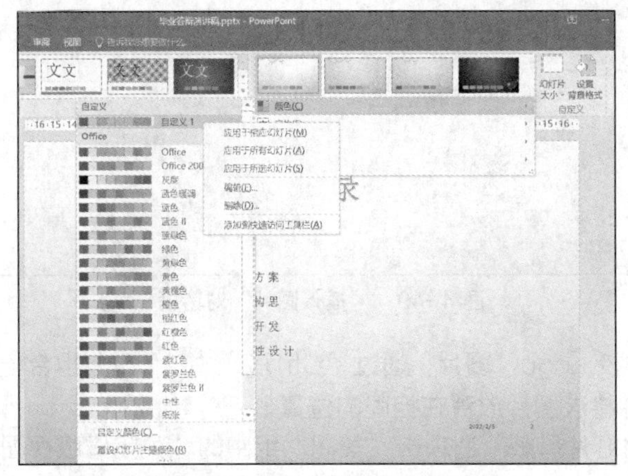

图 4-47　自定义配色方案的应用

说明　① 修改配色方案后，修改结果会生成一个新方案，它将作为演示文稿文件的一部分，以便以后再应用。

② 如果向演示文稿中引入非配色方案的新颜色（也就是通过更改某处字体颜色或使某个对象变为唯一的颜色），则新的颜色会被保存到配色方案内置颜色中。查看当前使用的所有颜色可促使整个演示文稿的颜色保持一致。

工序 3：母版设计

利用母版设计，为“毕业答辩演讲稿”的所有幻灯片添加学校标志。

由于幻灯片母版影响整个演示文稿的外观，因此，在创建和编辑幻灯片母版或相应版式时，需在“幻灯片母版”视图下操作。

Step1：单击“视图”选项卡“母版视图”组里的“幻灯片母版”按钮，当前窗口即切换到幻灯片母版视图编辑状态，如图 4-48 所示。

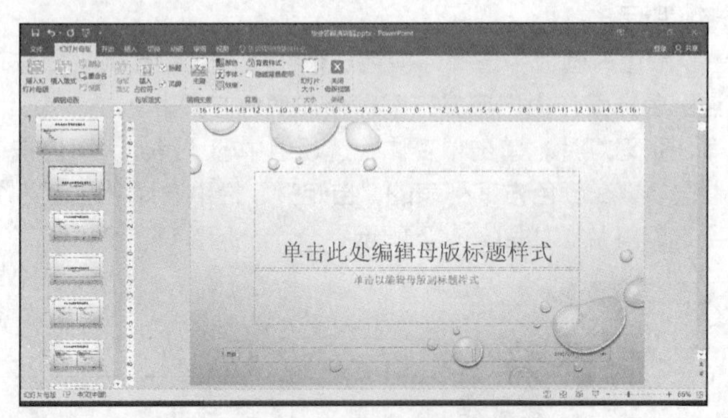

图 4-48　幻灯片母版视图编辑状态

Step2：在“编辑主题”窗格中选择“水滴”幻灯片母版，单击“插入”选项卡“图像”组里的“图片”按钮，弹出“插入图片”对话框，按照指定路径找到“学校 Logo.png”文件，插入图片，并将该图片移动到幻灯片母版的右上角。如图 4-49 所示。

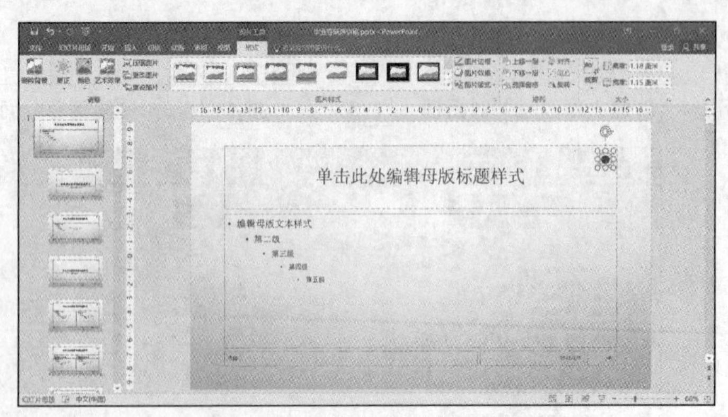

图 4-49　“插入图片”对话框

Step3：选择“学校 Logo”图片，通过“Ctrl+C”“Ctrl+V”组合键把该图片复制到“画廊”幻灯片母版中，并将该图片放置在相同的位置。

Step4：单击“幻灯片母版”选项卡“关闭”组中的“关闭母版视图”按钮，结束幻灯片母版的设计。

Step5：切换至“幻灯片浏览视图”，学校标志显示在每一张幻灯片的右上角，如图 4-50 所示。

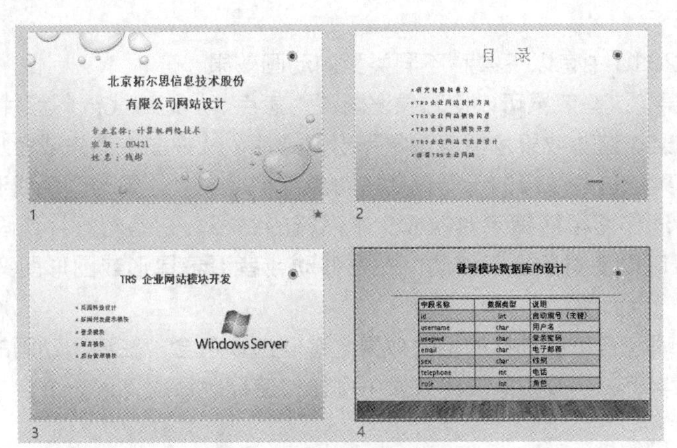

图 4-50 图片插入母版效果

Step6：单击“保存”按钮，保存文档。

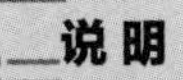

说 明

母版上的文本只用于样式，实际的文本（如标题和列表）应在普通视图的幻灯片上输入，而页眉和页脚应在“页眉和页脚”对话框中输入。

在应用设计模板时，会在演示文稿上添加幻灯片母版。

任务 4 放映幻灯片

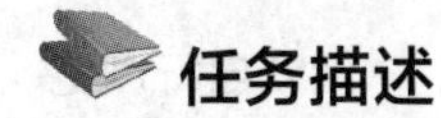

任务描述

钱彬放映幻灯片时，觉得幻灯片之间的切换过于简单。另外，他还想在毕业答辩过程中，在介绍自己的设计项目的同时，幻灯片自动进行放映，并且能够和自己的语速相配合。于是，他在已创建的毕业答辩演讲稿中，利用预设动画方案、自定义动画、幻灯片切换、设计放映方式等功能，控制幻灯片的动画效果、放映顺序、切换方式，使展示的方式更灵活。

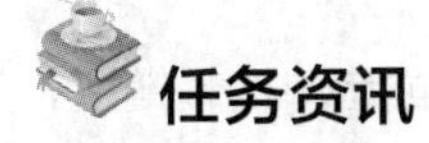

任务资讯

1. 设置幻灯片动画效果

设置幻灯片动画效果即为幻灯片上的文本、图形、图表和其他对象设置动画效果，这样可以突出重点、控制信息流，并增加演示文稿的趣味性。

若要简化动画设计，可以将预设的动画方案应用于所有幻灯片中的项目、选择的幻灯片中的项目或幻灯片母版中的某些项目。也可以使用“动画窗格”任务窗格，在运行演示文稿的过程中控制项目在何时以何种方式出现在幻灯片上（例如，单击时由左侧飞入）。

自定义动画可应用于幻灯片、占位符或段落（包括单个的项目符号或列表项目）中的项目。例如，可以将飞入动画应用于幻灯片中所有的项目，也可以将飞入动画应用于项目符号列表中的单个段落。同样还可以对单个项目应用多个的动画，这样就使项目符号项目在飞入后又可飞出。

PowerPoint 2016 中有以下 4 种不同类型的动画效果。

- “进入”效果。这些效果可以使对象逐渐淡入焦点、从边缘飞入幻灯片或者跳入视图中。
- “退出”效果。这些效果包括使对象飞出幻灯片、从视图中消失或者从幻灯片旋出。
- “强调”效果。这些效果的示例包括使对象缩小或放大、更改颜色或沿着其中心旋转。
- 动作路径。动作路径即指定对象或文本沿行的路径，它是幻灯片动画序列的一部分。使用动作路径效果可以使对象上下移动、左右移动或者沿着星形或圆形图案移动（与其他效果一起）。

大多数动画选项包含可供选择的相关效果。这些选项包含：在演示动画的同时播放声音，在文本动画中可按字母、字或段落应用效果（例如，使标题每次飞入一个字，而不是一次飞入整个标题）。

可以对单张幻灯片或整个演示文稿中的文本或对象动画进行预览。

PowerPoint 2016 中新增的“动画刷”功能可以快速、轻松地将动画从一个对象复制到另一个对象。具体操作如下。

① 选择包含要复制动画的对象。

② 在“动画”选项卡“高级动画”组中单击“动画刷”按钮，如图 4-51 所示。

图 4-51 “动画刷”按钮

③ 选择幻灯片，单击要将动画复制到其中的对象，即可完成动画复制。

2. 放映幻灯片

PowerPoint 2016 提供了 3 种幻灯片的放映方式：演讲者放映（全屏幕）、观众自行浏览（窗口）、在展台浏览（全屏幕）。在“设置放映方式”对话框中可以选择相应的放映类型。

- 演讲者放映（全屏幕）：可运行全屏显示的演示文稿，这是最常用的幻灯片播放方式，也是系统默认的选项，演讲者具有完整的控制权，可以将演示文稿暂停，添加说明细节，还可以在播放中录制旁白。
- 观众自行浏览（窗口）：适用于小规模演示，这种方式提供演示文稿播放时移动、编辑、复制等命令，便于观众自己浏览演示文稿。
- 在展台浏览（全屏幕）：适用于展览会场或会议，观众可以更换幻灯片或者单击超链接，但不能更改演示文稿。

任务实施

工序 1：动画设计

为“毕业答辩演讲稿”演示文稿的第 3 张幻灯片“TRS 企业网站模块开发”中的 3 个对象（标题、文本、图片）分别自定义动画效果：“标题”对象设置为“单击时”开始、“棋盘”“跨越”进入、“中速”，动画播放后为“红色”；“文本”对象设置为“单击时”开始、“展开”“按

段落”进入、“中速”“风铃”声；“图片”对象设置为“上一动画之后”开始、“圆形扩展”“切出”进入、“快速”。幻灯片放映时，要求各对象的出现顺序依次为“标题”“图片”“文本”。

Step1：打开演示文稿，选择第 3 张幻灯片。

Step2：选择标题内容，单击“动画”选项卡“动画”组中的“棋盘”动画效果，如图 4-52 所示。

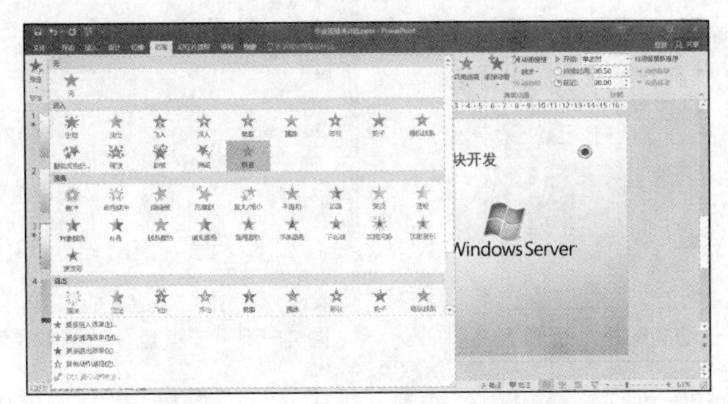

图 4-52 “动画”组中的动画效果

Step3：若“动画”组中内置的动画效果无“棋盘”效果，可单击“高级动画”组中“添加动画”按钮，弹出的下拉列表如图 4-53 所示。

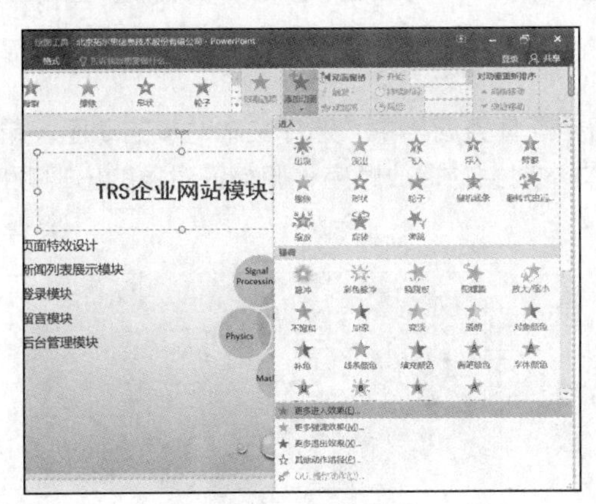

图 4-53 下拉列表

Step4：选择“更多进入效果”选项，弹出“添加进入效果”对话框，如图 4-54 所示；选择“棋盘”效果，单击“确定”按钮。

Step5：在“动画”选项组中单击“效果选项”按钮，在“方向”下拉列表中选择“跨越”效果。

Step6：单击“高级动画”选项组中“动画窗格”按钮，在文档窗口的右侧显示“动画窗格”任务窗格，如图 4-55 所示。

Step7：单击已设置的标题动画右侧的下拉按钮，在下拉列表中选择“效果选项”选项，打开“棋盘”的动画效果对话框，如图 4-56 所示；单击“动画播放后”下拉按钮，选择“其他颜色”选项，在弹出的对话框中选择“红色”，

图 4-54 “添加进入效果”对话框

单击“确定”按钮。

Step8：选择“计时”选项卡，在“期间”下拉列表框中设置播放速度为“中速”。

图 4-55　“动画窗格”任务窗格

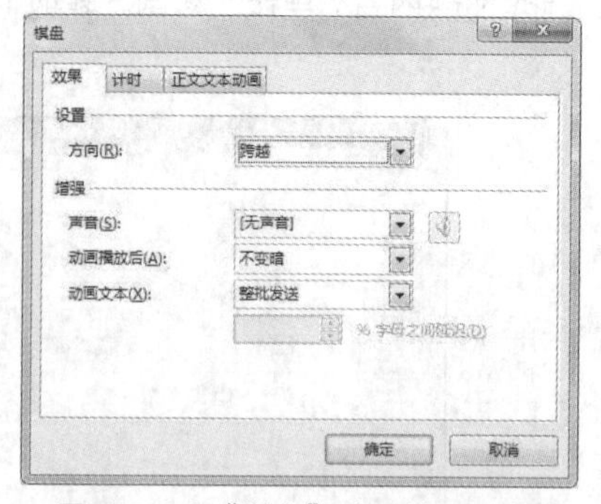

图 4-56　“棋盘”动画效果对话框

Step9：在幻灯片中选择文本，在“动画”组中选择“展开”效果，打开效果对话框，在“展开”动画效果对话框中设置“按段落”播放效果，播放速度为“中速”，声音为“风铃”。

Step10：在幻灯片中选择图片，单击“高级动画”组中“添加动画”按钮；在弹出的列表中选择“更多进入效果”选项，打开“添加进入效果”对话框，选择“圆形扩展”效果；在“动画窗格”任务窗格中设置“从上一项之后开始”播放，在“圆形扩展”动画效果对话框中设置播放速度为“快速”。

Step11：在“动画窗格”任务窗格中，选择文本对象的动画，单击窗格顶部的下拉按钮，选择“移动”选项，改变文本对象的播放顺序，调整各对象的出现顺序依次为“标题”“图片”“文本”，如图 4-57 所示。

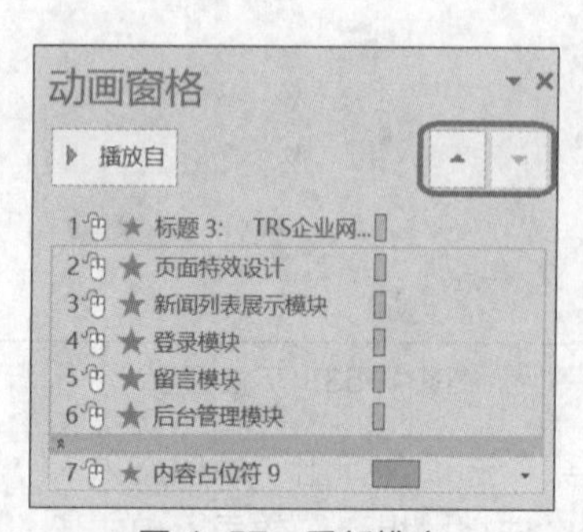

图 4-57　重新排序

Step12：单击任务窗格中的“全部播放”按钮或“动画”选项卡中的“预览”按钮，可预览幻灯片中设置的动画效果。

Step13：单击“幻灯片放映”按钮，可查看完整的幻灯片放映效果。

Step14：单击“保存”按钮，保存文件。

说明

① 当“动画窗格”任务窗格中的自定义动画列表中有多个动画对象时，可通过单击“重新排序”按钮 ▲ ▼ 来调整动画的播放顺序。

② 若需取消动画效果，在“动画窗格”任务窗格中的自定义动画列表中，右键单击需删除的动画，在弹出的快捷菜单中选择“删除”命令即可。

小技巧 循环播放动画。

① 在“动画窗格”任务窗格中的自定义动画列表中，单击要更改计时的项目。

② 单击下拉按钮并在下拉列表中选择“计时”选项，打开相应的动画效果对话框的“计时”选项卡。在“重复”下拉列表框中，可执行下列操作之一。

- 若需动画（动画：给文本或对象添加特殊视觉或声音效果。例如，可以使文本项目符号点逐字从左侧飞入，或在显示图片时播放掌声）在重复播放一定次数后停止，请输入一个数值。
- 若需动画重复播放直到单击幻灯片时停止，选择“直到下一次单击”选项。
- 若需动画重复播放直到幻灯片上所有其他动画结束，选择“直到幻灯片末尾”选项。

工序 2：设置幻灯片的切换方式

为“毕业答辩演讲稿”文件的每张幻灯片设置切换方式。第 1 张，百叶窗，垂直；第 2 张，溶解、“风铃”声；第 3 张，时钟、顺时针；第 4 张，涡流、自左侧。

Step1：打开演示文稿“毕业答辩演讲稿”，选择第 1 张标题幻灯片。

Step2：选择“切换”选项卡“切换到此幻灯片”组里的幻灯片“百叶窗”效果，如图 4-58 所示；当鼠标指针停留在任意切换效果上时，在幻灯片中可以预览其动画效果。

Step3：单击“效果选项”下拉按钮，在下拉列表中选择“垂直”选项，如图 4-59 所示。

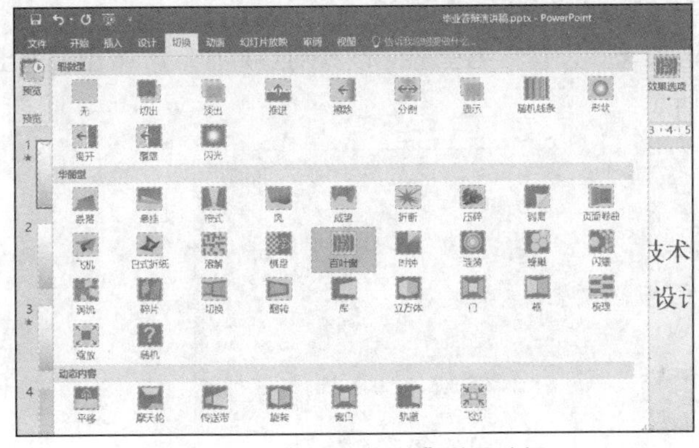

图 4-58 “幻灯片切换”效果选择

图 4-59 效果选项

Step4：依次为另外 3 张幻灯片设置切换方式：第 2 张，溶解、“风铃”声；第 3 张，时钟、顺时针；第 4 张，涡流、自左侧。

Step5：单击“保存”按钮，保存文件。

工序 3：设置幻灯片的放映方式

将“毕业答辩演讲稿”的放映方式设置为“自动循环放映”，并为幻灯片设置排练时间。

Step1：打开“毕业答辩演讲稿”演示文稿，选择“幻灯片放映”选项卡，如图 4-60 所示。

图 4-60 “幻灯片放映”选项卡

Step2：单击“设置”组中的“排练计时”按钮，在幻灯片放映的同时对每一张幻灯片的播放时间进行记录；此时，在幻灯片放映画面的左上角会出现预演计时器，如图 4-61 所示。

Step3：放映完毕，弹出图 4-62 所示消息框，单击“是”按钮，将所有幻灯片的排练时间进行保存。

图 4-61　预演计时器

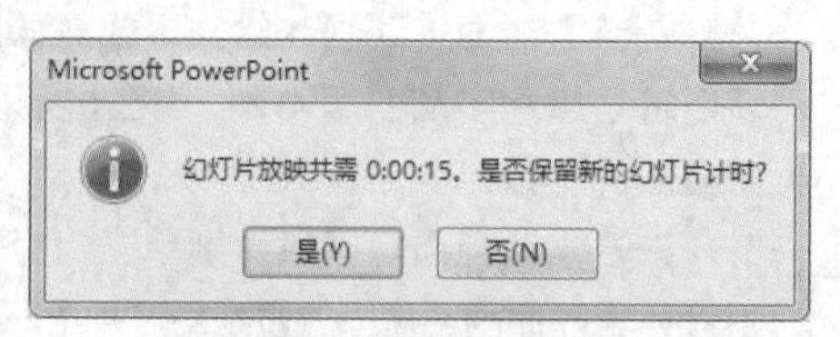

图 4-62　“排练时间”消息框

Step4：单击状态栏的“幻灯片浏览视图”按钮，在每一张幻灯片的左下方显示时间记录，即在上一次排练计时中记录下的该幻灯片的放映时间，如图 4-63 所示。

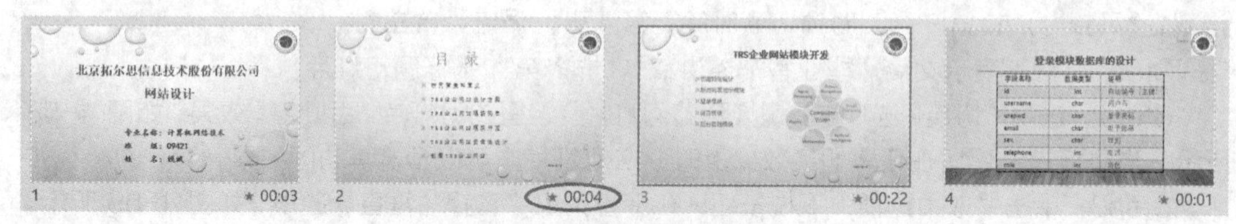

图 4-63　排练时间设置的效果

Step5：单击“幻灯片放映”选项卡“设置”组里的“设置幻灯片放映”按钮，弹出“设置放映方式”对话框，如图 4-64 所示。

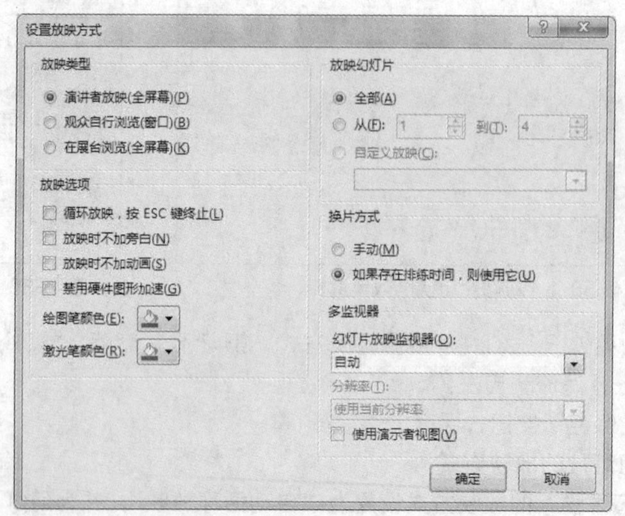

图 4-64　“设置放映方式”对话框

Step6：在“放映选项”栏中勾选“循环放映，按 Esc 键终止”复选框。

Step7：在“换片方式”栏中选中“如果存在排练时间，则使用它”单选按钮。

Step8：单击“确定”按钮，完成设置。

Step9：单击任务栏的“幻灯片放映”按钮，此时所有幻灯片依照排练计时自动循环放映直至按“Esc”键终止。

Step10：单击“保存”按钮，保存文件。

说明

① 在 PowerPoint 2016 中放映幻灯片的方式有：单击“幻灯片放映”选项卡“开始放映幻灯片”组中的“从头开始”按钮、单击窗口下方状态栏上的“幻灯片放映”按钮、直接按组合键“F5”3 种。在幻灯片放映过程中右键单击将打开演示快捷菜单，如图 4-65 所示。

例如，可以使用“查看所有幻灯片”命令浏览所有的幻灯片；使用“指针选项”中的“笔”命令将鼠标指针变为笔形状，按住鼠标左键并拖曳鼠标指针，可在幻灯片上做适当的批注。

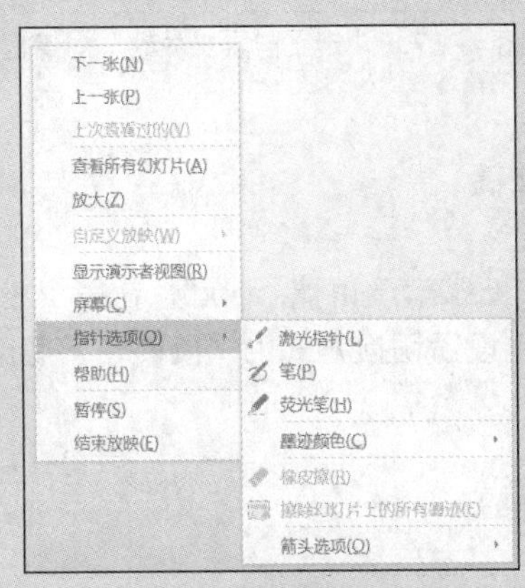

图 4-65 演示快捷菜单

② 在演讲时，若需临时减少演讲内容，而不删除幻灯片，可以将无须播放的幻灯片隐藏起来。执行以下操作之一，可以隐藏选择的幻灯片。

- 选择“幻灯片放映”选项卡，在“设置”组中单击“隐藏幻灯片”按钮。
- 在“幻灯片浏览视图”下，在幻灯片上右键单击，选择“隐藏幻灯片”命令。

③ 有效选择幻灯片放映的方法除了隐藏幻灯片外，还可以采用“自定义放映”方式，方法如下。

- 选择“幻灯片放映”选项卡，在“开始放映幻灯片”组中单击“自定义幻灯片放映”按钮，在弹出的下拉列表中选择“自定义放映”命令，打开“自定义放映”对话框，如图 4-66 所示。

图 4-66 “自定义放映”对话框

- 单击“新建”按钮，打开“定义自定义放映”对话框。在此对话框中，不仅可以定义幻灯片放映的内容，还可以单击 ↑ ↓ 按钮重新调整幻灯片的放映顺序，如图 4-67 所示。

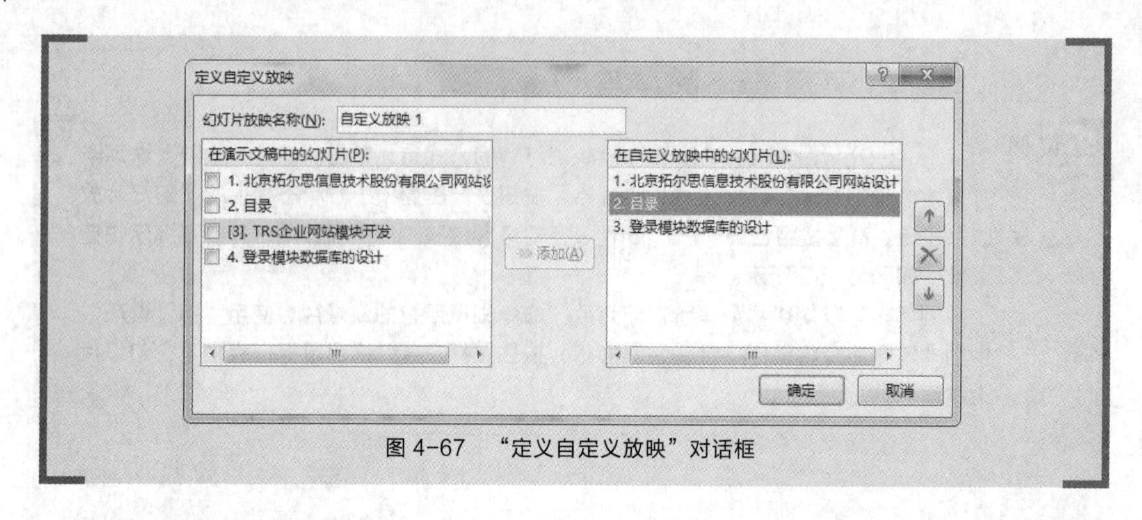

图 4-67 “定义自定义放映”对话框

工序 4：创建交互式演示文稿

为目录幻灯片创建超链接。

Step1：打开演示文稿“毕业答辩演讲稿.pptx”，在第 2 张目录幻灯片后插入两张新幻灯片，内容如图 4-68 所示，分别设置切换方式为“旋转、自底部、持续时间 2 秒”“框、自右侧、持续时间 1 秒”。

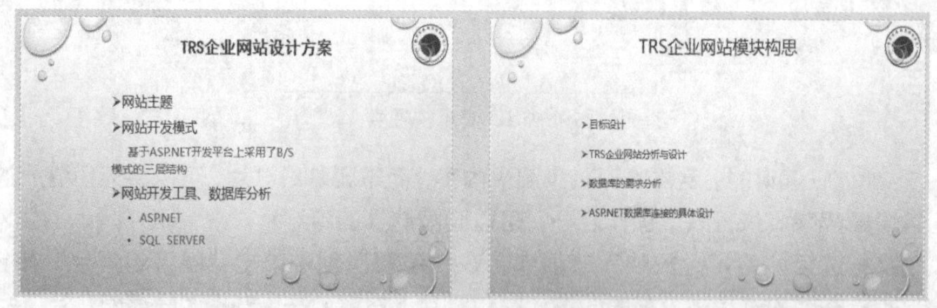

图 4-68 插入新幻灯片

Step2：在目录幻灯片中，选择文本“TRS 企业网站设计方案”。

Step3：单击“插入”选项卡“链接”组里的“超链接”按钮，弹出“插入超链接”对话框，如图 4-69 所示。

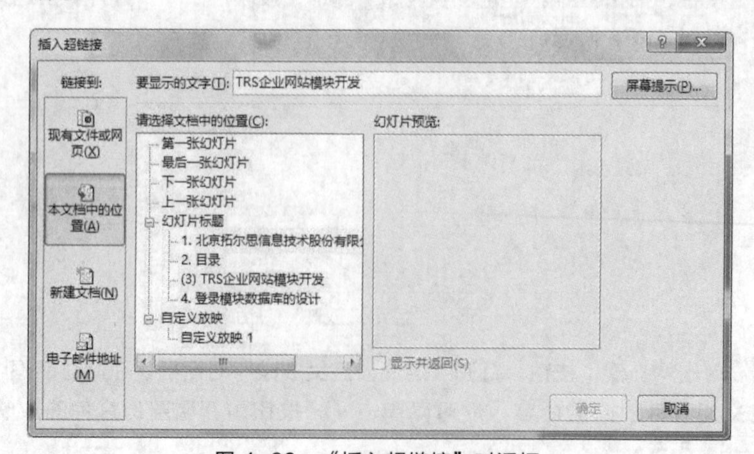

图 4-69 “插入超链接”对话框

Step4：在“链接到”中选择“本文档中的位置”选项。

Step5：在“请选择文档中的位置”列表框中选择幻灯片标题“3.TRS 企业网站设计方案”，单击“确定”按钮，完成设置；这时，“TRS 企业网站设计方案”文本下会多出一条下划线，文本的颜色也发生了改变，表明此文本具有超链接功能。

Step6：观看放映效果；当鼠标指针经过带有下划线的文本时，鼠标指针变成“小手”的形状，单击“TRS 企业网站设计方案”文本，幻灯片就跳转到链接的幻灯片中。

Step7：重复步骤 2~步骤 5，为幻灯片“TRS 企业网站模块构思”“TRS 企业网站模块开发”创建超链接。

Step8：单击“保存”按钮，保存文件。

说明

① 超链接只在幻灯片放映演示文稿时才有作用，在普通视图、幻灯片浏览视图中处理演示文稿时，不会起作用。所以，在编辑状态下测试跳转情况时，需选择创建了超链接的文本并右键单击，在弹出的快捷菜单中选择“打开超链接”命令。

② 在选择要创建超链接的文本后，可使用以下方法打开“插入超链接”对话框。

- **右键单击选择“超链接”命令。**
- **按组合键“Ctrl + K”。**

小技巧

更改超链接文本颜色的方法如下。

① 选择“设计”选项卡，在“变体”组中单击“其他”下拉按钮，在下拉列表中选择“颜色”子菜单中的“自定义颜色”命令，打开“新建主题颜色”对话框。

② 在“主题颜色”栏中，分别单击“超链接”和“已访问的超链接”下拉按钮，打开“主题颜色”面板。

- **在“主题颜色”和“标准色”面板中选择所需的颜色。**
- **选择“其他颜色”选项，打开“颜色”对话框，在“自定义”选项卡中调配自己的所需的颜色，再单击“确定”按钮。**

③ 单击“保存”按钮，该配色方案即添加到“颜色”自定义选项列表中。

工序 5：创建自定义按钮

为第 3、第 4、第 5 张幻灯片添加一个自定义按钮返回目录。

Step1：打开演示文稿，选择第 3 张幻灯片（标题为：TRS 企业网站设计方案）。

Step2：选择“插入”选项卡，在“插图”组中单击“形状”下拉按钮，弹出系统内置的形状列表，在列表中选择“动作按钮”中的“动作按钮：自定义”按钮，如图 4-70 所示。

图 4-70　动作按钮

Step3：当鼠标指针变为“+”字形时，在幻灯片的右下角按住鼠标左键绘制一个动作按钮，弹出“操作设置”对话框，如图 4-71 所示；在“超链接到”下拉列表框中选择“幻灯片”选项，弹出“超链接到幻灯片”对话框，如图 4-72 所示。

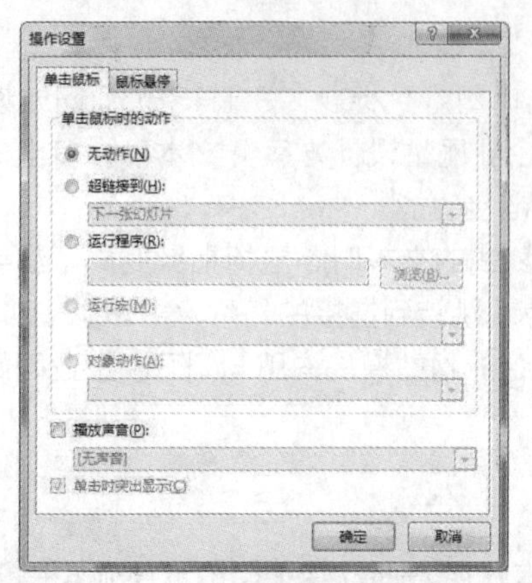

图 4-71　“动作设置”对话框

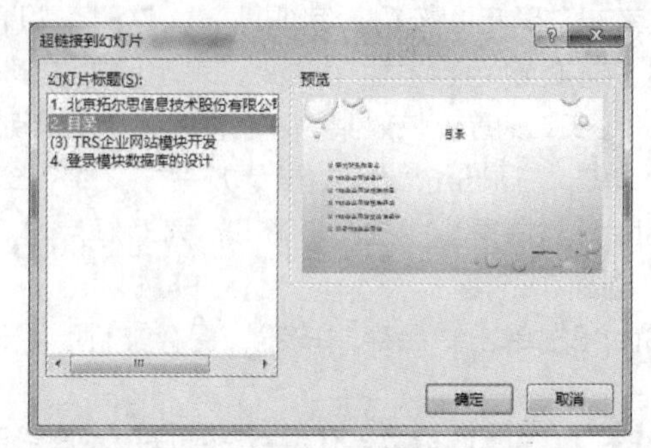

图 4-72　“超链接到幻灯片”对话框

Step4：在“超链接到幻灯片”对话框中，选择作为目录的第 2 张幻灯片，单击“确定”按钮，一个自定义按钮即出现在该幻灯片的右下角。

Step5：为了明确按钮的含义，可在按钮图形中添加文本；选择自定义按钮图标并右键单击，在弹出的快捷菜单中选择“编辑文字”命令，输入“返回目录”文本，并适当地设置文本格式，调整按钮的位置和大小。

Step6：右键单击自定义按钮，在弹出的快捷菜单中选择“设置形状格式”命令，弹出“设置形状格式”任务窗格，如图 4-73 所示。

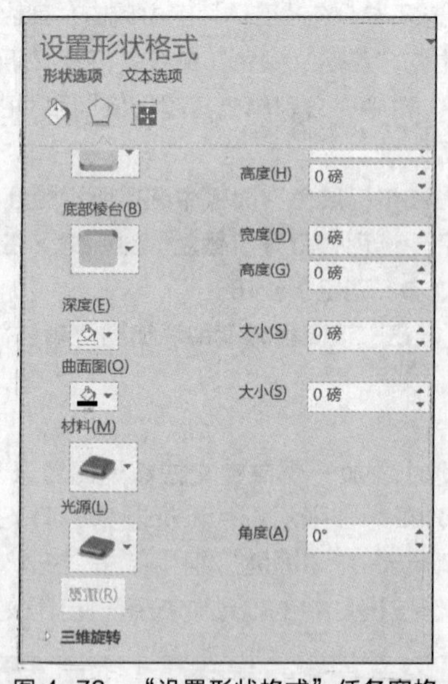

图 4-73　“设置形状格式”任务窗格

Step7：设置自定义按钮图标的填充颜色为“纯色填充”“橙色、个性色 4、淡色 40%”，阴影为“内部右下角”，三维格式为“顶部棱台、圆”，材料为“塑料效果”。

Step8：观看放映效果，单击“返回目录”按钮，即可返回“目录”幻灯片。

Step9：由于返回的目标幻灯片一致，可依次复制“返回目录”按钮到第 4、第 5 张幻灯片中的相同位置。

Step10：单击“保存”按钮，保存文件。

任务 5　演示文稿的打印与输出

任务描述

钱彬想在毕业答辩过程中流利地进行表述，就需要多次练习，他想把演示文稿打印成纸质文件带在身边随时复习。另外，钱彬把自己的毕业答辩演示文稿发给指导教师审核，可是在老师的计算机上不能正常播放，这让他有点弄不明白。

经过学习，钱彬利用 PowerPoint 2016 的打印功能，将演示文稿打印在纸张上，既方便携带，又可作为演讲提示；利用 PowerPoint 2016 的文件打包输出功能将与演示文稿相关的所有文件一并进行输出，保证演示文稿在不同的计算机上能够正常地放映。

任务资讯

1. 打印演示文稿

PowerPoint 2016 既可用彩色、灰度或纯黑白打印整个演示文稿中的所有幻灯片、大纲、备注和讲义，也可打印特定的幻灯片、讲义、备注页和大纲页。

PowerPoint 2016 除了具备一般 Office 文档的打印功能外，还可以打印成胶片在投影仪上放映。PowerPoint 2016 允许演示文稿按讲义的方式在一页纸张上打印多页幻灯片，以便阅读。

使用打印预览，可以查看用纯黑白或灰度打印幻灯片、备注和讲义的效果，并可以在打印前调整对象的外观。

2. 导出演示文稿

文件导出功能可帮助用户将演示文稿更改为其他格式，如 PDF、视频或基于 Word 的讲义。

- 创建 PDF/XPS 文档：可以将演示文稿转换为 PDF 或 XPS 格式的文档，以便与其他人共享。
- 创建视频：可以将演示文稿转换为可在不使用 PowerPoint 2016 的情况下播放的视频文件。
- 将演示文稿打包成 CD：可以为演示文稿创建程序包，并将其保存到 CD 或 USB 驱动器中，以便其他人可以在大多数计算机上观看演示文稿。
- 创建讲义：如果要使用 Word 的编辑和格式设置功能，可以使用此功能将演示文稿创建为讲义。
- 更改文件类型：“更改文件类型”是与传统的“另存为”命令相同的功能；选择所需的基础文件类型，单击“另存为”按钮；原始文件以其当前格式保存并关闭，并以选择的格式打开和保存该文件的新副本。

3. 共享演示文稿

除了将 PowerPoint 2016 中的演示文稿作为电子邮件附件发送给其他人的传统方法之外，还可以从云上下载和共享演示文稿。只需要一个 OneDrive 账户即可使用。PowerPoint 2016 添加了登录账户功能，可以将本地文件上传到 OneDrive 云保存，方便在其他设备上访问使用。

PowerPoint 2016 的共享功能包括：与人共享、电子邮件、联机演示、发布幻灯片。

4．将演示文稿转换为视频

在 PowerPoint 2016 中，可以将演示文稿另存为 Windows Media 视频（.wmv）文件，如图 4-74 所示。这样可以确保演示文稿中的动画、旁白和多媒体内容可以顺畅播放。如果不想使用.wmv 文件格式，可以使用首选的第三方实用程序将文件转换为其他格式（.avi、.mov 等）。

在将演示文稿录制为视频时，需注意以下几点。

- 可以在视频中对语音旁白进行录制和计时并添加激光笔运行轨迹。
- 可以控制多媒体文件的大小和视频的质量。
- 可以在电影中添加动画和切换效果。
- 观看者无须在其计算机上安装 PowerPoint 2016 也可观看。
- 即使演示文稿中包含嵌入的视频，该视频也可以正常播放，而无须加以控制。
- 根据演示文稿的内容，创建视频可能需要一些时间。创建冗长的演示文稿和具有动画、切换效果与媒体内容的演示文稿，可能会花费更长时间。在创建视频时，可以继续使用 PowerPoint 2016。

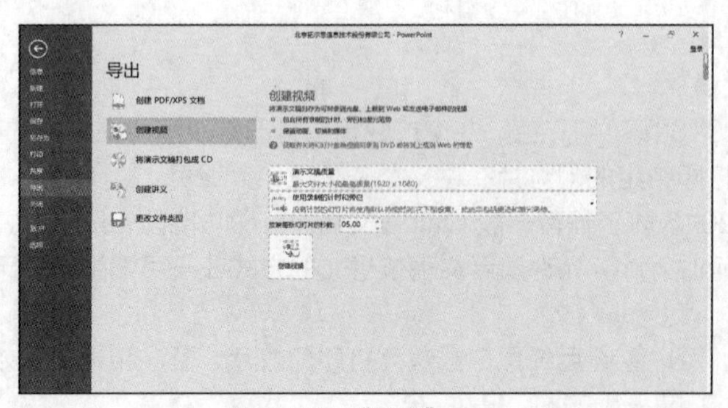

图 4-74 “导出”窗口

任务实施

工序 1：设置幻灯片大小

设置“毕业答辩演讲稿”演示文稿文件幻灯片大小为“全屏显示（16:9）”。

Step1：打开“毕业答辩演讲稿”演示文稿。

Step2：选择“设计”选项卡，在“自定义”选项组中单击“幻灯片大小”按钮，在弹出的下拉列表中选择“自定义幻灯片大小”命令，弹出“幻灯片大小”对话框，如图 4-75 所示。在“幻灯片大小”选项区域单击列表下拉箭头，在弹出的列表中选择“全屏显示(16:9)”。

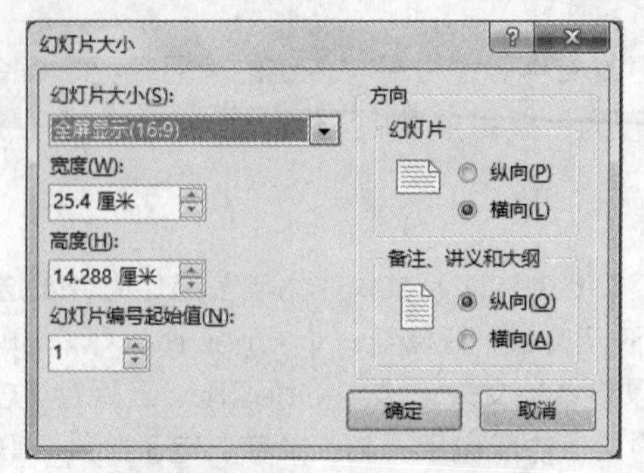

图 4-75 “幻灯片大小”对话框

设置参数如下。

- 幻灯片大小：在下拉列表框中选择幻灯片实际打印的尺寸。
- 幻灯片编号起始值：设置打印文稿的编号起始页。
- 方向：设置幻灯片、讲义、备注和大纲的打印方向。

Step3：设置完成后，单击“确定”按钮。

工序 2：打印文档

打印“毕业答辩演讲稿”演示文稿中的所有幻灯片，并且在一页 A4 打印纸上打印 6 张幻灯片。

Step1：打开“毕业答辩演讲稿”演示文稿。

Step2：选择“文件”选项卡中的“打印”命令，弹出“打印”窗口，如图 4-76 所示。

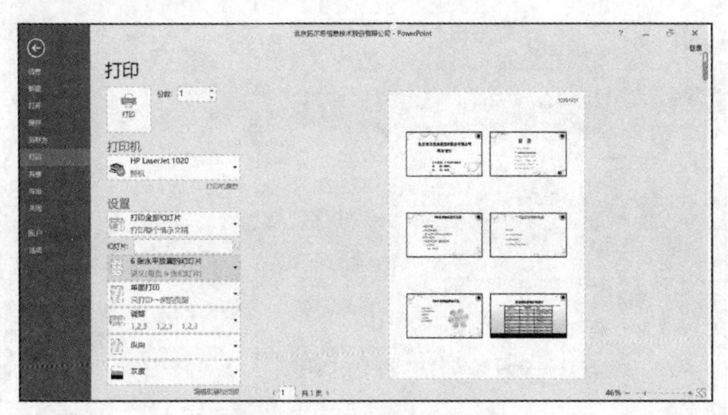

图 4-76　“打印”窗口

Step3：在“设置”中选择“打印全部幻灯片”选项。

Step4：在“设置”中的“讲义”选项，选择 6 张幻灯片水平放置，选中幻灯片加框和根据纸张调整大小选项。

Step5：调整打印方向为横向，在窗口右侧预览打印效果。

Step6：单击“打印”按钮，打印幻灯片。

工序 3：打包演示文稿

将“毕业答辩演讲稿”演示文稿打包成 CD。

Step1：打开“毕业答辩演讲稿”演示文稿，将 CD 放入 CD 刻录机中。

Step2：选择“文件”选项卡中的“导出”命令，双击“将演示文稿打包成 CD”，弹出“打包成 CD”对话框，如图 4-77 所示。

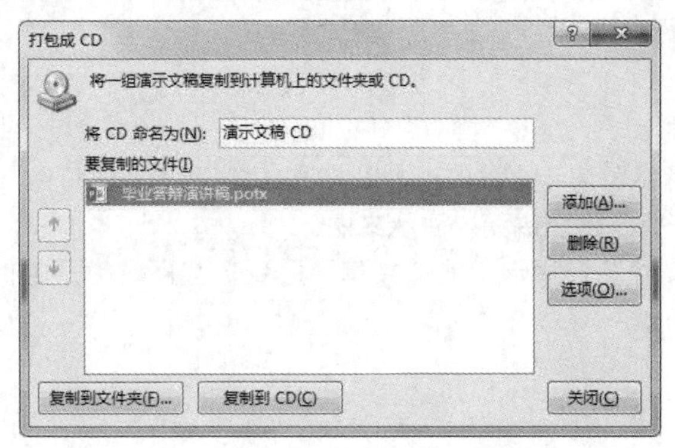

图 4-77　“打包成 CD”对话框

Step3：在“将 CD 命名为”文本框中输入 CD 的名称为“毕业答辩演讲稿”。

Step4：除了当前打开的演示文稿外，如果用户还想指定添加其他的演示文稿或其他文件，可单击“添加”按钮，打开“添加文件”对话框，选择要打包的文件。

Step5：添加了多个演示文稿后，在默认情况下，演示文稿被设置为按照“要复制的文件”列表中排列的顺序自动进行播放，若要更改播放顺序，可选择一个演示文稿，单击“上移”按钮或单击“下移”按钮进行调整。

Step6：单击“选项”按钮，弹出“选项”对话框，如图 4-78 所示；在该对话框中，勾选“链接的文件”复选框和“嵌入的 TrueType 字体”复选框；如果需要打开或编辑打包的演示文稿的密码，可在“增强安全性和隐私保护”栏中的“打开每个演示文稿时所用密码”文本框和“修改每个演示文稿时所用密码”文本框中分别输入相应的密码。

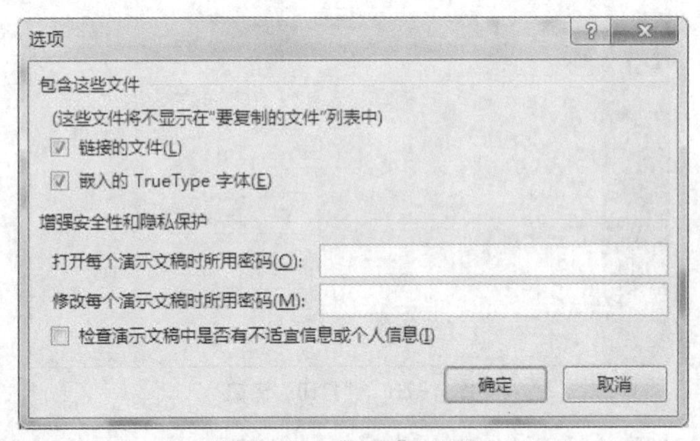

图 4-78 “选项”对话框

Step7：设置完成后，单击“确定”按钮，回到“打包成 CD”对话框，单击“复制到 CD”按钮，即可将演示文稿打包成 CD。

说明 在制作好一个演示文稿后，如果要将其放到其他计算机上进行放映，就可以利用 PowerPoint 2016 的打包功能，将演示文稿及其链接的图片、声音和影片等进行打包。在打包演示文稿之前可能需要删除备注、墨迹注释和标记。将打包的演示文稿复制到 CD 时，需要 Microsoft Windows XP 或更高版本的操作系统。如果有较早版本的操作系统，可使用“打包成 CD”功能将打包的演示文稿仅复制到计算机上的文件夹、某个网络位置或者（如果不包含播放器）软盘中，打包文件之后再使用 CD 刻录软件将文件复制到 CD 中。

工序 4：发送邮件

将“毕业答辩演讲稿”演示文稿的副本以 PDF 文件形式发送邮件。

Step1：打开“毕业答辩演讲稿”演示文稿。

Step2：选择“文件”选项卡中的“共享”命令，选择“电子邮件”选项，如图 4-79 所示。

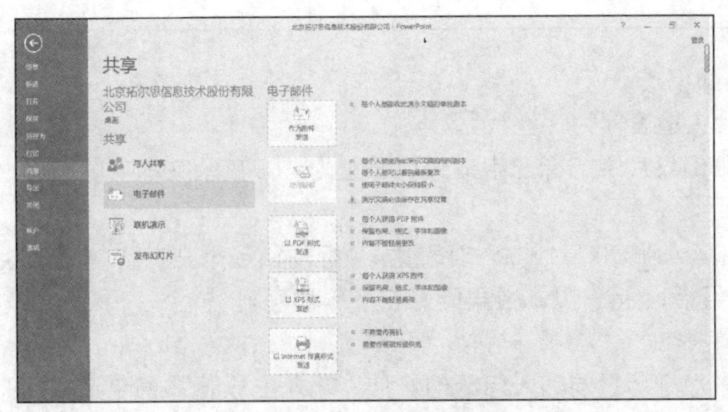
图 4-79 “共享”窗口

Step3：单击“以 PDF 形式发送”按钮，弹出“邮件”窗口，将演示文稿另存为可移植的文档格式（.pdf）文件，将该 PDF 文件附加到电子邮件中，如图 4-80 所示。

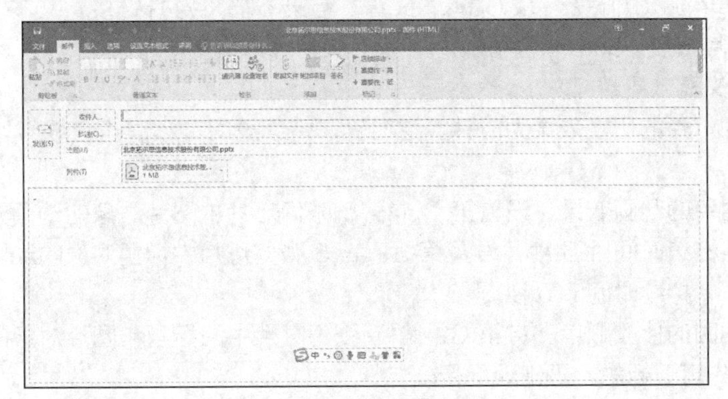
图 4-80 “邮件”窗口

Step4：填写收件人的邮箱地址，单击“发送”按钮，即将包含 PDF 文件的邮件发送到目标邮箱。

综合训练

在 PowerPoint 2016 中打开素材文件“诗词.pptx”，按下列要求进行操作，完成的效果如图 4-81 所示。

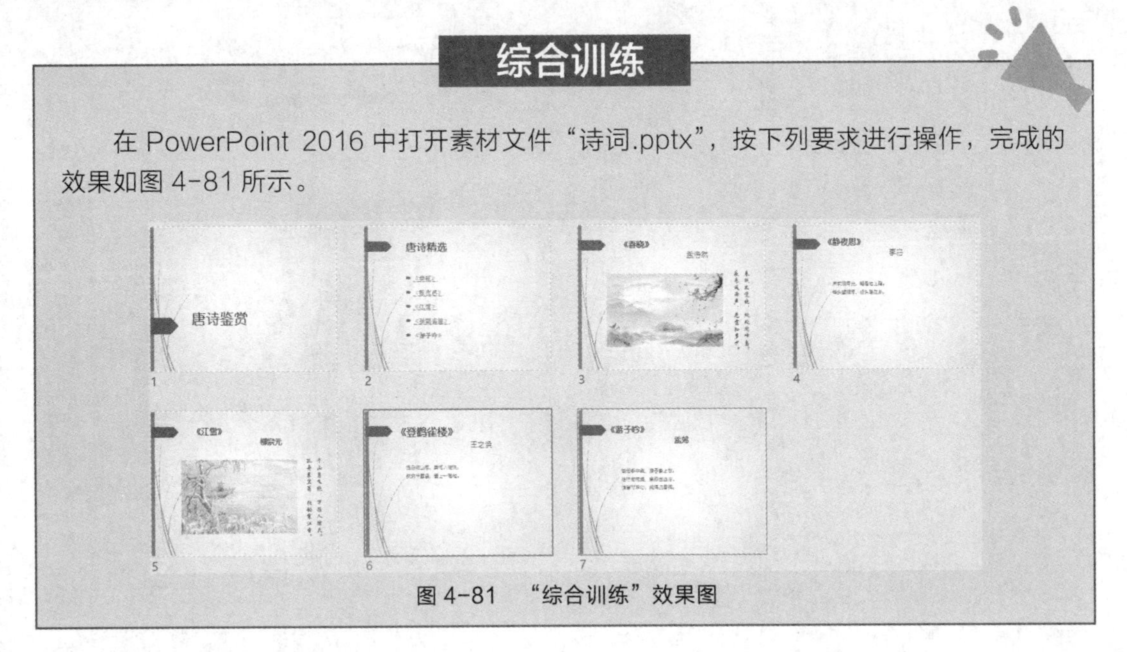

图 4-81 “综合训练”效果图

（1）设置页面格式

① 将幻灯片主题设置为“丝状”。

② 将第 1 张幻灯片中的标题字体大小设置为 40，其余文本字体设置为华文中宋、24、加粗、1.5 倍行距。

③ 将第 2、第 4 张幻灯片的版式设置为“标题和竖排文字”，将幻灯片中诗句文本的字体设置为华文行楷、24，文本效果阴影右下斜偏移。

（2）设置文稿格式

① 在第 1 张幻灯片之前插入标题幻灯片，输入主标题“唐诗鉴赏”。

② 在第 3 张幻灯片中插入图片“P4_1.jpg”，并调整成与样文相似。

③ 在第 5 张幻灯片中插入图片“P4_2.jpg”，并调整成与样文相似。

④ 在第 2 张幻灯片中为文本设置超链接，文本“春晓”与第 3 张幻灯片链接，文本“静夜思”与第 4 张幻灯片链接，文本“江雪”与第 5 张幻灯片链接，文本“登鹳雀楼”与第 6 张幻灯片链接，文本“游子吟”与第 7 张幻灯片链接。

（3）设置文稿效果

① 设置幻灯片的切换效果为时钟、逆时针、持续时间 2 秒，声音效果为“打字机”、全部应用。

② 设置对象的动画效果。设置第 3、第 5 张幻灯片中图片对象的动画方案：进入效果为“旋转”，持续时间 1.5 秒。设置第 3、第 5 张幻灯片中标题对象的动画方案：进入效果为“飞入”，持续时间 0.5 秒。

③ 调整动画的播放顺序：将第 3、第 5 张幻灯片中的标题和图片对象的动画播放顺序进行调整，先出现标题，再出现图像。

④ 设置幻灯片的放映方式：自定义幻灯片放映名为“放映 1”，只播放第 1、第 3、第 5 张幻灯片。

项目5

计算机网络的应用

近年来，随着互联网（Internet）的飞速发展，人们对信息资源的需求越来越重视，而获得信息资源也越来越方便，如何上网，如何搜索自己需要的资料，如何同别人建立联系成为每个人都必须掌握的基本技能。

学习目标

- 掌握网络配置及常见网络连接。
- 掌握网络应用软件的使用。
- 掌握搜索引擎的使用。
- 掌握电子邮箱的使用与管理。

任务1　网络配置及常见网络连接

任务描述

钱彬实习的部门新购置了一台台式计算机和一台笔记本电脑。领导让钱彬为这两台计算机配置网络，使其能够上网。

任务资讯

1. 计算机网络

计算机网络是计算机技术和通信技术紧密结合的产物。因此，我们可以把计算机网络定义为：将地理位置分散的、功能独立的多台计算机通过线路和设备互联，以功能完善的网络软件实现网络中资源共享和信息交换的系统。它不仅使计算机的作用范围打破了地理位置的限制，还大大加强了计算机本身的能力。计算机网络具备了单台计算机所不具备的功能。

（1）数据交换和通信

计算机网络中的计算机之间或计算机与终端之间，可以快速、可靠地相互传递数据、程序或文件。例如，电子邮件（E-mail）可以使相隔万里的用户快速，准确地相互通信；电子数据交换（Electronic Data Interchange，EDI）可以实现在商业部门（如银行、海关等）或公司之间进行订单、发票、单据等商业文件安全、准确的交换；文件传输服务（File Transfer

Protocol，FTP）可以实现文件的实时传递，为用户复制和查找文件提供了有力的工具。

（2）资源共享

充分利用计算机网络中提供的资源（包括硬件、软件和数据）是计算机网络组网的目的之一。计算机的许多资源是十分昂贵的，不可能为每个用户所拥有。例如，进行复杂运算的巨型计算机、海量存储器、高速激光打印机、大型绘图仪和一些特殊的外部设备等，另外还有大型数据库和大型软件等。这些昂贵的资源都可以为计算机网络上的用户所共享。资源共享既可以使用户减少投资，又可以提高这些计算机资源的利用率。

（3）提高系统的可靠性和可用性

在单机使用的情况下，如没有备用机，则计算机有故障便引起停机。若有备用机，则费用会大大提高。将多台计算机连成网络后，各计算机可以通过网络互为备用机，当某一处的计算机发生故障时，可由别处的计算机代为处理，还可以在网络的一些节点上设置一定的备用设备，起到为整个网络公用的作用，这种计算机网络能起到提高可靠性及可用性的作用。特别是在地理分布很广且具有实时性管理和不间断运行的系统中，如银行与电子商务平台等，建立计算机网络便可保证更高的可靠性和可用性。

（4）均衡负荷，相互协作

对于大型的任务或当网络中某台计算机的任务负荷太重时，可将任务分散到较空闲的计算机上去处理，或由网络中比较空闲的计算机分担负荷。这就使得整个网络资源能互相协作，以免网络中的计算机忙闲不均，既影响任务的执行，又不能充分利用计算机资源。

（5）分布式网络处理

在计算机网络中，用户可根据问题的实质和要求选择最合适的资源来处理，以便使问题能迅速而经济地得以解决。综合性大型问题可以采用合适的算法将任务分散到不同的计算机上进行处理。各计算机连成网络也有利于共同协作，以进行重大科研课题的开发和研究。利用网络技术还可以将许多小型机或微型机连成具有高性能的分布式计算机系统，使它具有解决复杂问题的能力，而费用大幅度降低。

（6）提高系统性价比，易于扩充，便于维护

计算机组成网络后，虽然增加了通信费用，但由于资源共享，明显提高了整个系统的性价比，降低了系统的维护费用，且易于扩充，方便系统维护。例如远程管理与维护、计算机网络复制等。计算机网络的以上功能和特点使得它在社会生活的各个领域得到了广泛应用。

2．计算机网络的发展历史与分类

第一阶段从二十世纪五六十年代开始，以单个计算机为中心的远程联机系统构成面向终端的计算机网络。

第二阶段起源于 1969 年开始实施的 ARPAnet（阿帕网）计划，其目的是建立分布式的、存活力极强的覆盖全美国的信息网络。ARPAnet 是一个以多个主机通过通信线路互连起来，为用户提供服务的分布式系统，它开启了计算机网络发展的新纪元。

第三阶段可以从二十世纪七十年代计起，以太网产生，国际标准化组织（International Organization for Standards，ISO）制定了网络互联标准（Open System Interconnection，OSI），世界上具有统一的网络体系结构，遵循国际标准化协议的计算机网络迅猛发展。

第四阶段从二十世纪九十年代开始，迅速发展的 Internet、信息高速公路、无线网络与网络安全，使得信息时代全面到来。Internet 作为国际性的网际网与大型信息系统，在当今经济、文化、科学研究、教育与社会生活等方面发挥越来越重要的作用。宽带网络技术的发展为社会信息化提供了技术基础，网络安全技术为网络应用提供了重要安全保障。

计算机网络的分类标准有很多，根据网络覆盖的地理范围和规模分类是最普遍采用的分类方法，它能较好地反映出网络的本质特征。由于网络覆盖的地理范围不同，它们所采用的传输技术也就不同，因此形成不同的网络技术特点与网络服务功能。依据这种分类标准，可以将计算机网络分为 3 种：局域网、城域网和广域网。

（1）局域网

局域网（Local Area Network，LAN）是一种在有限区域内使用的网络，在这个区域内的各种计算机、终端与外部设备互联成网，其传送距离一般在几公里之内，最大距离一般不超过 10 公里，因此适用于一个部门或一个单位组建的网络。典型的局域网如办公室网络、企业与学校的主干局域网、机关和工厂等有限范围内的计算机网络。局域网具有高数据传输速率（10Mbit/s～10Gbit/s）、低误码率、成本低、组网容易、易管理易维护、使用灵活方便等优点。

（2）城域网

城域网（Metropolitan Area Network，MAN）是在一个城市范围内所建立的计算机通信网，属宽带局域网。由于采用具有有源交换元件的局域网技术，网中传输时延较小，它的传输媒介主要采用光缆，传输速率在 100Mbit/s 以上。

（3）广域网

广域网（Wide Area Network，WAN）又称广域网、外网、公网，是连接不同地区局域网或城域网的远程网。广域网通常跨接很大的物理范围，所覆盖的范围从几十公里到几千公里，它能连接多个地区、城市和国家，或横跨几个洲并能提供远距离通信，形成国际性的远程网络。

3. 网络硬件

与计算机系统类似，计算机网络系统也由网络硬件和网络软件两部分组成。下面主要介绍常见的网络硬件设备，如图 5-1 所示。

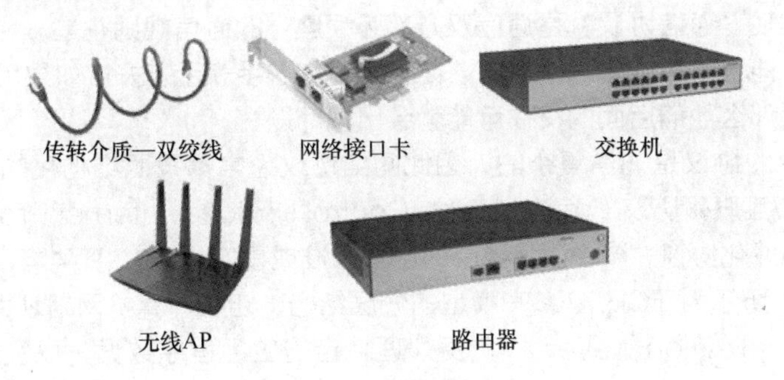

图 5-1 网络硬件设备

（1）传输介质

局域网中常用的传输介质有同轴电缆、双绞线和光缆。随着无线网的深入研究和广泛应用，局域网的组建中也加入了越来越多的无线技术。

（2）网络接口卡

网络接口卡（简称网卡）是构成网络的基本设备，用于将计算机和通信电缆连接起来，以便经电缆在计算机之间进行高速数据传输。因此，每台连接到局域网的计算机（工作站或服务器）都需要安装一块网卡——通常网卡都插在计算机的扩展槽内。网卡的种类很多，它们都有各自适用的传输介质和网络协议。

（3）交换机

交换机概念的提出是对于共享工作模式的改进，而建立交换式局域网的核心设备是局域网交换机。普通的共享式局域网在每个时间片上只允许有一个节点占用公用的通信信道，交换机支持端口连接的节点之间的多个并发连接，从而增大网络带宽，改善局域网的性能和服务质量。

（4）无线接入点

无线接入点（Access Point，AP）也称为无线访问点或无线桥接器，即作为传统的有线局域网络与无线局域网络之间的桥梁。通过无线 AP，任何一台装有无线网卡的主机都可以去连接有线局域网络。无线 AP 含义较广，不是单纯地提供无线接入点，而是无线路由器等类设备的统称，兼具路由、网管等功能。单纯性的无线 AP 就是一个无线交换机，仅仅是提供无线信号发射的功能，其工作原理是将网络信号通过双绞线传送过来，AP 将电信号转换成无线电信号发送出来，形成无线网的覆盖。不同的无线 AP 型号具有不同的功率，可以实现不同程度、不同范围的网络覆盖，一般无线 AP 的最大覆盖距离可达 300 米，非常适合在建筑物之间、楼层之间等不便于架设有线局域网的地方构建无线局域网。

（5）路由器

处于不同地理位置的局域网通过广域网进行互联是当前网络互联的一种常见的方式。路由器是实现局域网与广域网互联的主要设备。路由器检测数据的目的地址，对路径进行动态分配，根据不同的地址将数据分流到不同的路径中。如果存在多条路径，则根据路径的工作状态和忙闲情况，选择一条合适的路径，动态平衡通信负载。

4．网络软件

计算机网络的设计除了硬件，还必须要考虑软件，目前的网络软件都是高度结构化的。为了降低网络设计的复杂性，绝大多数网络都采用划分层次的方式简化网络结构，每一层都在其下一层的基础上，每一层都向上一层提供特定的服务。提供网络硬件设备的厂商很多，不同的硬件设备如何统一划分层次，并且能够保证通信双方对数据的传输理解一致，就要通过统一的网络软件协议来实现。通信协议就是通信双方都必须遵守的通信规则，是一种约定。例如，当人们见面，某一方伸出手时，另一方也应该伸手与对方握手表示友好，如果后者没有伸手，则违反了礼仪规则，那么他们后面的交往可能就会出现问题。

计算机网络中的协议是非常复杂的，因此网络协议通常都按照结构化的层次方式进行组织。传输控制协议/互联网协议（ransmission Control Protocol/Internet Protocol，TCP/IP）是当前最流行的商业化协议，被公认为当前的工业标准或事实标准。1974 年，出现了 TCP/IP 参考模型，表 5-1 所示为 TCP/IP 参考模型的分层结构，它将计算机网络划为 4 个层次。

• 应用层（Application Layer）：负责处理特定的应用程序数据，以及为应用软件提供网络接口，包括超文本传输协议（Hyper text Transfer Protocol，HTTP）、远程登录的终端协议（Telecommunication Network，Telnet）和文件传输协议（File Transfer Protocol，FTP）等。

• 传输层（Transport Layer）：为两台主机间的进程提供端到端的通信。主要协议有传输控制协议（Transmission Control Protocol，TCP）和用户数据报协议（User Datagram Protocol，UDP）。

• 网络层（Internet Layer）：确定数据包从源端到目的端如何选择路由。互联层主要的协议有互联网协议（Internet Protocol，IP）的各个版本（如 IPv4 与 IPv6），以及网际网控制报文协议（Internet Control Message Protocol，ICMP）等。

• 主机至网络层（Host-to-Network Layer）：规定了数据包从一个设备的网络层传输到另个设备的网络层的方法。

表 5-1 TCP/IP 参考模型

协议层次	具体内容
应用层	包含高层协议，为用户提供服务
传输层	提供端到端的通信
网络层	为经过逻辑互联网络路径的数据进行路由选择
主机至网络层	一般用来监视数据在主机和网络之间的交换

5. 计算机网络拓扑

计算机网络拓扑是指通信子网节点之间连接的结构的拓扑构型，通过网中节点与通信线路间的几何关系表示网络结构，反映出网络中各实体的结构关系。计算机网络拓扑主要分为网状、星形、混合型、环形和总线型 5 种，如图 5-2 所示。

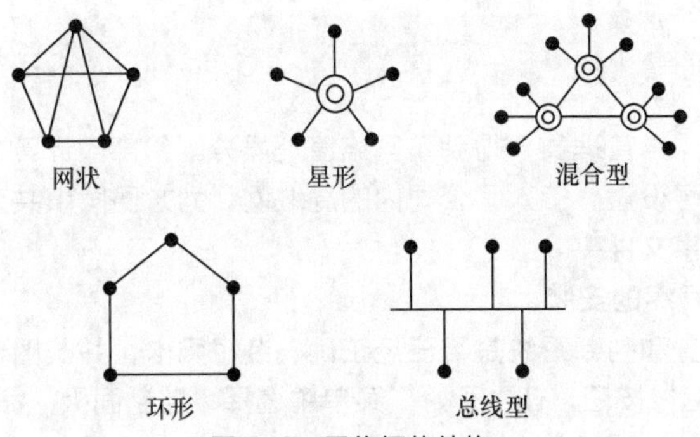

图 5-2 网络拓扑结构

（1）网状结构

网状结构的网络是将分布在不同地点的计算机通过线路互连起来，网络中的每台设备之间均有点到点的链路连接，具有如下特点：由于采用分散控制，即使整个网络中的某个局部出现故障，也不会影响全网的操作，因而具有很高的可靠性；路径选择采用最短路径算法，故网上延迟时间少，传输速率高，但控制复杂；各个节点间均可以直接建立数据链路，信息流程最短，便于全网范围内的资源共享。缺点是连接线路用电缆长，造价高；网络管理软件复杂；报文分组交换、路径选择、流向控制复杂。因此在一般局域网中一般不采用这种结构。

（2）星形结构

星形结构便于集中控制，因为端点用户之间的通信必须经过中心站。这一特点也带来了易于维护和安全等优点，端点用户设备因为故障而停机时不会影响其他端点用户间的通信。但中心站必须具有极高的可靠性，因为一旦损坏，整个系统都会瘫痪。

（3）混合型结构

混合型拓扑结构是由星形结构和总线型结构结合在一起的网络结构，这样的拓扑结构更能满足较大网络的拓展，解决了星形网络在传输距离上的局限，同时又解决了总线型网络在连接用户数量上的限制。

（4）环形结构

环形结构在局域网中使用较多。这种结构中的传输媒体从一个端点用户到另一个端点用户，直到将所有端点用户连成环形，这种结构消除了端点用户通信时对中心系统的依赖性。环形结构的特点是，每个端点用户都与两个相邻的端点用户相连，因而存在着点到点链路，并以单向方式操作，分为上游端用户和下游端用户。用户 *N* 是用户 *N*+1 的上游端用户，*N*+1 是 *N*

的下游端用户。如果 N+1 端需将数据发送到 N 端，则几乎要环绕一周才能到达 N 端。

（5）总线型结构

总线型结构是使用同一媒体或电缆连接所有端点用户的一种方式，也就是说，连接端点用户的物理媒体由所有设备共享在点到点链路配置中，半双工操作只需使用简单的机制，便可确保两个端点用户轮流工作。在一点到多点方式中，对线路的访问依靠控制端的探询来确定。但在局域网环境中，所有数据站都是平等的，不能采取一点到多点的方式，而采用带冲突检测的载波监听多路访问（它是在总线共享型网络中使用的媒体访问方法，全称为 Carrier Sense Multiple Access With Collision Delection Network，缩写为 CSMA/CD）。这种结构具有费用低、数据端点用户入网灵活、站点或某个端点用户失效不影响其他站点或端点用户通信的优点。缺点是一次仅能一个端点用户发送数据，其他端点用户必须等待直到获得发送权。媒体访问获取机制较复杂。但由于布线要求简单，扩充容易，端点用户失效、增删不影响全网工作，所以是局域网技术中使用最简单的一种。

任务实施

钱彬联系了公司的网络管理员，得到了网络管理员分配给部门计算机的 IP 地址，并在计算机的网络连接里进行了设置，接入了公司内的局域网。为方便同事共享文档资源，钱彬还在这台计算机中设置了共享文件夹。

工序 1：网卡驱动程序的安装

利用设备管理器检查和判断系统是否已经正确安装了网卡，并截图保存为“WK.jpg”。

Step1：单击“开始”按钮，在“开始”菜单中选择“控制面板”命令，打开“控制面板”窗口，切换为“大图标”视图，单击“设备管理器”超链接。

Step2：打开“设备管理器”窗口，如图 5-3 所示；展开“网络适配器”，如果发现安装有适配器，则说明系统已经正确安装了网卡。

Step3：利用操作系统附件里的“截图工具”将“设备管理器”窗口截图并另存为“WK.jpg”。

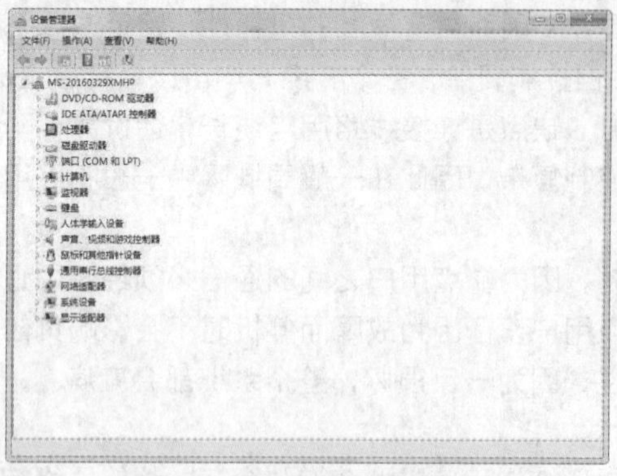

图 5-3 “设备管理器”窗口

说明

由于现在大部分网卡在 Windows 7 中都具有即插即用的功能，所以驱动程序的安装很方便，如果在系统的硬件列表中有该网卡的驱动程序，则系统会自动检测到该硬件并加载驱动程序；如果列表中没有该硬件的驱动程序，则会在设备上显示一个感叹号，这时候可以插入网卡所附带的驱动程序光盘或去官网下载驱动程序后进行手动安装。

工序 2：网络的配置

完成网卡驱动程序的添加后，在“设备管理器”窗口中会出现当前设备的详细信息，但是它还不能发挥作用，还需要对操作系统进行相关的网络设置。配置计算机起始 IP 地址为 192.168.0.82，子网掩码为 255.255.255.0，网关地址为 192.168.0.254，DNS 为 211.2. 135.1。

Step1：右键单击“开始”按钮，选择“控制面板”命令，打开“控制面板”窗口，切换为“大图标”视图，单击“网络和共享中心”超链接，打开“网络和共享中心”窗口，如图 5-4 所示。

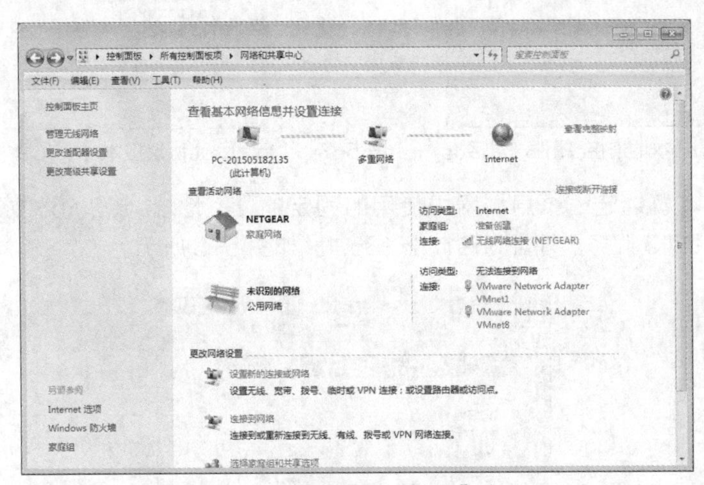

图 5-4　“网络和共享中心”窗口

Step2：在左侧列表中单击“更改适配器设置”超链接，打开“网络连接”窗口，如图 5-5 所示。

图 5-5　“网络连接”窗口

Step3：右键单击“本地连接”，在弹出的快捷菜单中选择“属性”命令，打开“本地连接属性”对话框，如图 5-6 所示；系统已经安装好所需要的协议。

Step4：选择其中的“Internet 协议版本 4（TCP/IPv4）”选项，单击“属性”按钮，打开其属性对话框，如图 5-7 所示。

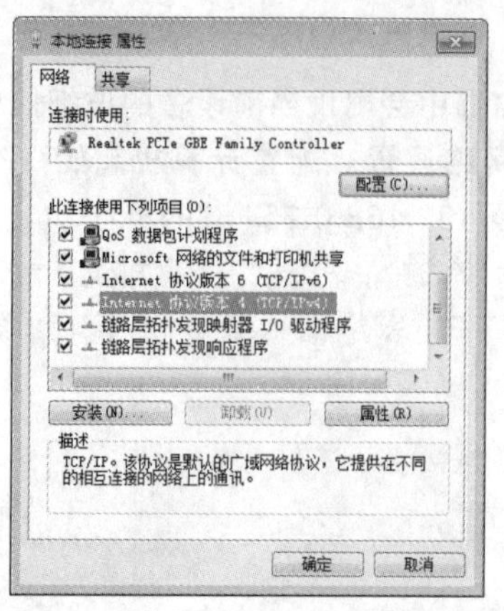

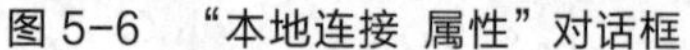

图 5-6　“本地连接 属性”对话框

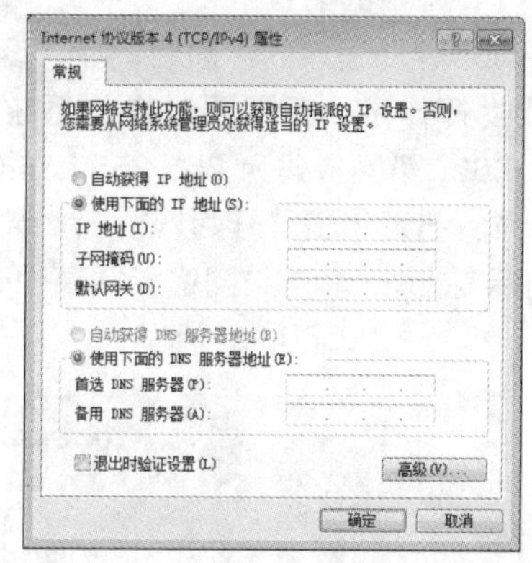

图 5-7　“Internet 协议版本 4（TCP/IP4）属性”对话框

Step5：给本机绑定一个局域网中使用的固定的 IP 地址 192.168.0.1，网关地址为 192.168.254，DNS 服务器地址为 211.2.135.1，如图 5-8 所示。

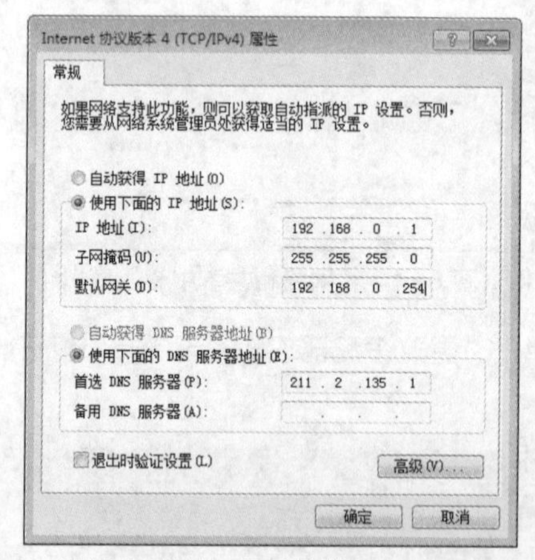

图 5-8　设置 IP 地址、网关地址和 DNS 服务器地址

说明　IP 地址是计算机在网络中的标识，相当于每台计算机的家庭住址，设置 IP 地址可以实现网络中计算机的互相访问。计算机网络中每台机器的 IP 地址绝对不能相同，例如 IP 地址使用“192.168.0.X”（X 为 1～254 的任意整数）的形式。第一台计算机 IP 地址一般为 192.168.0.1，子网掩码为 255.255.255.0；第二台计算机 IP 地址一般为 192.168.0.2；第三、第四以此类推，子网掩码都为 255.255.255.0。当以上设置均完成后，如果本网内有网络服务器端，则还需要在“TCP/IP 属性”中设置网关地址和 DNS 服务器地址，这样才能正常通过服务器实现从域名到 IP 地址或从 IP 地址到域名的转换。

工序 3：共享资源的设置

将“钱彬”文件夹设置为共享文件夹，访问数量为 20，权限为任何人都能读取。

Step1：双击桌面图标“计算机”，或右键单击“开始”按钮，在弹出的快捷菜单中选择“打开 Windows 资源管理器”命令，打开“资源管理器”窗口找到 D 盘下的“钱彬”文件夹。

Step2：右键单击“钱彬”文件夹，在弹出的快捷菜单中选择“属性”命令，打开“钱彬 属性”对话框，选择“共享”选项卡，如图 5-9 所示。

Step3：单击“共享”选项卡中的“高级共享”按钮，弹出图 5-10 所示的“高级共享”对话框。

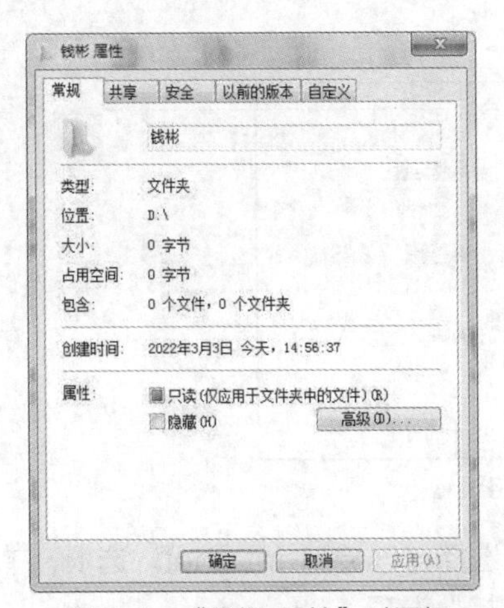

图 5-9 “钱彬 属性”对话框

图 5-10 “高级共享”对话框

Step4：在对话框中勾选“共享此文件夹”复选框，并在“共享名”文本框中输入 “钱彬”，在“将同时共享的用户数量限制为”文本框中输入“20”。

Step5：单击“权限”按钮，弹出图 5-11 所示的“钱彬 的权限”对话框，添加“组或用户名”为“Everyone”，勾选“读取”复选框，单击“确定”按钮。

Step6：设置共享文件夹后，在“钱彬 属性”对话框中的“共享”选项卡内的“网络路径”中将会有该共享文件夹的网络路径显示，如图 5-12 所示。

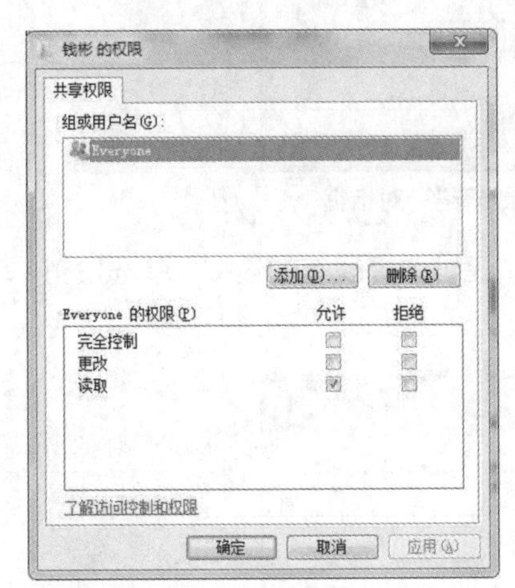

图 5-11 “钱彬的权限”对话框

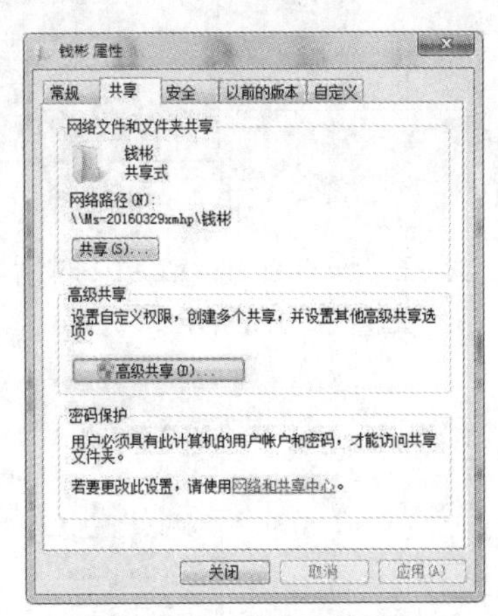

图 5-12 共享网络路径

说明　**若勾选图 5-11 中的“更改”后的“允许”复选框，则设置该共享文件夹为完全控制属性，任何访问该文件夹的用户都可以对该文件夹进行编辑与修改；若取消勾选该复选框，则设置该共享文件夹为只读属性，用户只可访问该共享文件夹，而无法对其进行编辑修改。**

工序 4：网络的连接

新建拨号连接到宽带网络、连接到无线网络。

Step1：在“控制面板”窗口中切换为“大图标”视图，单击“网络和共享中心”超链接，打开“网络和共享中心”窗口；在“网络和共享中心”窗口中单击“设置新的连接或网络”超链接，如图 5-13 所示。

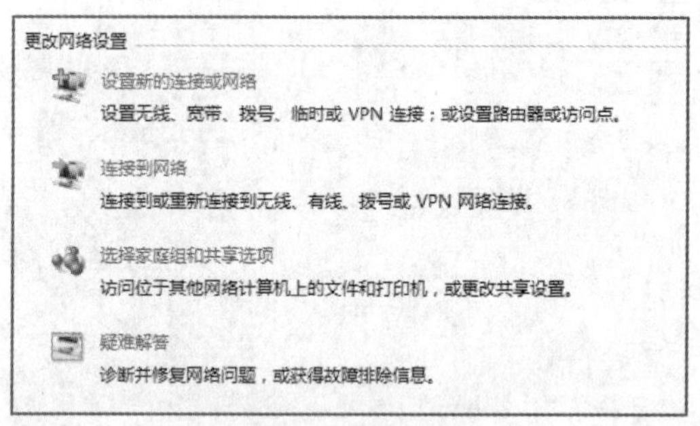

图 5-13　更改网络设置

Step2：在打开的“设置连接或网络”对话框中选择“连接到 Internet”选项，单击“下一步”按钮，如图 5-14 所示，选择“仍要设置新连接”选项。

图 5-14　“设置连接或网络”对话框

Step3：在“连接到 Internet”对话框中选择“是，选择现有的连接”单选按钮，单击“下一步”按钮，如图 5-15 所示。

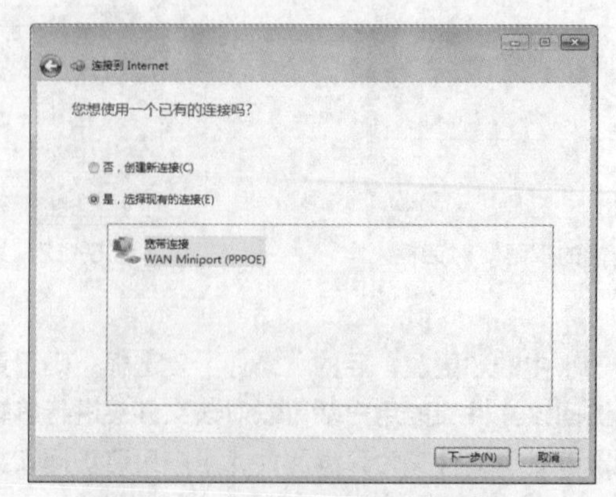

图 5-15　“连接到 Internet”对话框

Step4：在随后弹出的对话框中输入互服网服务提供商（Image Signal Provider，ISP）提供的“用户名”“密码”“连接名称”等信息，单击“连接”按钮，如图 5-16 所示。

Step5：连接到无线网络，单击任务栏通知区域的网络图标，在弹出的“无线网络连接”面板中双击需要连接的网络，如图 5-17 所示；如果无线网络设有连接密码，则需要输入密码。

图 5-16　宽带连接

图 5-17　无线网络的选择

任务 2　网络应用软件的使用

任务描述

钱彬经常要浏览各种网站查看信息和查阅资料，但是由于自己不记得各个网站的地址，因此他想：如果每次打开浏览器都能很容易地找到自己喜欢的网址就好了。同时，由于宿舍同学经常借用他的计算机用来上网，他很介意别人了解他的浏览爱好，因此，他想每次关闭浏览器后，浏览器自动清空浏览历史，此外，他常常会遇到有些网站无法访问的情况。他应该如何实现自己的想法，解决遇到的问题呢？

任务资讯

1. 万维网

万维网（World Wide Web）有不少名字，如 3W、WWW、Web、全球信息网等。WWW是一种建立在 Internet 上的全球性的、交互的、动态的、多平台的、分布式的、超文本的、超媒体的信息查询系统，也是建立在 Internet 上的一种网络服务，其主要的概念是超文本（Hypertext），遵循超文本传输协议。WWW 最初是由欧洲粒子物理实验室的蒂姆·伯纳斯-李（Tim Berners-Lee）创建的，目的是为分散在世界各地的物理学家提供服务，以便交换彼此的想法、工作进度及有关信息。现在 WWW 的应用已远远超出了原定的目标，成为 Internet上最受欢迎的应用之一。WWW 的出现极大地推动了 Internet 的发展。WWW 网站中包含很多网页（又称 Web 页）。网页是用超文本标记语言（Hyper Text Markup Language，HTML）编写的，并在 HTTP 支持下运行。一个网站的第一个 Web 页称为主页或首页，它主要体现这个网站的特点和服务项目。每个 Web 页都由一个唯一的统一资源定位符（Uniform Resource Locator，URL）来表示。

2. 超文本和超链接

超文本中不仅可以包含文本信息，还可以包含图形、声音、图像和视频等多媒体信息，因此称之为“超文本”，更重要的是超文本中还可以包含指向其他网页的链接，这种链接叫作超链接（Hyper Link）。一个超文本文件里可以包含多个超链接，它们把分布在本地或远程服务器中的各种形式的超文本文件链接在一起，形成一个纵横交错的链接网。用户可以打破传统阅读文本时按顺序阅读的老规矩，而从一个网页跳转到另一个网页进行阅读。当鼠标指针移动到含有超链接的文字或图片时，指针会变成☝形，文字也会改变颜色或被添加下划线，表示此处有一个超链接，可以单击它跳转到另一个相关的网页。这对信息浏览来说非常方便。可以说超文本是实现快速浏览的基础。

3. 统一资源定位器

WWW 用统一资源定位符来描述 Web 页的地址和访问它时所用的协议。Internet 上几乎所有功能都可以通过在 WWW 浏览器里输入 URL 地址实现，以及通过 URL 标识 Internet 中网页的位置。

URL 的格式为“协议://IP 地址或域名/路径/文件名”。其中，协议就是服务方式或获取数据的方法，常见的有 HTTP、FTP 等；协议后的冒号加双斜杠表示接下来是存放资源的主机的 IP 地址或域名；路径和文件名用路径的形式表示 Web 页在主机中的具体位置（如文件夹、文件名等）。

4. 浏览器

浏览器是用于浏览 WWW 的工具，安装在用户的机器上，是一种客户端软件。它能够把用超文本标记语言描述的信息转换成便于理解的形式。此外，它还是用户与 WWW 之间的桥梁，把用户对信息的请求转换成计算机能够识别的命令。Microsoft 公司开发的 Internet Explorer 是综合性的网上浏览软件，它集成在 Windows 操作系统中，是使用最广泛的一种 WWW 浏览器软件，也是访问 Internet 必不可少的一种工具。Internet Explorer 是一个开放式的 Internet 集成软件，由多个具有不同网络功能的软件组成。

5. 域名

用以数字方式表示的 IP 地址来标识 Internet 上的节点，对计算机来说是合适的。但是对用户来说，记忆一组毫无意义的数字相当困难。为此，TCP/IP 引进了一种字符型的主机命名制，这就是域名。它的实质就是用由字符组成的名字表示 IP 地址，为了避免重名，域名一般采用层次结构。

在国际上，一级域名采用通用的标准代码，分为组织机构和地理模式两类，由于 Internet 诞生在美国，所以其一级域名采用组织机构域名，除美国以外的其他国家都采用主机所在地的名称为一级域名，例如：CN（中国）、UK（英国）等。常用一级域名标准代码如表 5-2 所示。

表 5-2　常用一级域名标准代码

域名代码	意义	域名代码	意义
COM	商业组织	NET	主要网络支持中心
EDU	教育机构	ORG	其他组织
GOV	政府机关	INT	国际组织
MIL	军事部门	<country code>	国家代码（地理域名）

6. 文件传输协议

FTP 是 Internet 提供的基本服务。FTP 在 TCP/IP 体系结构中位于应用层。使用 FTP 可以在 Internet 上将文件从一台计算机传送到另一台计算机。不管这两台计算机位置相距多远、使用的是什么操作系统，也不管它们通过什么方式接入 Internet，FTP 都可以实现 Internet 上两个站点之间文件的传输。在 FTP 服务器程序允许客户进入 FTP 站点并下载文件之前，必须使用一个 FTP 账号和密码进行登录，一般专有的 FTP 站点只允许使用特许的账号和密码登录。还有一些 FTP 站点允许任何人进入，但是客户也必须输入账号和密码，这种情况下，通常可以使用“anonymous”作为账号，使用客户的电子邮件地址作为密码，这种 FTP 站点被称为匿名 FTP 站点。

任务实施

工序 1：IE 浏览器的设置

将 IE 浏览器默认主页设置为南京交通职业技术学院首页，清除之前的历史记录并设置保存历史记录中的天数为 20 天，安全级别为“中”。

Step1：双击图标打开 IE 浏览器，单击顶端右侧“工具”下拉按钮，选择“Internet 选项”选项，如图 5-18 所示。

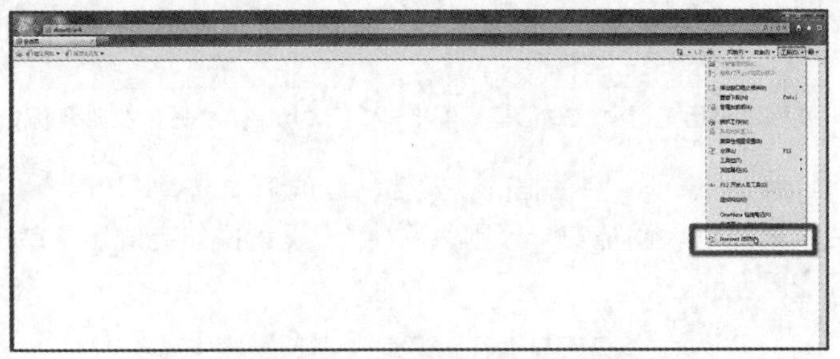

图 5-18 “工具”下拉菜单

Step2：在打开的“Internet 选项”对话框中，选中“常规”选项卡中的“从主页开始”单选按钮，在地址栏里输入网址，单击“使用当前页”按钮；单击下方的“应用”按钮即可将启动 IE 浏览器时打开的默认页设置为南京交通职业技术学院首页，如图 5-19 所示。

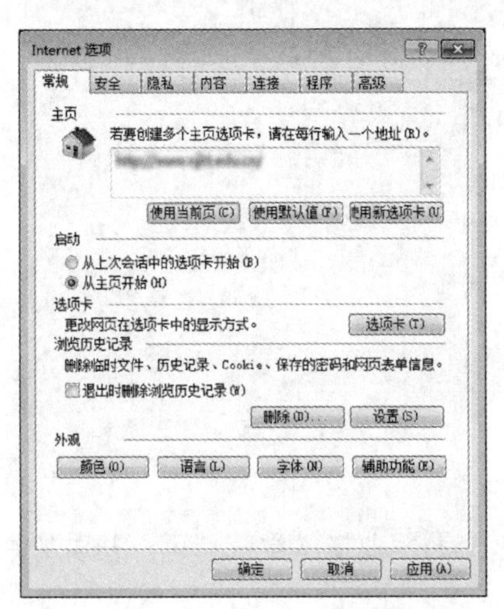

图 5-19 “Internet 选项”对话框

Step3：关闭浏览器并重新打开，在“Internet 选项”对话框的“常规”选项卡中的“浏览历史记录”栏中单击“删除”按钮。

Step4：在弹出的“删除浏览历史记录”对话框中勾选“历史记录”复选框，操作完成后，单击“删除”按钮，如图 5-20 所示。

Step5：在“Internet 选项”对话框的“常规”选项卡的“浏览历史记录”栏中单击“设置”按钮，弹出“Internet 临时文件和历史记录设置”对话框， 在“网页保存在历史记录中的天数”文本框中输入“20”，单击下方的“确定”按钮，如图 5-21 所示。

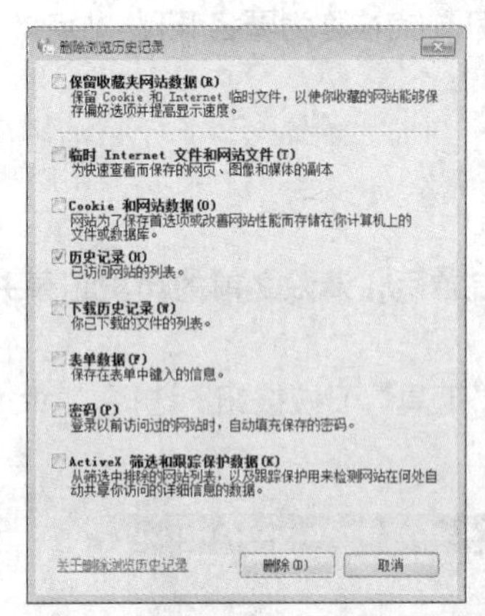

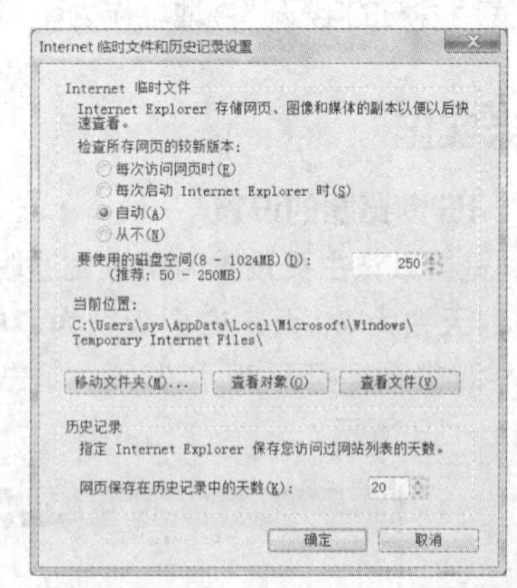

图 5-20 “删除浏览历史记录”对话框　图 5-21 “Internet 临时文件和历史记录设置”对话框

Step6：在“Internet 选项”对话框的“安全”选项卡中选择“Internet”选项，在“该区域的安全级别”栏中拖曳滑块调整安全级别为“中”，设置操作完成后，单击“确定”按钮，完成设置，如图 5-22 所示。

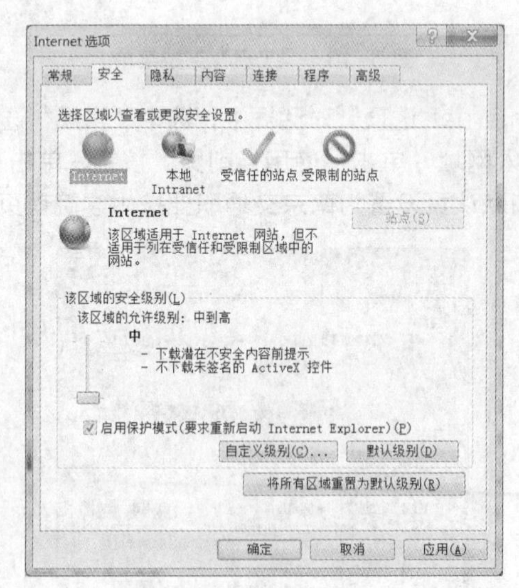

图 5-22 “安全”选项卡

工序 2：IE 浏览器的使用

使用 IE 浏览器打开南京交通职业技术学院首页，并添加到收藏夹的“高职院校”文件夹内。

Step1：打开 IE 浏览器，在网站地址输入栏中输入网址，检查无误按“Enter”键，即可进入该网站，单击地址栏后的“查看收藏夹源和历史记录”按钮（或按组合键“Alt+C”），如图 5-23 所示。

图 5-23　地址栏中输入网址界面

Step2：选择图 5-24 所示选项卡，单击上方的“添加到收藏夹”按钮（或按组合键“Ctrl+D”）。

图 5-24　查看收藏夹源和“历史记录”选项卡

Step3：在弹出的“添加收藏”对话框中单击“新建文件夹”按钮，创建新的文件夹“高职学院”，如图 5-25 所示，完成后单击“添加”按钮即可将南京通职业技术学院网站地址保存到“高职学院”文件夹下。

图 5-25　“添加收藏”对话框

任务 3　搜索引擎的使用

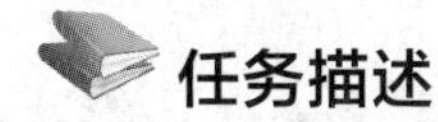

任务描述

钱彬撰写论文，需要利用 Internet 查找资源，可是利用 Internet 浏览器逐个翻阅网页寻找，很难找到合适的资源。他清楚地意识到需要利用搜索引擎，以便在海量的资源中快速定位满足需要的资源，同时搜索结果中有时包含英文的网页，看起来比较吃力，他设想如果可以将其翻译成中文就方便多了，如何利用搜索引擎快速、准确地定位要找的资源，如何进行中英文的翻译，是生活、学习和工作中常常要面临的问题。

任务资讯

搜索引擎是一个提供信息检索服务的网站，它使用某些程序把 Internet 上的所有信息归类以帮助人们在茫茫网海中搜寻所需要的信息。搜索引擎包括全文索引、目录索引、元搜索引擎、垂直搜索引擎、集合式搜索引擎、门户搜索引擎与免费链接列表等。百度是全世界最大的中文搜索引擎、最大的中文网站。2000 年 1 月由李彦宏创立于北京中关村，致力于向人们提供简单、可依赖的信息获取方式。“百度”二字源于中国宋朝词人辛弃疾的《青玉案·元夕》词句“众里寻他千百度”，象征着百度对中文信息检索技术的执著追求，它通过从互联网上提取的各个网站的信息（以网页文字为主）而建立的数据库中，检索与用户查询条件匹配的相关记录，并按一定的排列顺序将结果返回给用户。

任务实施

工序 1：信息搜索

使用百度搜索引擎，搜索南京交通职业技术学院，进入官方主页。

Step1：在浏览器地址栏里输入百度搜索引擎网址并按“Enter”键，进入百度主页，如图 5-26 所示。

图 5-26　进入百度主页

Step2：在百度搜索框内输入关键字“南京交通职业技术学院”，单击右边的“百度一下”按钮，搜索结果就显示在浏览器中，如图 5-27 所示。

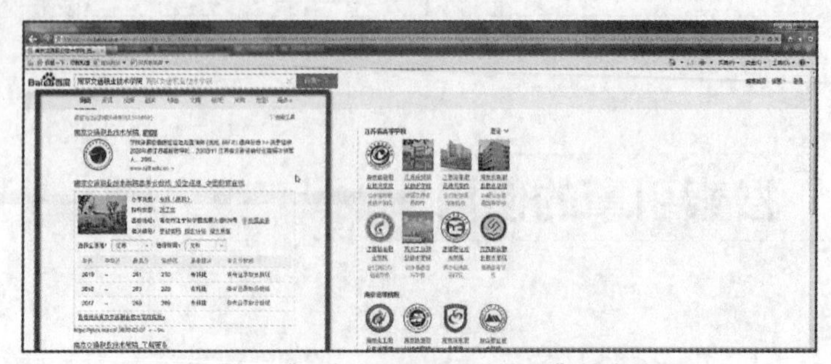

图 5-27　“南京交通职业技术学院”搜索结果

Step3：选择搜索结果中选择带“官网”的信息，单击进入南京交通职业技术学院首页。

小技巧　① 双引号（" "）。给要查询的关键词加上双引号（半角，以下要加的其他符号均为半角），可以实现精确的查询，这种方法要求查询结果精确匹配，不包括演变形式。

② 加号（+）。在关键词的前面使用加号，也就等于告诉搜索引擎该单词必须出现在搜索结果中的网页上，例如，在搜索引擎中输入“+计算机+电话+传真”就表示要查找的内容必须要同时包含“计算机、电话、传真”这 3 个关键词。

③ 减号（-）。在关键词的前面使用减号，也就意味着在查询结果中不能出现该关键词，例如，在搜索引擎中输入“电视台-中央电视台”，它就表示最后的查询结果中一定不包含“中央电视台”。

④ 通配符（*和？）。通配符包括星号（*）和问号（？），前者表示匹配的数量不受限制，后者匹配的字符数要受到限制。

⑤ 区分大小写。这是检索英文信息时要注意的一个问题，例如，Web 专指万维网或环球网，而 web 则表示蜘蛛网。

工序 2：在线翻译功能的使用

利用百度在线翻译功能将文字“搜索引擎”在线翻译成英文。

Step1：打开百度主页，单击右上角“更多产品”下拉按钮，在下拉菜单中找到并单击“全部产品”超链接，如图 5-28 所示。

图 5-28　百度全部产品列表

Step2：在打开的“全部产品”网页中，找到“百度翻译”超链接并单击打开，如图 5-29 所示。

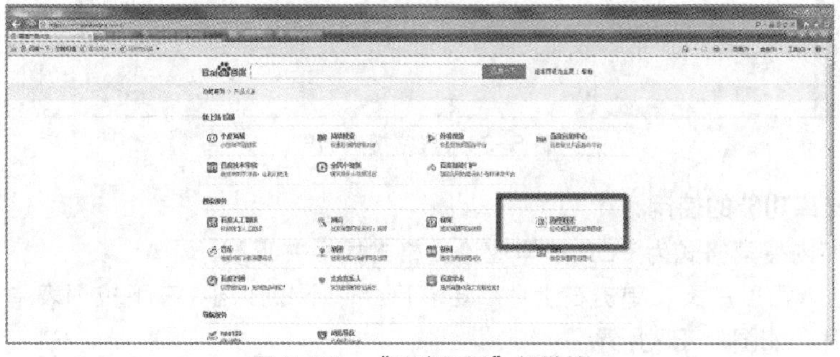

图 5-29　“百度翻译”超链接

Step3：在打开的“百度翻译”页面中“源语言”下拉列表中选择“中文”选项，在文本框中输入“搜索引擎”，在“目标语言”下拉列表中选择“英语”选项，单击“翻译”按钮，这样就将“搜索引擎”在线翻译成了英文，如图 5-30 所示。

图 5-30　在线翻译成英文的结果

工序 3：地图功能的使用

利用百度地图功能，搜索“南京交通职业技术学院”到“南京图书馆”的公交路线。

Step1：进入百度主页，单击上方的“地图”按钮。

Step2：在弹出的百度地图网页的左侧输入“南京交通职业技术学院”，点击正确目的地，选择“从这出发”选项。

Step3：默认公交起点为“南京交通职业技术学院”，公交终点输入“南京图书馆”，单击右侧“搜索”按钮，百度地图将自动规划公交线路。

Step4：在下方搜索出来的结果中选择时间最少且距离最短的最佳路线，即“地铁 1 号线→地铁 3 号线”，如图 5-31 所示。

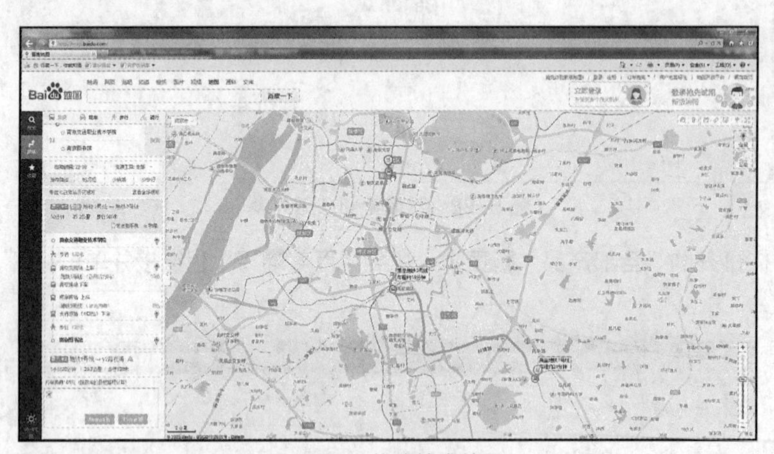

图 5-31　线路搜索结果

工序 4：文库功能的使用

在百度文库内搜索格式为 PDF 的毕业论文格式模板并下载。

Step1：进入百度主页，单击右上角“更多产品”下拉按钮，在下拉列表中找到 “文库”按钮并单击打开，如图 5-32 所示。

图 5-32　百度文库的选择

Step2：在打开的百度文库页面中的“百度文库”搜索文本框内输入“毕业论文格式模版”，在下面的文件类型选项处选中“PDF”单选按钮，单击“搜索文档”按钮即可，在搜索出来的结果中选择需要的文档进行下载，如图 5-33 所示。

图 5-33　百度文库界面

任务 4　电子邮箱的使用与管理

电子邮箱业务是一种基于计算机和通信网络的信息传递业务，用户可以用非常低廉的价格，以非常快速的方式（几秒钟之内可以发送到世界上任何指定的目的地），与世界上任何一个角落的网络用户联系，这些电子邮件可以是文字、图像、声音等多种形式。同时，用户可以得到大量免费的新闻、专题邮件，并轻松实现信息的搜索。

任务描述

钱彬经过几个月的努力，终于将自己的论文初稿撰写完毕，按照老师的要求，他要将论文通过电子邮箱发给他的指导老师，但是他从未使用过电子邮箱。于是他请同学帮忙申请了一个免费邮箱，但是他没有定时查看邮箱的习惯，造成指导老师反馈的信息没有及时查看，致使论文撰写工作滞后。如何申请免费电子邮箱；如何对自己的邮箱进行日常的使用与管理？

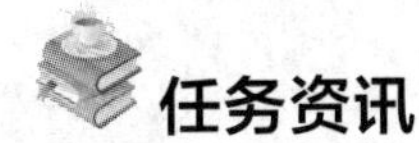

任务资讯

电子邮件（E-mail）是目前 Internet 上使用最频繁的服务之一，它为 Internet 用户之间发送和接收信息提供了一种快捷、廉价的通信手段，特别是在国际之间的交流中发挥着重要的作用。

1. 电子邮件的定义

电子邮件简称 E-mail，它是利用计算机网络与其他用户进行联系的一种快速、简便、高效、价廉的现代化通信手段。电子邮件与传统邮件大同小异，只要通信双方都有电子邮件地址即可以电子传播为媒介交互邮件。可见电子邮件是以电子方式传递的邮件。

2. 电子邮件协议

Internet 上电子邮件系统采用客户端与服务器模式，信件的传输通过相应的软件来实现，这些软件要遵循有关的邮件传输协议。传送电子邮件时使用的协议有简单邮局传输协议（Simple Mail Transport Protocol，SMTP）和邮局协议（Post Office Protocol，POP），其中 SMTP 用于电子邮件发送服务，POP 用于电子邮件接收服务。当然，还有其他的通信协议，在功能上它们与上述协议是相同的。

3. 电子邮件地址

用户在 Internet 上收发电子邮件，必须拥有一个电子信箱，每个电子信箱都有一个唯一的地址，通常称为电子邮件地址。电子邮件地址由两部分组成，以符号“@”间隔，“@”前面的部分是用户名，“@”后面的部分为邮件服务器的域名，如 E-mail 地址“qzh_0605@163.com”中，“qzh_0605”是用户名，“163.com”为网易的邮件服务器的域名。

4. 电子邮件工具

用户不仅要有电子邮件地址，还要有一个负责收发电子邮件的应用程序。电子邮件应用程序很多，常见的有 Foxmail、Outlook Express、Outlook 2016 等。

任务实施

工序 1：电子邮箱的申请

申请 163 免费电子邮箱。

Step1：在浏览器的地址栏中输入 163 网易邮箱网址，按“Enter”键，单击“邮箱账号登录”界面右上方的密码登录，将会打开图 5-34 所示的 163 免费邮箱的首页。

图 5-34　163 网易邮箱登录界面

Step2：单击“邮箱账号登录”界面中“登录”按钮下方的 “注册新账号”链接，打开注册界面，如图 5-35 所示；选择注册 163 网易邮箱，在“邮件地址”文本框中输入注册的用户名，长度为 5~20 位，可以是数字、字母、小数点、下划线，但必须以字母开头；在“密码”

和“确认密码”文本框中输入相同的密码；随着移动终端的发展和实名安全的要求，需要手机扫描二维码获取验证码进行确认（手机的验证码既起到防止恶意注册的作用，又起到丢失找回的作用），勾选“同意《服务条款》”复选框，单击“立即注册”按钮，完成免费邮箱申请。

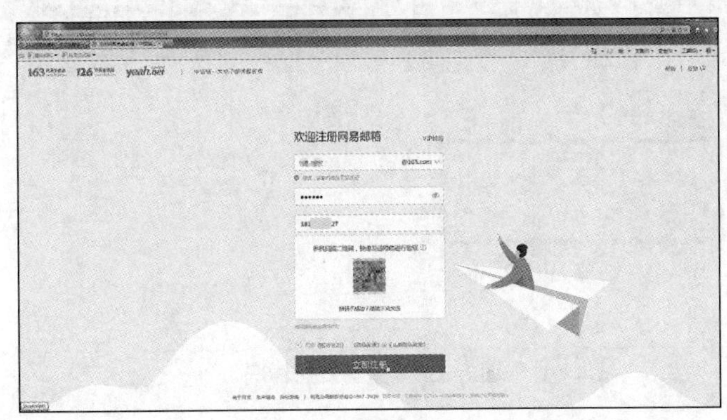

图 5-35　邮箱注册界面

工序 2：邮箱的使用

利用网易邮箱给论文指导老师李老师发送邮件（李老师的邮箱为 MrLee_njitt@ 163.com），主题为“毕业设计论文”，新建 Word 文档并命名为“毕业论文.doc”作为附件添加，删除不要的邮件。

Step1：在浏览器的地址栏中输入 163 网易邮箱网址，按“Enter”键，进入 163 免费邮箱的登录界面，输入登录信息进入自己的邮箱，如图 5-36 所示。

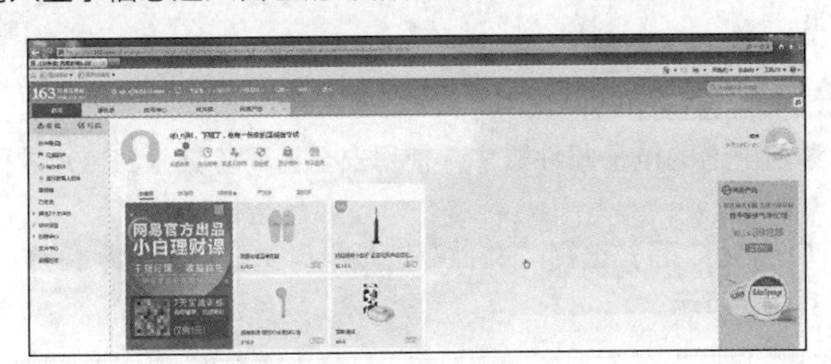

图 5-36　163 网易邮箱界面

Step2：单击页面左侧的“写信”按钮，就可以开始撰写邮件了，如图 5-37 所示；收件人填写李老师的邮箱地址“MrLee_njitt@163.com”，主题为“毕业设计论文”，添加名为“毕业论文.doc”的 Word 文档（网易邮箱中最大只能添加 3GB 的文件）的附件，在最下方的文本框内填写邮件详细内容“论文请李老师查阅批改”并可以用上方的工具进行排版。

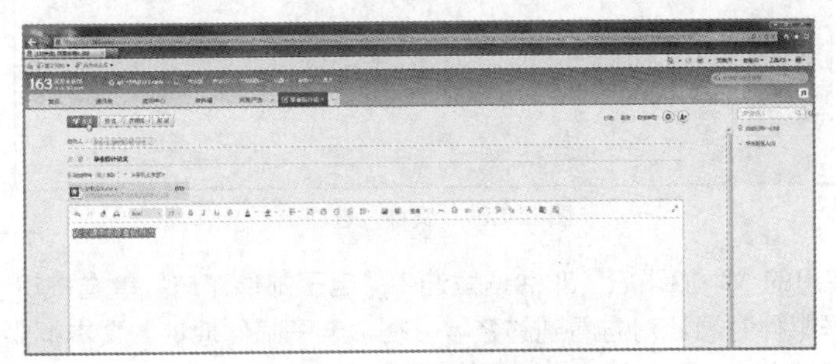

图 5-37　网易邮箱写信界面

Step3：当邮件发送后，可以返回邮箱主界面，在“已发送”中查看发送情况，确认是否发送成功，也可以在该处查看之前发送邮件的情况，如图 5-38 所示。

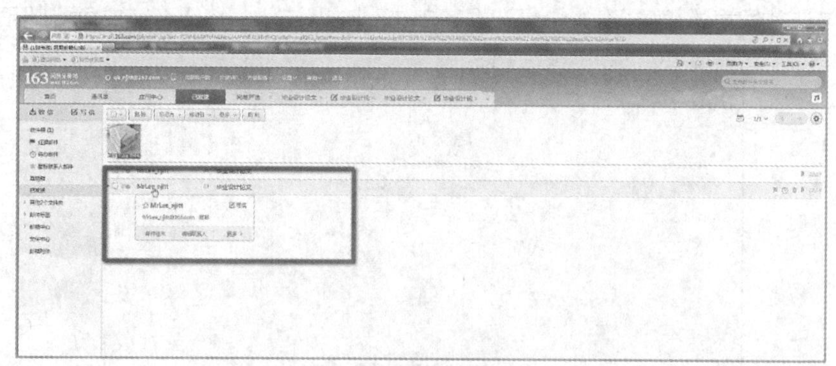

图 5-38 查看发送情况

Step4：在图 5-36 所示的邮箱界面左侧，选择收件箱，选择要删除的邮件，单击界面上方的“删除”按钮，邮件即可删除到“已删除”文件夹中。

说明 **若要删除“已删除”文件夹中的邮件，应打开“已删除”文件夹，选择需要彻底删除的邮件，单击“彻底删除”按钮；单击“清空”按钮将彻底删除“已删除”文件夹中的全部邮件。若要将收件箱中的邮件直接删除，而不通过删除到“已删除”文件夹的中间过程，则选择需要删除的邮件，直接单击页面上方删除列表中的“直接删除”按钮即可。**

工序 3：Outlook 配置电子邮件账户

使用 Outlook 添加申请的电子邮件账户，使用安全密码验证（SPA）进行登录并测试账户设置。

Step1：打开 Outlook 后，选择“文件”选项卡，选择“信息”命令，接着单击“添加账户”按钮，如图 5-39 所示。

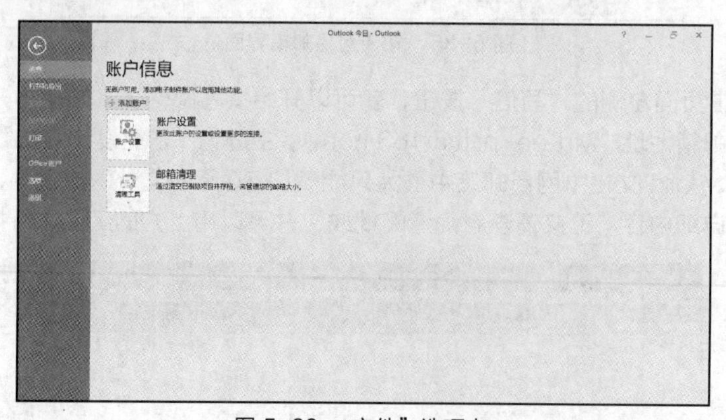

图 5-39 “文件”选项卡

Step2：在弹出的“添加账户”对话框里选中“电子邮件账户”单选按钮，在“您的姓名”文本框中输入发送邮件时想让对方看到的名字，在“电子邮件地址”文本框中填入自己的电子邮件地址，按提示填入 Internet 服务商提供的密码，单击“下一步”按钮，如图 5-40 所示。

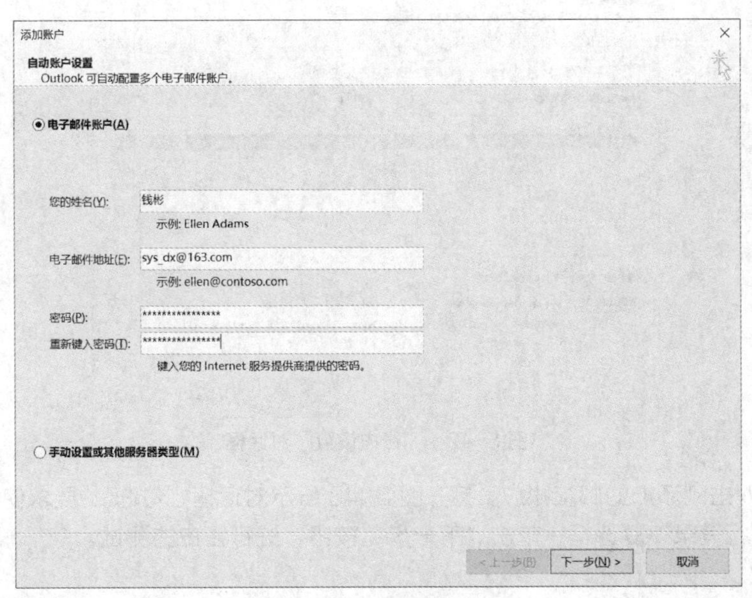

图 5-40　账户信息填写

Step3：Outlook 开始配置电子邮件服务器的设置，经过几分钟的等待，提示“POP3 电子邮件账户已配置成功”，单击“完成”按钮，如图 5-41 所示。

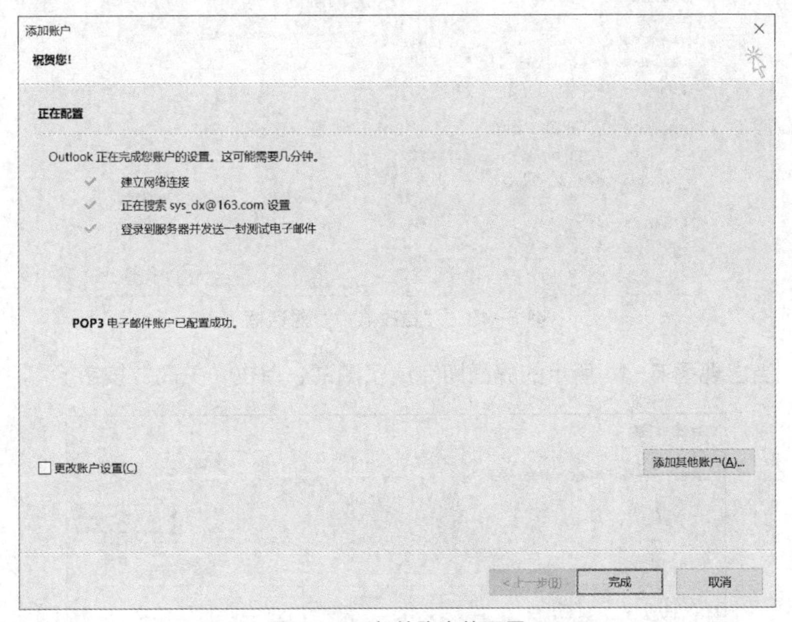

图 5-41　邮件账户的配置

Step4：在打开的 Outlook 工作界面中选择“文件”选项卡，选择“信息”命令，这时在“添加账户”按钮的上方可以看到刚才已经添加的账户信息，单击下方的“账户设置”按钮，打开“账户设置”对话框，如图 5-42 所示；选择刚添加的 163 邮箱账户并勾选工具栏上的“设为默认值”复选框，使默认情况下从此账户发送邮件。

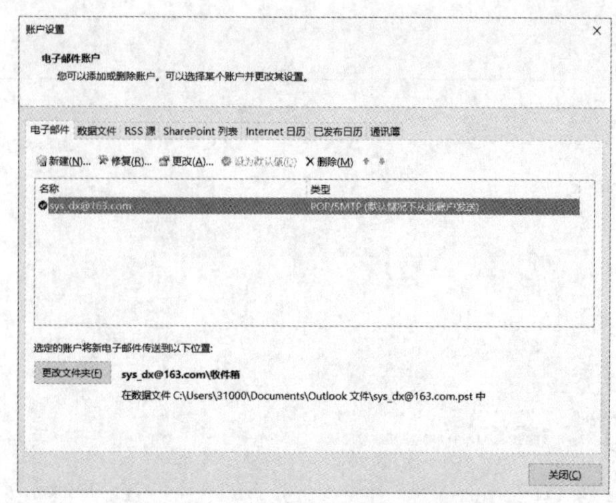

图 5-42 “账户设置”对话框

Step5：双击刚添加的邮箱账户，打开图 5-43 所示对话框，勾选 “要求使用安全密码验证（SPA）进行登录”复选框，单击“下一步” 按钮，进行账户的测试。

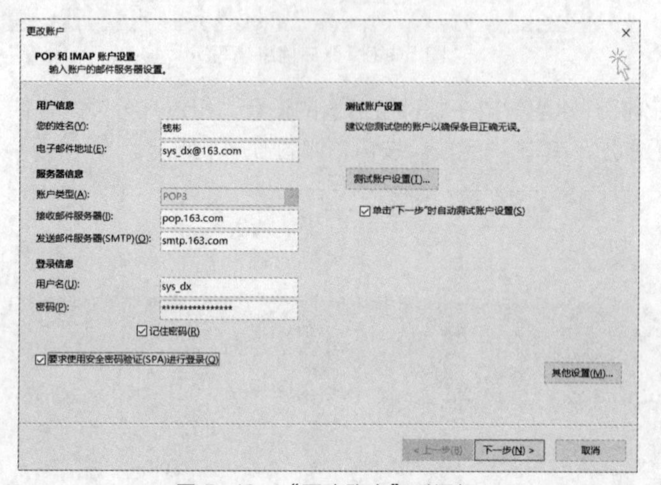

图 5-43 “更改账户”对话框

Step6：当出现图 5-44 所示的界面即完成了测试，单击“关闭”按钮。

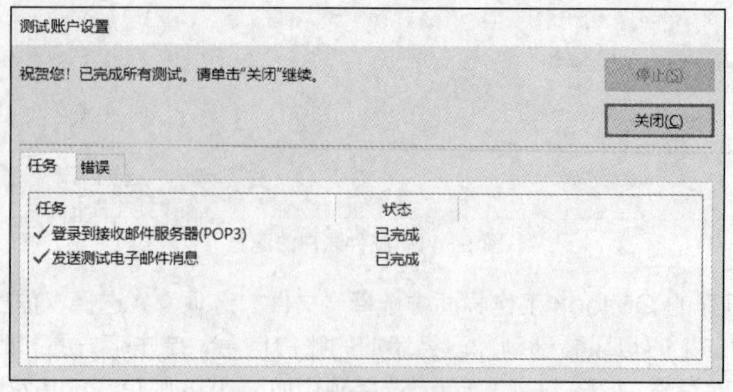

图 5-44 “测试账户设置”对话框

Step7：返回 Outlook 界面，在左侧列表中即可看到刚添加的邮箱账户，账户自动接收了该账户下的所有邮件到 Outlook 中，通过 Outlook 即可完成发送邮件和邮箱配置等操作，如图 5-45 所示。

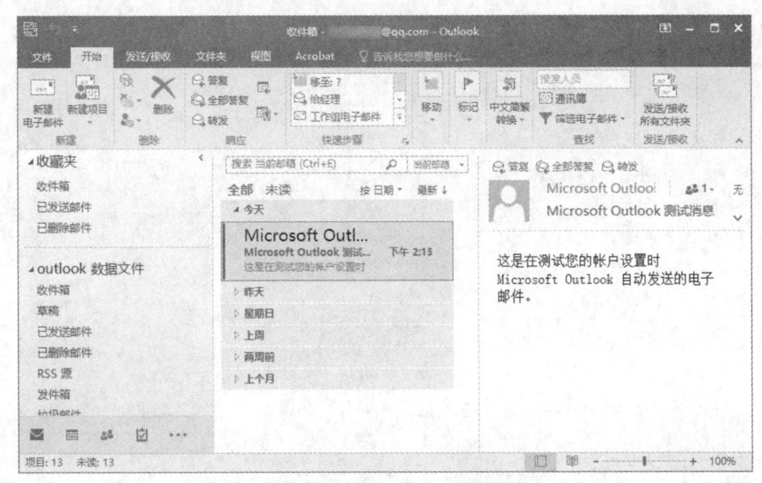

图 5-45　Outlook 界面

综合训练

① 利用设备管理器检查计算机网卡配置并截图保存为“5-1.JPG”。

②启用以太网或 WLAN，配置机器起始 IP 地址为 10.0.0.82，子网掩码为 255.255.255.0，网关地址为 10.0.0.254，DNS 服务器地址为 10.100.100.224，截图保存为“5-2.JPG”。

③ 在 D 盘下新建“学号+姓名”的文件夹，将该文件夹设置为共享文件夹，访问数量为 20，权限为任何人都能读取，截图保存为“5-3.JPG”。

④ 在 IE 浏览器的收藏夹中新建一个目录，命名为“快捷搜索”，将百度搜索引擎的网址添加到该目录下，截图保存为“5-4.JPG”。

⑤ 使用百度搜索引擎查找“江苏高等教育网”，打开该网站并将其设置为浏览器首页，截图保存为“5-5.JPG”。

⑥ 利用百度地图功能，搜索“南京交通职业技术学院”到“奥体中心”的公交路线，截图保存为“5-6.JPG”。

⑦ 申请注册个人电子邮箱，截图保存为“5-7.JPG”。

⑧ 使用 Outlook 添加刚申请的个人电子邮件账户。使用安全密码验证（SPA）进行登录并测试账户设置，截图保存为“5-8.JPG”。

⑨ 向自己的任课老师发送一份电子邮件，并在桌面新建一个 Word 文档，命名为“学号+姓名.docx”作为附件一起发出。主题为“学习计划”；函件内容为“发去全年学习计划草案，请审阅。具体计划见附件。”，截图保存为“5-9.JPG”。